U0348088

甘肃小麦品种志
1950—2019

◎ 杨文雄　主编

中国农业科学技术出版社

图书在版编目（CIP）数据

甘肃小麦品种志：1950—2019 / 杨文雄主编 . —北京：中国农业科学技术出版社，
2019. 11

ISBN 978-7-5116-4480-0

Ⅰ.①甘⋯　Ⅱ.①杨⋯　Ⅲ.①小麦-品种-甘肃-1950-2019　Ⅳ.①S512. 102. 92

中国版本图书馆 CIP 数据核字（2019）第 237822 号

责任编辑	闫庆健　王思文　马维玲
文字加工	杨从科
责任校对	马广洋

出 版 者	中国农业科学技术出版社
	北京市中关村南大街 12 号　邮编：100081
电 话	（010）82106632（编辑室）　（010）82109702（发行部）
	（010）82109709（读者服务部）
传 真	（010）82106625
网 址	http://www.castp.cn
经 销 者	各地新华书店
印 刷 者	北京科信印刷有限公司
开 本	787 mm×1 092 mm　1/16
印 张	16.5　彩插 24 面
字 数	381 千字
版 次	2019 年 11 月第 1 版　2019 年 11 月第 1 次印刷
定 价	80.00 元

《甘肃小麦品种志（1950—2019）》
编　委　会

主　　编：杨文雄

副 主 编：杨长刚　王世红　张礼军

编写人员：（按姓名拼音排序）

<table>
<tr><td>白　斌</td><td>白玉龙</td><td>曹世勤</td><td>车　卓</td><td>杜久元</td></tr>
<tr><td>段志山</td><td>贾秋珍</td><td>李兴茂</td><td>李永平</td><td>梁玉清</td></tr>
<tr><td>刘宏胜</td><td>刘效华</td><td>柳　娜</td><td>鲁清林</td><td>马小乐</td></tr>
<tr><td>牟丽明</td><td>倪胜利</td><td>任根深</td><td>施万喜</td><td>宋建荣</td></tr>
<tr><td>王浩瀚</td><td>王林成</td><td>王世红</td><td>王　炜</td><td>杨德龙</td></tr>
<tr><td>杨继忠</td><td>杨文雄</td><td>杨晓辉</td><td>于建平</td><td>袁俊秀</td></tr>
<tr><td>岳维云</td><td>张　成</td><td>张　健</td><td>张礼军</td><td>张　蓉</td></tr>
<tr><td>张廷龙</td><td>张文涛</td><td>张文伟</td><td>张雪婷</td><td>张耀辉</td></tr>
<tr><td>周　刚</td><td></td><td></td><td></td><td></td></tr>
</table>

统　　稿：杨文雄　杨长刚　李兴茂　宋建荣

前　　言

　　优良品种是农作物优质高产的内因和基础，是实现绿色高效农业的先决条件。甘肃省地处西北内陆，由东南至西北跨越亚热带湿润区、温暖带湿润区、半干旱气候、干旱气候和高寒气候区等多个气候带，气候类型多样。受气候特征、土壤类型和耕作制度等诸多因素的影响，境内小麦种植区域广泛，四季皆有小麦生长，是全国 11 个小麦种植面积超过千万亩（15 亩 = 1hm^2。全书同）的省份之一。经过长期自然选择和人工培育，形成了数目众多的品种类型。新中国成立以来，甘肃小麦新品种选育和示范推广工作取得了显著成就，先后实现了 5~6 次较大规模的更换，每次更换都促成了小麦产量水平的大幅度提高。1949 年全省小麦总产量仅 72 万 t，到 2018 年已达 270 万 t，其中选育和推广优良品种为甘肃省小麦发展作出了重大贡献。

　　作物品种志是对一定历史时期农业生产上使用品种的历史记述，它在展现该时期农作物品种发展趋势的同时，也是对引种与育种技术方法和经验的总结。1989 年由甘肃省农业科学院粮食作物研究所（甘肃省农业科学院作物研究所前身）组织编写的《甘肃小麦品种志（1950—1987）》（内部资料，未正式出版），将 1987 年以前甘肃生产上使用过的主要小麦品种及当时表现较为优良的品系进行了详细记述，较为全面地总结了这一时期引种与育种的经验和成就。近三十多年来，甘肃小麦生产有了很大发展，原志所列品种绝大多数在生产上已被新育成或新引进的品种更换，迫切需要编写一部全面反映甘肃省小麦品种发展历史的著作。为此，我们依托甘肃省小麦产业技术体系，由甘肃省农业科学院小麦研究所牵头，组织全省长期从事小麦科研工作的有关人员，经过两年的调查走访、收集鉴定、核实合并和资料整理，编写完成了覆盖甘肃境内各时期主要应用品种的《甘肃小麦品种志（1950—2019）》。

　　本志在品种记述部分之前有甘肃省小麦品种概论，对新中国成立以来甘肃省小麦生产情况、品种演变、育种途径和渊源、品种繁育的基本经验和展望等作了较为系统的总结、归纳和分析，是甘肃省小麦品种状况的综览概观。书首有编辑说明和小麦品种特征特性术语解释及标准说明，介绍本书品种记述的规范。品种志部分，收集了新中国成立 70 年来甘肃省境内选育和引进的 500 个小麦品种，其中春小麦 212 个，冬小麦 288 个。对每个品种的来历、特征特性、产量表现和分布地区、栽培要点等作了较为全面的描述和说明，部分品种在本志最后部分还附有相关图片。

　　《甘肃小麦品种志（1950—2019）》是对新中国成立 70 年甘肃省小麦品种改良工作的全面反映。它既是一部科学著作，又是一部历史文献；既是广大农业科技工作者的工具书，又是科技文库的典藏资料。可供各级农业科技部门和院校参考。

　　由于编者水平有限，书中难免存在一些缺点和不足，恳请读者批评指正。

2019 年 8 月

编辑说明

一、本书编入的品种为 1950—2019 年在甘肃省小麦生产上大面积种植的品种，或者种植面积不大，但适应特定生产条件的品种，以及新育成的有推广前途的品种。其中，编入的 1988—2019 年品种主要以通过甘肃省审定品种为主。

二、编入本书的品种按顺序进行编号。品种排列顺序，首先划为冬小麦和春小麦两大部分，然后按年代的先后进行排序。

三、品种的名称。凡是通过各级农作物品种审定委员会审定的品种，用审定名称，未审定品种使用生产上通用名称。品种名称内有数字编号者，其数字用阿拉伯数字表示。在 10 号以内的，数字后加"号"字，如甘麦 8 号、武春 8 号等；在 10 号以上者，数字后不加"号"字，如甘麦 11、陇春 30 等。

四、品种的引育单位，一律使用现在的机构全称。如该机构现在已无法追溯渊源，则在该机构名称前冠以"原"字。

五、品种的描述分品种来源、特征特性、产量及适宜种植区域、栽培技术要点四个部分。品种的特征特性表现以育种单位或品种最适推广地区的观察记载为准。为便于读者对照参考，将《小麦品种特征特性术语解释及标准说明》也一并编入。

六、本书的度量衡单位，除面积用亩计量之外，其余单位均采用国际统一单位表述。

七、本书编入品种以文字描述为主，部分品种在本书最后部分附有单株、穗部及籽粒图片。

小麦品种特征特性术语解释及标准说明

　　甘肃省是典型的冬、春小麦混播区。本书所叙述的品种特征特性，是指该品种在甘肃省原产地大田水平的表现，有时也用相应试验的观测数据。穗部性状以主茎穗为准。在高低、大小、多少的分级归类上，除根据以下标准规定外，有时亦结合本地习惯和印象加以衡量比较。本书所叙述的品种特征特性，以国家相关记载标准为主，同时适用于冬、春小麦。

1　冬春性
分春性、偏春性、半冬性、冬性和强冬性五级。

1.1　强冬性：对温度要求非常严格，在北方春播或南方冬播完全不能拔节抽穗。

1.2　冬　性：对温度要求严格，在北方春播或南方冬播基本不能抽穗。

1.3　半冬性：对温度要求不十分严格，在北方春播或南方冬播部分植株能抽穗，抽穗不整齐。

1.4　偏春性：对温度要求不严格，在北方春播或南方冬播能抽穗、结实。但成熟期稍推迟。

1.5　春　性：对温度要求不严格，在北方春播或南方冬播能正常抽穗、成熟。

2　物候期
2.1　播种期：实际的播种日期（以月/日表示，下同）。

2.2　出苗期：全田 50% 以上的幼苗胚芽鞘露出地面 1 cm 时的日期。

2.3　抽穗期：全田 50% 以上麦穗顶部小穗（不算芒）露出叶鞘，或在叶鞘中上部裂开见小穗时的日期。

2.4　成熟期：全田大多数麦穗的籽粒变硬，大小及颜色呈现该品种固有特征的日期。

2.5　生育期：出苗至成熟的天数。

3　形态特征
3.1　幼苗

3.1.1　芽鞘颜色：幼芽伸出地面时观察芽鞘的颜色，分绿色、微红色和紫色。

3.1.2　幼苗习性：分蘖期观察，分三类。

　　　　直　立：大部分茎叶直立向上。

　　　　匍　匐：大部分茎叶匍匐于地面。

　　　　半匍匐：介于直立和匍匐之间。

3.1.3　苗色：与上一项同时观察，分为深绿、绿和浅绿色。

3.1.4　苗叶茸毛：指苗叶表面有无明显茸毛。

3.2　叶

3.2.1 叶色：抽穗期观察，分为深绿、绿和浅绿色。

3.2.2 旗叶叶耳花青苷颜色：分为弱、中、强和很强四级。

3.2.3 叶姿态：抽穗期根据上、中部叶片与茎秆夹角，以及旗叶长相，分上冲、半披散和披散三种。

3.2.4 旗叶长宽：抽穗期调查有代表性的 20 个以上主茎旗叶的长、宽度（cm），计平均值。

3.3 茎

3.3.1 株型：开花后根据主茎和分蘖的集散程度，分为紧凑、中等、松散三种。

3.3.2 株高：成熟期测量有代表性的主茎 20 株以上的长度（cm），计平均值，从地面至穗顶（不连芒）的长度（cm）。

3.3.3 茎秆颜色：蜡熟期观测，分为黄色和紫色。

3.3.4 茎秆髓厚度：完熟期观察，分为无或薄、中、厚或充满三类。

3.4 穗

3.4.1 穗长：成熟期选择有代表性的 20 株，测定主茎穗最基部小穗（包括不孕小穗）至穗顶（不包括芒）的长度（cm），计平均值。

3.4.2 每穗小穗数：观测麦穗上着生的小穗总数（包括不孕小穗数），取样方法同上项。

3.4.3 小穗密度：用 10 cm 穗轴上着生的小穗数来表示，计算公式为：穗密度指数 =（小穗数-1）/穗轴长×10。分为四级，20.0 以下为稀，20.1~30.0 为中，30.1~39.9 为密，40.0 以上为极密。

3.4.4 每穗粒数：一个穗上的总粒数。

主茎穗每穗粒数：取样方法同上，将主茎穗脱粒，计平均值。

3.4.5 穗的形状：分为五种。

纺锤形：穗子两头尖，中部稍大。

椭圆形：穗短，中部宽，两头稍小，近似椭圆形。

长方形：穗子上、下、正面、侧部基本一致，呈柱形。

棍棒形：穗子下小、上大，上部小穗着生紧密，呈大头状。

圆锥形：穗子下大，上小或分枝，呈圆锥状。

3.5 芒

3.5.1 无芒：完全无芒或芒极短。

3.5.2 顶芒：穗顶部有芒，芒长 5 mm 以下，下部无芒。

3.5.3 曲芒：芒的基部膨大弯曲。

3.5.4 短芒：穗的上下均有芒，芒长 40 mm 以下。

3.5.5 长芒：芒长 40 mm 以上。

3.5.6 芒的颜色：分为浅黄色、红色和黑色三种。

3.6 护颖

3.6.1 护颖颜色：分为白色、黑色和红色三种。

3.6.2 护颖茸毛：分为有、无，并标注多少。

3.6.3　护颖形状：分为卵圆形、近圆形、椭圆形和长圆形四种。

3.6.4　颖肩形状：分为斜肩、方肩和丘肩三种。

3.7　籽粒

3.7.1　籽粒形状：分为卵圆形、近圆形、椭圆形和长圆形四种。

3.7.2　籽粒颜色：分为白色、红色、紫色、蓝色、青黑色和其他。

3.7.3　籽粒质地：分为粉质、半角质和角质。

3.7.4　籽粒腹沟：分为深、浅、宽、窄。

3.7.5　冠毛：籽粒顶端的茸毛为冠毛，用十倍放大镜观察，分为多、少两种。

3.7.6　千粒重：1 000 粒干燥籽粒的重量，以克为单位。

3.7.7　容重：每升容积内干燥籽粒的重量，以 g/L 来表示。

4　生育动态

4.1　基本苗：三叶期前选取 2~3 个出苗均匀的样点（条播选取一米长样段），数其苗数，折算成万苗/亩表示。

4.2　最高茎蘖数：拔节前分蘖数达到最高峰时调查，在原样点调查，方法与基本苗相同。

4.3　有效穗数：成熟前数取有效穗数，在原样点调查，方法与要求同基本苗。

4.4　分蘖成穗率：单位面积内结实分蘖占全部分蘖的比例。

分蘖成穗率＝（有效穗数－基本苗数）/（田间最高总茎数－基本苗数）×100%

4.5　单株有效分蘖数：＝（有效穗数－基本苗数）/基本苗数

5　抗逆性

5.1　抗寒性：根据地上部分冻害，冬麦区分越冬、春季两阶段记载，春麦区分前期、后期两阶段记载，均分五级。

1 级：无冻害；

2 级：叶尖受冻发黄；

3 级：叶片冻死一半；

4 级：叶片全枯；

5 级：植株或大部分分蘖冻死。

5.2　抗旱性：发生旱情时，在午后日照最强，温度最高的高峰过后，根据叶片萎缩程度分五级。

1 级：无受害症状；

2 级：小部分叶片萎缩，并失去应有光泽；

3 级：叶片萎缩，有较多的叶片卷成针状，并失去应有光泽；

4 级：叶片明显卷缩，色泽显著深于该品种的正常颜色，下部叶片开始变黄；

5 级：叶片明显萎缩严重，下部叶片变黄至变枯。

5.3　耐青干性：根据穗、叶、茎青枯程度，分无、轻、中、较重、重五级。

5.4　抗倒伏性：分最初倒伏、最终倒伏两次记载，记载倒伏日期、倒伏程度和倒伏面积，以最终倒伏数据进行汇总。倒伏面积为倒伏部分面积占小区面积的百分率。倒伏程度分五级。

　　1 级：不倒伏；

　　2 级：倒伏轻微，植株倾斜角度小于或等于 30°；

　　3 级：中等倒伏，倾斜角度 30°~45°（含 45°）；

　　4 级：倒伏较重，倾斜角度 45°~60°（含 60°）；

　　5 级：倒伏严重，倾斜角度 60° 以上。

5.5 落粒性：完熟期调查，分三级。

　　1 级：口紧，手用力撮方可落粒，机械脱粒较难；

　　3 级：易脱粒，机械脱粒容易；

　　5 级：口松，麦粒成熟后，稍加触动容易落粒。

5.6 穗发芽：在自然状态下目测，分无、轻、重三级，同时记载发芽百分率。

6 病虫害抗性

6.1 对最主要的锈病记载普遍率、严重度和反应型。

a）普遍率：目测估计病叶数（条锈病、叶锈病）占叶片数的百分比或病秆数的百分比；

b）严重度：目测病斑分布占叶（鞘、茎）面积的百分比；

c）反应型：分五级

　　1 级 免疫：完全无症状，或偶有极小淡色斑点；

　　2 级 高抗：叶片有黄白色枯斑，或有极小孢子堆，其周围有明显枯斑；

　　3 级 中抗：夏孢子堆少而分散，周围有褪绿或死斑；

　　4 级 中感：夏孢子堆较多，周围有褪绿现象；

　　5 级 高感：夏孢子堆很多，较大，周围无褪绿现象。

对次要锈病，可将普遍率与严重度合并，分为轻、中、重三级，分别以 1、3、5 表示。

6.2 赤霉病：记载病穗率和严重度。

a）病穗率：目测病穗占总穗数百分比；

b）严重度：目测小穗发病严重程度，分五级。

　　1 级：无病穗；

　　2 级：1/4（含 1/4）以下小穗发病；

　　3 级：1/4~1/2（含 1/2）小穗发病；

　　4 级：1/2~3/4（含 3/4）小穗发病；

　　5 级：3/4 以上小穗发病。

6.3 白粉病：一般在小麦抽穗时白粉病盛发期分五级记载。

　　1 级：叶片无肉眼可见症状；

　　2 级：基部叶片发病；

　　3 级：病斑蔓延至中部叶片；

　　4 级：病斑蔓延至旗叶；

　　5 级：病斑蔓延至穗及芒。

6.4 叶枯病：目测病斑占叶片面积的百分率，分五级。

1 级 免疫：无症状；

2 级 高抗：病斑占 1%～10%；

3 级 中抗：病斑占 11%～25%；

4 级 中感：病斑占 26%～40%；

5 级 高感：病斑占 40% 以上。

6.5 根腐病：反应型按叶部及穗部分别记载。

a）叶部：于乳熟末期调查，分五级：

1 级：旗叶无病斑，倒数第二叶偶有病斑；

2 级：病斑占旗叶面积 1/4（含 1/4）以下，小；

3 级：病斑占旗叶面积 1/4～1/2（含 1/2），较小，不连片；

4 级：病斑占旗叶面积 1/2～3/4（含 3/4），大小中等，连片；

5 级：病斑占旗叶面积 3/4 以上，大而连片。

b）穗部：分三级：

1 级：穗部有少数病斑；

3 级：穗部病斑较多，或一两个小穗有较大病斑或变黑；

5 级：穗部病斑连片，且变黑。

记载时以叶部反应型作分子，穗部反应型作分母，如 3/3 表示叶部与穗部反应型均为 3 级。

6.6 黄萎病：记载普遍率和严重度。

a）普遍率：目测发病株数占总数的百分率；

b）严重度：分五级。

1 级：无病株；

2 级：个别分蘖发病，一般仅旗叶表现病状，植株无低矮现象；

3 级：半数分蘖发病，旗叶及倒二叶发病，植株有低矮现象；

4 级：多数分蘖发病，旗叶及倒二、三叶发病，明显低矮；

5 级：全部分蘖发病，多数叶片病变，严重低矮植株超过 1/2。

6.7 纹枯病：冬麦区小麦齐穗后发病高峰期剥茎观察。

1 级：无病症；

2 级：叶鞘发病但未侵入茎秆；

3 级：病斑侵入茎秆不足茎周的 1/4（含 1/4）；

4 级：病斑侵入茎秆茎周的 1/4～3/4（含 3/4）；

5 级：病斑侵入茎秆茎周的 3/4 以上。

在病害严重发生，出现枯白穗的年份，应增加记录枯白穗率（%）。

6.8 其他病虫害：如发生散黑穗病、黑颖病、土传花叶病、蚜虫、黏虫、吸浆虫等时，亦按三级或五级记载。

目　　录

甘肃小麦品种概述

新中国成立以来，甘肃农业同全国一样，先后经过土地改革、农业集体化、人民公社、家庭承包制和市场经济等五个历史性阶段，研究和推广先进的农业科学技术，使农业生产得到全面发展。目前全省粮食总产量稳定在1 100万t以上，粮食市场稳定繁荣。

小麦是甘肃省20世纪90年代的第一大粮食作物，年播种面积超过2 000万亩。21世纪以来，虽由于农业种植结构调整，小麦面积逐年压缩，但仍为仅次于玉米的第二大粮食作物。事实证明，小麦生产水平和可持续发展能力对保障全省国民经济稳步发展和粮食安全具有深远的历史性意义。

一、甘肃小麦生产概况

小麦是一种适应性强、分布广泛的世界性粮食作物，为人类提供约21%食物热量和20%蛋白质。据统计，小麦是全球35%~40%人口的主食，同时还是最重要的贸易粮食和国际援助粮食。在我国，小麦种植面积、单产和总产仅次于水稻和玉米，居第三位。全国小麦种植面积3.6亿亩，平均亩产约350 kg，但总量不足，小麦仍然依赖进口，每年需进口小麦300万t以上。甘肃是全国小麦种植面积超过1 000万亩的11个省份之一，面积仅次于玉米，居第二位。目前小麦种植面积约1 150万亩，占全省粮食作物种植面积的28%左右；小麦平均亩产234.6 kg，总产量269.7万t，约占全省粮食总产的23%。种植面积约占全国的3.4%，总产量约占全国的2.2%，单产水平约为全国平均水平的2/3。全省每年小麦总需求量约450万t，而生产量只有260万t左右，缺口近190万t，约占全省小麦总需求量的42.2%，全省小麦供需矛盾突出。

甘肃省属北方冬春麦混种区，全省有84个县（区）种植小麦，其中面积在30万亩以上的县（区）有15个。甘肃小麦根据传统的地理行政区划，可分为河西区、陇东区、陇南区、陇中区、甘南区等五大类型区；按照农业生态区划，进一步可分为河西灌溉春麦区、中部春麦区、洮岷高寒春麦区、陇东冬麦区、渭河上游冬麦区、陇南湿润冬麦区和冬春小麦兼种区等7个类型区。其中渭河上游冬麦区和陇南湿润冬麦区，在甘肃省习惯上合称为陇南区，亦即"大陇南"的概念。我国小麦区划上，陇东冬麦区属于北部冬麦区，陇南区属于黄淮冬麦区，春麦区大部分属于西北春麦区，西南部的甘南州等麦区属于青藏春冬麦区。甘肃小麦生产的主要特点是：以旱作为主，旱薄相连，全省旱地小麦种植约占总面积的70%以上，其中冬小麦90%以上分布在旱地；种植区域广泛，四季都有小麦生长；气候类型复杂、品种生态类型多样；区域发展不平衡，单产水平总体较低。

新中国成立后甘肃小麦生产实现了历史性的飞跃。总体来说，新中国成立后甘肃小麦单产和总产不断增长的趋势基本一致（图1），说明科技进步发挥了重要作用；种植面积在1998年以后显著减少，但近5年则比较稳定。甘肃小麦生产发展可大致分为4个阶段。

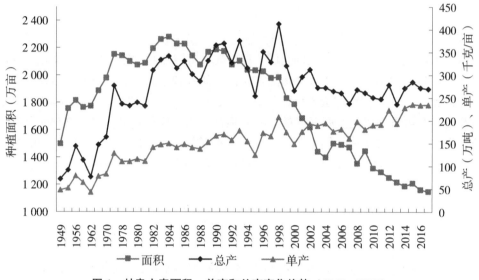

图1 甘肃小麦面积、单产和总产变化趋势（1949—2017）

（1）1949—1956年恢复性增长阶段。播种面积由1949年的1 499.1万亩增加到1 815.9万亩，单产由每亩48.1 kg增加到79.3 kg，总产则由72.1万t增加到144万t。单产和播种面积同步提高为增加总产作出贡献，大面积推广优良地方品种则在提高单产中发挥了重要作用。

（2）1957—1980年稳定增长阶段。1960年前后受"大跃进"等的影响，生产出现严重下滑。随着农业政策的逐步调整，播种面积由1957年的1 764.3万亩增加到2 075.4万亩，平均亩产提高到115.7 kg，总产增加至240万t。由于高产早熟抗条锈新品种的大面积推广、栽培水平的显著提高（包括增施化肥和增加灌溉面积等），播种面积和单产同步提高。

（3）1981—1998年单产快速增长阶段。播种面积逐步下降，平均亩产提升到207.8 kg，总产增加至历史最高的412.6万t。普及半矮秆高产早熟品种、进一步提高栽培水平等技术进步发挥了重要作用，实现了小麦生产的较大跨越。小麦由过去的严重短缺逐步过渡到基本平衡，20世纪90年代后期转变为丰年有余，同时消费者对加工品质提出了新的更高的要求。

（4）1999—2017年单产品质同步提升阶段。从"六五"以来就显露出的小麦生产效益低下的矛盾越来越突出，整个农业面临产业结构的重大调整，小麦种植业首当其冲。在这种情况下，小麦种植面积以每年80万亩左右的速度减少，到2003年后播种面积降至1 442万亩，总产减至272.5万t，单产增至每亩188.9 kg，2015年单产达到历史较高的每亩235.6 kg。目前，甘肃小麦播种面积稳定在1 200万亩左右（其中，冬小麦约占2/3、春小麦约占1/3），总产稳定在260万t左右。这一时期高产矮秆抗逆优质品种大面积普及，优质麦得到较快发展，单产得到进一步提高。但品质仍不能满足市场的多元化需求，生产成本过高成为进一步提高产业竞争力的主要限制因素，健康营养绿色高效成为目前供给侧改革的重点和今后的发展方向。

纵观新中国民立 70 年来甘肃小麦发展的历程，种植面积由 1949 年的 1 499.1 万亩增加到 1985 年的 2 230 万亩，而后又下降到目前的 1 200 万亩左右，总产由 1949 年的 72.1 万 t 增加到 1998 年历史最高的 412.6 万 t，然后由于播种面积急剧减少，稳定在近年的 260 万 t 左右。这其中单产水平的提高起到了关键性作用。目前，小麦生产以健康营养绿色高效发展为中心，大力推动优质专用商品小麦生产。在高寒低产春麦区和干旱低产区，推进改种高效经济作物，在主产麦区，充分发挥自然资源优势，主攻单产、注重品质，实施优质专用小麦产业化生产基地建设。通过市场进行资源重新配置，使甘肃小麦生产稳中有升。

二、甘肃小麦生产用种的更迭情况

新中国成立 70 年来，甘肃小麦品种经过评选应用地方品种、试验推广外引品种和大面积应用本区育成品种等 3 个阶段，评选、引进和选育小麦品种 500 多个，使不同生态区域的小麦品种先后经历了 6 次较大规模的更换。每次品种更换都促成了生产应用品种在丰产性、抗病性、抗逆性、品质等方面的较大改进和提高。例如抗病品种的引育与推广，有效地控制了条锈病的流行，减轻了红、黄矮病和腥黑穗病等的危害；半矮秆品种的选育与推广，较好地解决了高产田的倒伏问题，使产量得以大幅度提高；早熟矮秆品种的选育利用，扩大带田和复套种面积，高产优质品种的选育，有效提升了小麦品种的市场竞争力。

解放前，即 20 世纪 40 年代末，各地种植的小麦品种多为古老的地方品种（即农家品种）。新中国成立以后，即 20 世纪 50 年代初期，全省广泛开展了群众性地方品种的评选鉴定工作，先后评选出白大头、红光头、红烧麦、和尚头、白早麦、青熟麦、老芒麦、白齐麦、白箭头等小麦良种，在其适种地区迅速扩大。与此同时，春小麦引种成功武功 774（原名 Minster）、甘肃 96（原编号 CI12203）、碧玉麦（又名玉皮麦，原名 Quality）、哈什白皮等，一般能较当地品种增产 15% ~ 30%。冬小麦引种成功南大 2419（又叫齐头红，原名 Menutana）、平原 50、碧蚂 1 号和 4 号、钱交麦（原名 Cheyenne X Early blackhu11）、2711、奥得萨 3 号（原名 0Hecckal3）、中苏 68 等。南大 2419 比当地品种增产 14% ~ 57%，为甘肃省嘉陵江上游麦区的主栽品种；碧蚂 1 号和 4 号比当地品种增产 13% ~ 31%，其中碧蚂 1 号为陇南、陇东川、塬、浅山地区的主栽品种（陇东地区 1958 年种植面积达 160 万亩）；钱交麦、2711、奥得萨 3 号和中苏 68 抗寒、抗旱，特别是抗红矮病能力强，在红矮病发生严重的冬、春麦交界地区增产显著，受到群众欢迎。上述各良种迅速取代了原来种植的农家品种，完成了甘肃小麦品种得第一次大更换。

1956 年引进阿勃（原名 Abbondanza），1959 年确定推广。由于该品种比原推广品种产量高、抗锈、适应性广，种植积发展很快，年最大种植面积曾达 500 多万亩，一跃成为甘肃春麦区和陇南冬麦地区的主栽品种。同时各地还分别引进推广了阿夫（原名 Funo）、阿桑（原名 San pastore）、内乡 5 号、欧柔（原名 Orefen）、蜀万 8 号、杨家山红齐头、肯耶（原名 Kenjafen）等冬、春麦良种搭配种植。陇东地区，由于碧蚂 1 号抗冻性不够强，到 1960 年年初又被农家品种白齐麦以及新引进的石家庄 407、农大 36、农大 183 等取代。使甘肃省的小麦品种又形成了一次大的更换。从碧蚂 1 号在陇东地区的由盛而衰和农家品种白齐麦的东山再起，说明陇东种植的外引品种没有较强的抗旱、抗冻能力是难以站住脚的。

20 世纪 50 年代末，即阿勃、阿夫等品种推广初期，甘肃各级农业科研单位即开始进行小麦杂交育种，至 60 年代转入了以杂交育种为主的新阶段。于 70 年代初，相继育成了甘麦、定西、金麦、临麦、天选、西峰、庆选、平凉等系列的良种，其中以甘麦 8 号表现最为突出，不但比阿勃增产且略早熟，1975 年全省种植面积 420 万亩。其姊妹系甘麦 11、甘麦 12、甘麦 23、甘麦 42，以及临麦 12、天选 15、天选 16、天选 17、武都 2 号和武都 5 号等在各地搭配种植。在春麦区及陇南冬麦区逐步取代了阿勃、阿夫等品种。原天水地区一般浅山区以中梁系为主，面积约 50 万亩，配以 6613 等。陇东庆阳地区推广了西峰 1 号（即甘麦 4 号）和济南 2 号，其中西峰 1 号最大面积达 50 万亩，济南 2 号达 90 多万亩；平凉地区开始推广平凉 2 号、平凉 7 号及济南 2 号，接着又推广平凉 24 等，相互搭配种植，逐步取代了石家庄 407、农大 36、平原 50 及一部分地方品种。形成了甘肃小麦品种第三次大的更换。

20 世纪 70 年代末期，由于甘麦 8 号等品种的抗锈性丧失，在陇南冬麦地区又经常遭受冻害，面积逐渐压缩。陇南麦区原搭配种植的天选 15、天选 17 冬麦良种面积得以扩大，由原来的年播 32 万亩迅速发展到 80 多万亩；新育成的天选 33、天选 34、天选 35 等与新引进成功的阿车雷（原名 Aquila）、巴地亚、里勃留拉（原名 Libe1lula）、长武 7125、山前麦等抗锈品种迅速推广；咸农 4 号不仅耐锈，且稳产性好，适于天水地区较干旱一般浅山区种植，面积由 1975 年的 5 万亩很快发展到 30 余万亩，到 80 年代中期又扩大到 104 万亩。高寒山区的保加利亚 10 号、保加利亚 14（原名 Bulgarian10、14）以及东方红 3 号、农大 88 等均得以扩大；陇东地区的平凉 21 和庆选 15、西峰 9 号抗旱、抗寒、产最较高，迅速替代了产量较低的济南 2 号等品种。中部川水地区及二阴地区，一批新抗锈品种如原农 74、高原 508、晋 2148、临农 14、临麦 25 等不断扩大；中部干旱地区，定西 24 和会宁 10 号抗旱高产，深受农民欢迎，，发展迅速。河西灌溉地区，张春 9 号、郑引 1 号（原名 St1472/506，意大利品种）、甘春 11、甘春 12、酒农 10 号、金麦 7 号、金麦 303 等品种抗旱耐高温能力较强，产量也高，逐步发展成为各自最适种地区的主栽品种。晋 2148 在河西也有一定面积。从而基本形成了甘肃小麦品种的第四次大更换。

随着上述品种抗锈性的逐步丧失及生产上对品质、产量等的更高要求，一些新的抗锈、抗旱、抗寒、品质较好、产量高的品种不断得到推广，有些品种还具有超千斤的丰产潜力，在生产水平不断提高的情况下，很受农民欢迎，原有品种又逐步压缩，形成了小麦品种的第五次大更换。冬小麦，陇东除平凉 21、西峰 9 号等仍保留一定面积外，西峰 16、庆丰 1 号、晋农 134、平凉 24 和 32、昌乐 5 号等品种扩展迅速，陇南麦区除浅山区种植的咸农 4 号面积继续扩大，里勃留拉、天选系、山前麦等仍种植一定面积外，成良系列、清山系列、绵阳系列以及秦麦 4 号、社 56 等也有一定的发展。春小麦，河东各地先后推广了广临 135、临农 14、高原 338、07802、渭春 1 号、陇春 10、陇春 11、永麦 2 号以及花培 764，临农转 51 等；河西推广了宁春 4 号、陇春 8 号和 9 号、武春 1 号、高原 388、甘春 14、陇春矮丰 3 号等。

20 世纪末，小麦品种的选育进入一个较快的发展阶段，新品种在产量和抗性方面有了较大提高，冬小麦兰天 10 号、兰天 4、陇鉴 127、陇鉴 196、长武 131；春小麦宁春 4 号、宁春 15、宁春 18、陇春 20、陇春 23、甘春 20、武春 3 号、武春 5 号、高原 602、张春 20 等一批高产抗病品种面积不断扩大。特别是宁春 4 号，具有极强的丰产性和抗逆性，品质较优良，在河西地区成为主栽品种，从而形成甘肃小麦的第六次换代。

21 世纪以来，以兰天 26 为代表的兰天系、陇育 4 号为代表的陇育系、中梁 22 为代表的中梁系、陇鉴 108 为代表的陇鉴系、平凉 40 为代表的平凉系、宁春 4 号为代表的宁春系、陇春 30 为代表的陇春系、酒春 9 号为代表的酒春系、甘春 24 为代表的甘春系、张春 24 为代表的张春系、临麦 35 为代表的临麦系、银春 8 号为代表的银春系、定西 40 为代表的定西系、西旱 2 号为代表的西旱系等一批自育优良品种在生产中发挥了主导作用。

新中国成立以后，甘肃的小麦品种面貌有了明显的变化。从演变过程看，新中国成立初期各地种植的品种均以农家品种为主。20 世纪 50 年代至 60 年代初，除少数自然条件较恶劣的地方种植农家品种外，均以引进的抗锈、高产品种代替了产量低下的地方品种，70 年代初期至今，又以自育品种为主，逐步取代了外引品种，品种更换后的另一个特点是品种的抗病性不断增强，尤其是抗锈性有了很大的提高。甘肃陇南是条锈菌常发易变地区，条锈菌生理小种的变化十分频繁，因之品种抗锈性的丧失也比较快，针对条锈菌生理小种的变化，科研部门相应地及时引进和选育推广了一批又一批的抗锈品种，使甘肃的小麦生产基本上控制了条锈病的为害。自育品种中，不少是兼抗多个生理小种，有的还兼抗叶锈和杆锈病。

另外，品种的丰产性也不断提高。主要表现在穗粒数与千粒重不断提高，特别是千粒重提高十分明显，如原来的农家品种一般每穗结实仅 20 余粒，千粒重为 15~30 g，而 20 世纪 50 年代先后引进的良种甘肃 96 和碧蚂 1 号等品种，穗粒数一般在 30 粒以上，千粒重达 35 g 左右，至 70 年代选育推广的甘麦 8 号、天选 15 等，穗粒数增至 35 粒以上，千粒重达 40 g 以上。以后选育推广的品种，穗粒数虽然增加不多，但千粒重高达 45 g 以上。若与 50 年代初期的农家品种相比，千粒重提高 15~35 g，较 70 年代选育推广的品种提高 10 g 以上，这对甘肃小麦产量的提高起了很大作用。在株高方面也有所变矮，特别是植株明显变粗变矮，耐水肥能力大大增强，增产潜力得到发挥。近几年不仅出现一些亩产 600 kg 以上的高产田，河西灌区还出现亩产 500 kg 以上的高产县。

总之，从品种演变情况可以看出，小麦生产的发展和抵御各种自然灾害的要求，是推动品种演变的动力，而育种工作的及时跟进，则是品种更换的物质基础，两者相辅相成，促使甘肃小麦品种面貌朝着更加丰产稳产优质的方向发展。但是从后两次品种更换看，推广的新品种数量明显增多，这主要与生产水平的提高和不利因素的增多有一定关系，加之品种本身虽然在抗性和产量方面有明显提高，但单一品种的适应性还不够广，致使没有一个品种能够在较大范围内形成明显的主栽优势。

三、甘肃小麦品种的选育途径

甘肃生产上利用的小麦品种，新中国成立初期以评选的地方良种为主，以后又以推广外引品种为主，进而为各地自育的品种。自育品种的选育，开始为系统选种和简单的杂交育种，以后逐步发展为复合杂交、辐射育种、远缘杂交、花药培养等多种途径。各地根据各自服务地区的生态特点，确定自己的育种目标。根据育种目标和所掌握的亲本材料，采取相应的育种方法，使育成品种的水平不断得到提高。

1. 引种筛选

新中国成立以来，甘肃从国内外引进的小麦种质资源有 5 000 多份（国内为 800 多份），经过鉴定筛选，有些品种表现抗病、适应性好、产量高，在生产上直接利用；有的具有这样或那样的优良特性，已被或正被杂交育种工作利用。至于各个时间所推广应用的引进品种，在品种更迭一节中已经阐述，此处不再重复。总结引种经验，春麦区，国外引进品种主要原产于南欧的意大利，美洲的智利、墨西哥和美国，大洋洲的澳大利亚以及南亚的巴基斯坦等；国内品种主要原产于长江中下游的四川、湖北、江苏及华南的福建。冬麦区，国外品种主要原产于美国、意大利、苏联、保加利亚、罗马尼亚等国；国内品种主要原产于北部冬麦区，黄淮冬麦区及长江中下游冬麦区。根据上述地域分析，可以看出大约北纬33°以南地区的秋播小麦品种（大部属弱冬性），引到甘肃春麦区春播，不仅能适应，一般还表现早熟或中早熟，特别是引进早熟类型更易成功。北纬33°以北地区的小麦品种，大多冬性强，引到春麦区春播，基本不能正常抽穗，而引种到陇南冬麦区秋播，则表现晚熟，只有在陇东冬麦区秋播能正常生育，有些品种亦可直接推广利用。高纬度地区的春性品种引到甘肃春麦区种植，大部分也趋于晚熟，必须选择感光迟钝的品种才有可能成功。然而，这些国家后来育成的新品种，近几年在甘肃生产上却没有得到推广应用，可能与我们育种水平和生产要求的进一步提高有关，致使引进的新品种的某些性状已不符合要求；也可能是我们引种工作做得还不广泛和不深入的缘故。可见引进国外品种择优直接利用还大有潜力可挖，今后仍不失为快速有效的育种途径。

2. 系统选种

甘肃利用系统选种法育成的品种相当多，有些在生产上推广了较大面积。春小麦如张掖市农业科学研究院从地方品种高台白秃麦的变异株中，选育出张掖 1084，较原品种早熟 2~3 d，增产 11.8%，20 世纪 50 年代末在河西西部平川灌区很受欢迎；从阿夫中选出的民选 116，在冷凉灌区的民乐县大面积推广。从地方品种老芒麦中选出会宁 1 号和红农 1 号，抗旱耐瘠，较原品种增产显著。甘肃省农业科学院从陇春 23（CIMMYT 引进审定）中选出陇春 36。冬小麦也系统选育成不少品种。如天水市农业科学研究所从农大 27 中选出甘麦 2 号（即陇南 1184）和甘麦 3 号（即陇南 192），分别比碧蚂 1 号增产 22.2%与 25.4%；从阿桑中先后又选出天选 1 号、天选 2 号、天选 3 号、天选 5

号。甘肃省农业科学院与原庆阳地区农科所合作，从钱交麦中选出陇东 3 号，从碧蚂 1 号中选出陇东 4 号，从北京 8 号中选出庆选 10 号，从西峰 1 号中选出庆选 14。平凉市农业科学院从碧蚂 1 号中选出平凉 4 号，从阿桑中选出平凉 22 和平凉 26，从咸农 10 号中选出平凉 27。上述育成品种，不论是来源于地方品种的变异植株，或是改良品种的变异植株，都足以说明，在已推广的良种中，由于原品种的所有性状不一定完全都达到纯合，或在繁殖推广过程中可能发生基因突变或异交结实而出现新的遗传变异，还有继续选优的潜力。只要育种目标明确，针对原品种的主要缺点，扬长克短，就可以从中选育出性状更加优异的新品种。所以，系统选种是一个简便易行的育种途径，任何时候都不应忽视。

3. 杂交育种

常规杂交育种（包括单交、回交、阶梯杂交等）是甘肃技术最成熟、成效最显著的小麦育种方法，先后选育推广了近 400 多个品种，其中种植面积大的有以甘麦 8 号和甘麦 23 为代表的甘麦系品种，以陇春 27、陇春 30 为代表的陇春系列，以酒春 8 号、酒春 9 号为代表的酒春系列，以定西 24 和定西 40 为代表的定西系列，以张春 9 号、张春 20 为代表的张春系列，以甘春 16 为代表的甘春系列，以武春 1 号、武春 5 号为代表的武春系列，以银春 8 号为代表的银春系列，以兰天 4 号、兰天 10 号为代表的兰天系列，以陇鉴 196、陇鉴 127 为代表的陇鉴系列，以天选 50 为代表的天选系列，以中梁 17、中梁 22 为代表的中梁系列，以西峰 9 号、西峰 16 为代表的西峰系列，以平凉 25、平凉 43 为代表的平凉系列，以临农 14 为代表的临农系列，以及以临麦 30 为代表的临麦系列等良种，在全省各麦区各阶段形成了主次搭配、品种多样的局面，对促进甘肃省小麦生产的发展起了显著作用。实践表明，生产不断发展，品种面貌也在不断变化，新品种总是在旧品种的基础上提高的。一个地区的品种改良工作，不少是通过渐进式杂交完成的。例如以甘麦 8 号与阿勃红杂交，选出陇春 9 号，既保持了甘麦 8 号综合性状优良的特点，又提高了千粒重和品质。以西峰 16 为母本，分别与 7689-13 和 7689-4 杂交，先后育成兰天 10 号和兰天 16，以兰天 10 号为亲本，先后选育出兰天 15 和兰天 26。以西峰 20 为母本，中 210 作父本，选育出陇育 4 号，抗旱抗寒，增产潜力大。阶梯式杂交育种成功的实例较多，不再一一列举。总之，这种在已有改良品种基础上进一步杂交改良的方式，仍然是今后杂交育种的有效途径。

4. 辐射诱变育种（航天育种）

中国小麦诱变育种始于 1962 年。1971 年育成推广了新曙光 1 号和新曙光 2 号，随着辐射遗传学的发展，进一步明确了电离辐射能够导致小麦细胞核内遗传物质结构的大量变异，并从中获得有经济价值的突变类型。甘肃省农业科学院作物研究所利用快中子通量照射地 16/陇春 7 号的 F_1，从中选出陇春 14。甘肃农业大学利用 $^{60}Co\gamma$ 射线处理春小麦品种系 8131-1，从中获得高蛋白含量的品系 88-862，用该品系为母本、630 为父本杂交后 F_1 再次用 $^{60}Co\gamma$ 射线处理，后经田间产量选择和室内品质选择，育成强筋小麦品种甘春 20，该品种是甘肃大面积推广的第一个强筋硬红春小麦品种。张掖市农业科学研究院与中国科学院近代物理研究所合作，利用辐射诱变技术选育出的陇辐 2 号，高产优质。

航天育种也称为空间技术育种或太空育种，就是指利用返回式航天器和高空气球等所能达到的空间环境对植物的诱变作用以产生有益变异，在地面选育新种质、新材料，培育新品种的农作物育种新技术。甘肃省农业科学院小麦研究所以冬小麦品系92-47为原始群体经航天诱变选育出兰航选01，以兰天10号为原始群体经航天诱变选育出兰航选122，目前在陇东地区大面积推广，表现优良。

5. 花药培养单倍体育种

这是20世纪70年代以来迅速发展起来的育种途径，尽管目前诱导频率仍很低，但在甘肃已育成了几个品种在生产上利用。甘肃最早育成的品种是甘肃省农业科学院作物研究所的陇花1号，由于抗锈性差，茎秆偏高，未能推广利用。以后又育成陇花2号（原名花培764），在靖远、景泰等地表现有一定的抗旱能力，矮秆抗倒，产量高，在河西的武威、高台等地示范表现亦好。1993年甘肃省农业科学院利用太谷核不育小麦综群Ⅱ-103孕穗期单核靠边期的花药进行离体培养，选育出抗锈高产春小麦品种陇春21，2002年利用太谷核不育杂种，通过花药培养获得单倍体植株经自然加倍育成陇春31。花药培养单倍体育种技术，对缩短育种周期的效果比较明显，可加速小麦新品种选育，但小麦花药培养存在基因型依赖、白化苗难以克服等问题，这些因素都限制了小麦花药培养在遗传和育种中的应用。相信这一新技术与常规育种结合，则可能发挥其应有的作用，尤其用于远缘杂交及其他短期内难以稳定的杂种早代材料，可望较快地得到有价值的品系或遗传资源。

6. 外源DNA导入

国内外在远缘杂交育种方法方面经过多年的探索，已取得了显著成效，但当希望利用性质或基因来自不同属、科时，杂交成功的可能性很小。利用花粉管通道法，导入来自不同物种的DNA，预期是较有前景途径。在甘肃，兰州大学与甘肃省农业科学院合作也较早地开展了花粉管转化技术的研究应用，先后将高粱、玉米等C_4植物DNA导入普通栽培小麦选育出一系列小麦新品系，其中将高粱DNA导入受体陇春13，选育出了高产耐盐碱小麦新品系89122，产量较原受体增产21.06%，在盐碱地较当地主栽品种增产10.5%。2001年甘肃省农业科学院利用花粉管通道法将米高粱总DNA导入自育品系89122，选育出陇春32。花粉管通道法以变异频率高、性状变异广泛、类型丰富、一次导入片段多及低成本等诸多优点受到研究者的青睐。相信随着分子水平证据的进一步明确和优良品系的推出，将更会确立其作为转基因技术的地位。

7. 太谷核不育小麦（矮败小麦）的研究与利用

太谷核不育小麦是世界上第一次在小麦中发现的天然突变体，是一种无花粉型，受显性单基因控制的核不育材料。由于其育性以株为单位，育性分离稳定，没有中间类型，且异交结实率高，是一个理想的杂交工具。1982年引入甘肃省农业科学院，以后又分送张掖市、定西市农业科学研究院同时开展研究。太谷核不育小麦引进后，根据主要育种目标，首先采用回交法，将$Ta1$基因先后转育到所需的不同类型亲本上去，并组建了矮秆、早熟、抗病等单一性状的轮选群体，使分散在不同品种上的控制同一性状的优良基因进行重组，藉以综合、累加和强化控制这一特性的内在因素，从而提高优良性状的表达水平，为育种源源不断地提供新种质。利用这一技术平台，甘肃省农业科学院选育出陇核 1 号、陇核 2 号，定西市农业科学研究院选育出定丰 12，在生产上都有一定的应用面积。

矮败小麦是中国农业科学院作物科学研究所刘秉华研究员创制的具有矮秆基因标记的太谷核不育小麦，是具有自主知识产权的遗传资源。矮败小麦授以非矮秆父本的花粉，其后代总是有一半靠异交结实的矮秆不育株，一半靠自交结实的非矮秆可育株。矮败小麦的矮秆不育株像个基因接受器，把外来花粉（基因）接收进去并进行重组，重组后的基因通过后代分离出的非矮秆可育株自交纯合稳定，下个世代分离出的矮秆不育株可继续接收外来花粉，作为近年来利用矮败小麦技术平台。甘肃自 20 世纪九十年与中国农业科学院开展矮败小麦合作以来，近年来先后选育出甘春 24、陇春 30、陇春 41 等新品种，高产优质，具有较大应用前景。

四、甘肃小麦育种的基本经验

1. 种质资源利用

甘肃省地域辽阔，生态条件复杂，各麦区育种目标虽然不完全一致，但高产、稳产、优质、低耗是共同的要求。新中国成立以来，在小麦育种工作中，对高产、稳产注意得多，对优质、低耗考虑得少，而在高产稳产方面，又是高产想得多，稳产想得少。实际上高产和稳产不能截然分开，任何品种高而不稳或稳而不高，在生产上都是站不住脚的。所以，选育品种必须是在稳产的基础上争取高产。

地方品种对当地的气候条件和生产条件最能适应，又具有与之相适应的生产潜力，在新中国成立初期曾对各地小麦生产起了积极作用。因此，地方良种是品种改良的基础。甘肃最早进行的品种改良工作，除引种之外，不少品种是从地方良种中进行系统选择得来的，如红农 1 号、甘麦 1 号、酒农 1 号、酒农 2 号和酒农 3 号，以及金塔 34 和金塔 396 等，还有一些品种是以地方良种与较好的外来品种进行适当组配杂交而获得的，如阿勃红、定西 24、会宁 10 号、西峰 1 号、庆选 11 等。特别是自然条件严酷、生产水平低下的地区，地方品种在品种改良上所起的作用更为重要。

随着生产条件的改善和育种工作的进展，由改良品种相互杂交或与外引良种杂交而育成的品种，在小麦生产上起着越来越大的作用。这方面的实例前面已经谈及，不再赘述。这些品种都是在改良的基础上进一步结合了外来品种的一些优良性状而选育成功的。它们在不同程度上既继承了地方品种的适应性或其他性状，同时也吸收了外来品种的丰产性和抗病性，从而使新品种在原基础上又提高了一步。育种实践表明，在一般情况下，双亲对子代的影响是对等的。外来品种如果优点多，缺点少，不但有可能直接应用于生产，也可能是杂交育种的好亲本。如新中国成立初期和 60 年代末引进推广的甘肃 96、碧玉麦、南大 2419、阿勃、阿夫、欧柔等，都是具有综合性状优良，优点多，缺点少，对推广地区生态条件比较适应的外来品种。在这种情况下，只要亲本选配得当，选育出好的品种也是意料之中。所以，问题的实质并不在于双亲之一必须是优良的地方品种，关键是参与杂交的综合性状优良的亲本是否能适应当时当地的生态条件和符合生产发展的要求，以及其适应或符合的程度如何。当然，也有例外。因为好品种和好亲本虽有密切关系，但不是同一个概念。实践证明，好品种不一定都是好的亲本，还要取决于它的优良性状配合力如何。一个好亲本，本身既要具备综合的优良性状，又要一般配合力高。以往采用的亲本中，阿勃、阿夫、南大 2419、欧柔、蜀万 8 号、尤皮莱Ⅱ号等均属综合性状优良，一般配合力好的亲本材料。而甘麦 8 号则不同，用它所配置的大量组合中，仅育成陇春 1 号、陇春 2 号和陇春 7 号三个品种，而且在抗锈性、落粒性及适应性方面还存在着一些缺点，未能广泛推广，其余绝大多数组合后代的株高降不下来，抗条锈能力也差，且丰产性下降，说明甘麦 8 号的主要优良性状一般配合力较差，不是个好的亲本。因此，育种工作要想卓有成效，不仅要认真研究种质资源的特征特性，还要尽可能地进行配合力测定试验。

在培育旱地品种时，最好选择具有旱生特性（如根系发育好，叶片窄细有茸毛，茎秆细但较硬，分蘖力强等）的农家优良品种和当地主推品种作母本，以外引良种作父本进行组配，这样才有可能培育出植株倾向于旱生特性，并且有抗旱、适应性强、高产的特点。如中部干旱地区育成的会宁 10 号和定西 24，其母本分别为古老的地方良种红老芒麦与白老芒麦，父本为引进良种阿勃与肯耶，二者在中部地区均可种植一定面积，有一定的抗旱能力。

2. 抗锈性选育

甘肃特别是陇南（包括天水市和陇南市），是小麦条锈病的常发易变区和条锈菌新小种的"策源地"，国内诸多重要生产品种和抗源材料抗锈性都是先从这里开始丧失的。20 世纪 70 年代以来，甘肃陇东陇南小麦育种工作主要是围绕抗锈育种进行。

从品种抗锈性类型看，根据生育期分苗期抗性品种和成株期抗性品种；根据条锈菌和小麦品种之间特异性互作，分垂直抗性品种和水平抗性品种。

从小麦条锈病持续控制策略及利用看，在甘肃陇南主要种植以苗期抗性和具有垂直抗性品种为主，兼用成株抗性和具有水平抗性特点品种。

从甘肃抗锈品种选育历史、抗源材料及主要流行小种看，90 年代以前，甘肃各育种单位常用的抗条锈病亲本主要是含有 1B/1R 血缘的品种如碧玛 1 号、南大 2419、阿勃、阿夫、尤皮Ⅱ号、保加利亚 10 号、洛夫林 10 号和洛夫林 13 号及繁 6 衍生系材料等，主要条锈菌流行小种以 CYR1、CYR10、CYR18、CYR25、CYR28、CYR29 为主；1993—2009 年，抗锈亲本主要有贵农 21、贵农 22 及南农 92R 和中 4（无芒）等，以条锈菌主要流行小种 CYR31、CYR32、CYR33 为目标；2010 年以后，抗锈亲本主要有中 4（无芒）、温麦 8 号、周麦 22 等，以条锈菌 CYR34 为目标进行。

从甘肃小麦品种抗条锈病基因分析看，含 $Yr1$、$Yr9$、$Yr10$、$Yr26$ 等抗病基因的品种较多，但这些基因已在生产上丧失抗锈性而失去利用价值。$Yr5$、$Yr15$、$Yr61$ 及 $Yr11$、$Yr12$、$Yr13$、$Yr39$ 等具有苗期抗性和成株期抗性，目前抗锈性相对较好，可通过多种方法，转移到感病生产品种中进行利用。

根据育种实践和遗传分析，利用抗病抗源与感病材料杂交，若抗源的抗锈性属显性遗传，则其子一代表现抗病；若为隐性遗传，则子一代感病。在配置组合前，需明确其遗传特性。

垂直抗性品种的利用是甘肃抗锈育种的主要目标和方向，在此基础上，积极开展水平抗性研究和利用，将会拓宽抗锈品种利用范围，丰富抗锈品种类型，为持续控制甘肃省特别是陇南小麦条锈病的发生流行、保障国家粮食安全生产、助力当地脱贫攻坚和乡村振兴提供技术支撑和物质保障。

3. 早熟性选育

早熟是甘肃的主要育种目标之一，特别是随着耕作制度的改革和干热风、病虫等为害、早熟性的选育愈显重要，多年来甘肃各育种单位在早熟性选育方面做了大量工作，选育推广了一些早熟品种，尤其在带状种植地区发挥了重要作用。育种实践表明，选配早熟品种，一般应有一个亲本是早熟的。从归纳的大量试验资料来看，总的趋势是"早"为显性或半显性。据甘肃省农业科学院作物研究所 2002 年对 180 多个杂交组合统计，早、晚熟品种杂交，子一代表现倾早的约占 60%，介于双亲之间的约占 35%，比晚熟亲本更晚的极少，并且在早熟性上还有超亲现象。如晚熟亲本武春 1 号与早熟亲本辽春 10 号杂交，其子一代的熟期比早熟亲本辽春 10 号还要早，在子二代仍然分离出不少超早个体。但是，也不能完全忽视晚熟亲本的作用。根据大量早×晚组合子代分离情况表明，子代倾早的程度又因两亲早晚差距大小而异，差距大的组合倾早程度小些，差距小的组合，则倾早趋势较为明显。

早熟性是一个复杂的性状，与小麦的各个发育阶段和物候期长短都有密切关系，是属于数量性状的遗传，但其早熟基因的显性效应是十分明显的，故一般采用早×早、早×中或早×晚的组配方式应该是有效的。但是，不少早熟品种的丰产性都较差一些。这就要求我们，除注意亲本选配之外，在选择过程中，注意在早熟群体中"早中选丰"十分重要。

4. 丰产性选育

单位面积穗数、每穗粒数和穗粒重是直接构成产量的三个因素。提高任何一项，并保证其他两项不致下降，都可以增加产量。一般来讲，在大面积栽培情况下，依靠穗数是获得高产的主要因素。但随着生产发展和施肥水平的提高，穗数达到一定程度，就会导致群体与个体发育发生矛盾。这时夺取高产更高产，则需要在保证一定穗数的基础上，争取穗大粒大。不过不同地区高产品种的产量结构类型不完全相同。根据育种实践，甘肃陇东冬麦区冬季寒、旱，常招致幼苗或分蘖大量死亡，如果品种分蘖太少，则难以补偿自然灾害或其他原因所造成的缺苗。因此，这类地区要求品种的分蘖力和成穗率相对要高，可能利用多穗型品种较为有利，力争提高千粒重，以实现高产。陇南冬麦区冬季较温润，年水量偏多，湿度较大，为了减轻病虫为害和倒伏威胁，采用大穗型或中间型品种（以穗数、粒数、粒重协调发展为途径）可能更为合适。甘肃春麦地区小麦生育期短，且大部分地区降雨少，气候干燥，日照较长，二阴和高寒阴湿地区阴雨多、湿度大，植株地上部分发育较繁茂，均不适宜多蘖多穗品种生育，而是在个体、群体协调发展的基础上，以选育穗粒数多和千粒重高的大穗型品种为宜。实际上一个地区的品种产量结构类型并不是固定不变的。随着栽培条件的不断改善，栽培技术水平的不断提高，高产品种的产量结构有可能从多穗型向中间型或大穗型发展。因此，育种工作要有远见，安排育种方案时，既抓住当前，也要兼顾长远；有主有从，突出重点。

选育高产品种还应当注意株高与株型。降低株高，不仅有利于抗倒伏，增加施肥和灌水效应，还能提高经济系数，进一步挖掘小麦增产潜力。甘肃的小麦矮化育种工作，从 20 世纪 60 年代开展杂交育种工作时起，就注意到了这一问题。因此选育推广的品种，其株高大多比新中国成立初期种植的品种有显著降低，对适应不断提高的新栽培条件起了重要作用。近年河西灌区推广种植的品种株高一般 80~90 cm，具有亩产 500 kg 以上的增产潜力，对促进河西冷凉灌区的小麦高产更高产起到积极作用。

育种实践表明，一般讲杂种后代株高的平均值与双亲平均值有密切相关，这是由于我们所用的矮秆性状多是由隐性基因控制的结果。所以，在配置杂交组合时，至少要有一个矮化作用强、综合性状好的品种作为矮源。因为我们常用的矮源多是隐性的，对子二代的株高选择标准不宜太严，只要早熟性、抗病性等符合要求就可以选留，其他性状可留待下一年再作鉴定。

另外，株高降低之后，叶层势必密集，群体略大就容易造成株间郁蔽，削弱光能利用；而且下部叶片也易早枯，使功能期缩短，影响根系发育和产量形成。因此，选育矮秆高产品种，必须同时注意株型。关于株型育种问题，甘肃的经验不多。但一般认为，高产类型的植株，除确定适宜的株高外，要求上部叶片短而上挺或半上挺，下部叶片略长且同茎秆的夹角逐渐加大，这样可以增加整个叶层对入射光的利用。同时叶功能期要长，尤其是旗叶和上层叶片的功能期长短，是能否获得高产的重要因素之一，在选择时必须给予足够重视。

五、甘肃小麦育种目前存在的主要问题

回顾甘肃小麦育种工作，虽然通过各种途径和方法选育推广了一大批优良品种，但也存在着许多有待改进的问题。如近年来育成的品种适应性不广，推广面积不大；对优质育种重视还不够，尽管各育种单位十分重视优质亲本的选配，也选育出一些品质优良的品种，但由于缺少必要的测试手段（主要是加工品质的分析），对优质的选择有很大影响；育成的抗锈品种抗源较单一，在同一时期要用什么抗源大家都用什么抗源，常产生一垮均垮的被动局面；对种质资源的研究不够深透，对育种应用理论的研究也重视不够，致使育种工作缺乏科学的预见性，效率差，实际上育种工作在很大程度上还是凭经验，碰机会，存在一定的盲目性。当务之急是加强种质资源的研究，尽可能做到材尽其用，用得其所，并通过各种有效措施，把全省的小麦育种工作组织起来，加强协作，以期选育出更多更好的优良品种，为甘肃省的小麦生产发展做出更大的贡献。

1. 产量性状的选育处于艰难爬坡阶段

进入 20 世纪 90 年代以来，甘肃育成小麦品种的产量性状已达到相当高的水平，与国外品种相比并不逊色。在此基础上，再要求育成具较大增产幅度的新品种难度较大。最近的 5 届全省春小麦区域试验中，平均产量显著超过对照品种的已不多见，宁春 4 号自引种以来，在河西灌区作为主栽品种达 30 年，这既说明了该品种的育种水平较高，但也说明育种工作要取得突破性进展难度很大。

2. 抗锈品种的遗传背景狭窄，抗性较为单一

甘肃在抗锈育种上普遍以选育对条锈病免疫的类型为主，这种类型易于选择，但在

新的致病小种产生后也易丧失抗性，在流行年份往往导致严重减产。而意大利品种里勃留拉和斯特拉姆潘列在陇南小麦生产上利用已有 35 年以上，但在条锈菌小种不断变化的情况下，却始终保持稳定的抗性，表现出良好的耐锈性和田间持久抗性，这表明甘肃特别是条锈病常发易变区的陇南应走抗性多元化的道路。此外，经中国农业科学院植物保护研究所分析，陇南地区种植的小麦品种主要利用的抗条锈基因为 $Yr1$ 等，而国际上许多已知抗条锈基因如 $Yr5$ 等甘肃尚未用其育成品种，今后应拓宽抗条锈基因的利用。

3. 抗旱性与丰产性的结合上有待进一步努力

品种的抗旱性与丰产性之间往往存在着矛盾，如抗旱品种要求具有较高的植株，这就易于在丰水年份因倒伏而减产，使产量的提高受到限制。甘肃在旱地品种的选育上，对抗旱性与丰产性的结合总体来说做的比较好，如春小麦品种陇春 27、冬小麦品种陇鉴 196、兰天 4 号等。陇春 27 在全国旱地春小麦区域试验中名列第 1 位，增产显著，说明了甘肃在春小麦抗旱育种方面已走在了全国前列。但旱地育种还存在薄弱环节，如在特别干旱的地区，育成品种往往难以适应当地严酷的条件。此外，甘肃近几年出现连续大旱的情况也向育种工作者提出了更高的要求。

4. 专用优质品种的选育和开发亟须加强

目前发达国家在小麦育种中已将品质放在首位，主要进行专用品种的选育，以满足食品工业和人民生活水平提高的需要。欧美国家致力于选育优质面包小麦品种、优质面条小麦品种、优质糕点小麦品种等。甘肃育种与国外发达国家的主要差距就在于品质育种。现在省内各育种单位普遍重视了营养品质的改善，但在加工品质方面，多数单位由于受测试手段和经费的限制，虽作为育种目标，但难以实施。由于育成一个品种需要较长的时间，应及早重视和组织专用优质品种的选育，这将是充分发挥甘肃资源优势、改善粮食结构、发展农村经济的战略选择，否则小麦质量与市场需求不相适应的矛盾难以得到有效解决。

六、甘肃小麦育种今后的主攻方向

1. 选育优质高产专用品种

现阶段我国麦制食品仍以传统面食馒头、面条、饺子等为主，对面包、方便面的需求有较大增长，对饼干、糕点等的消费将有所增加。根据这种食品结构更趋于多样化的趋势，甘肃今后应选育适于不同加工用途的各种优质新品种，特别应加强适于河西地区等商品粮基地栽培的专用品种的选育工作。对于甘肃育成的小麦品种面筋强度普遍较差的现状，应争取尽快得到改变。由于品质性状与产量性状之间存在一定的负相关，育种工作者应花大力气解决好高产与优质之间的矛盾。

2. 选育干旱年份产量较为稳定、多雨年份具增产潜力的旱地品种

目前有些旱地品种旱年减产较少，但多雨的年份易于倒伏；有些品种则在多雨年份能发挥增产潜力，但旱年减产严重，稳产性不理想。近年育成的春小麦新品种陇春 27、西旱 2 号、定西 48、陇鉴 110 等基本上实现了旱年稳产、丰水年增产的目标，但此类品种甘肃目前尚少，应继续努力，多育成一些具有这种性状的新品种。

3. 选育节水型品种

甘肃主要灌区尚无法完全按品种特性的要求按时灌水。目前甘肃育成的有些品种，对头水灌溉的时间要求较为严格，延迟灌溉对产量影响较大，这类品种适应性较窄，在推广上受到限制。此外，甘肃水资源较为紧缺，特别是河西灌区水资源的节约使用问题越来越突出，如何通过品种本身特性节约水资源，是摆在育种者面前的急切任务。

4. 减少抗锈育种的盲目性

条锈病是甘肃为害最严重的病害，由于其生理小种多变，抗锈育种将是长期的任务，不能放松。应加强选育具有新的抗条锈基因的垂直抗性类型及具慢锈、耐锈、田间持久抗性的抗锈品种。今后抗锈育种应争取在搞清抗源亲本遗传背景的情况下进行，尽量做到抗原多样化。

5. 选育适于带田种植和地膜栽培的品种

带田小麦由于受小气候的影响，易导致千粒重的显著下降，限制了产量的进一步提高，但不同品种间下降的幅度有差异，说明有可能选育出特别适宜于带田种植的品种。近年来，甘肃小麦地膜栽培的面积增长较快，覆膜后由于在农田生态综合效应方面发生了很大变化，对小麦品种的产量性状、株高、熟性等诸多性状有其特殊要求，因此需选育特别适宜于地膜栽培的品种。如能通过育种在一定程度解决地膜小麦后期早衰的问题，将可使地膜小麦的增产作用得到进一步发挥。

冬小麦品种

1. 秦安红蚂蚱

品种来源：天水地区农家品种，来源和栽培年限不详。

特征特性：弱冬性，生育期 282 d。幼苗匍匐，芽鞘绿色，叶片绿色，株型松散，株高 110~120 cm。穗长方形间有棍棒形，短曲芒，护颖红色，籽粒红色、椭圆形，半角质。穗长 6.5 cm，小穗数 19~21 个，穗粒数 42.6 粒，千粒重 37.2~41.3 g。成熟落黄好。抗寒性中等。对土壤肥力要求较严，在旱薄地上生长不良，产量低，而在中肥以上条件下种植，不易倒伏，能发挥其增产潜力。对黑颖病、赤霉病免疫或高抗，中感白粉病，高抗秆锈病和黄矮病，轻感叶锈病。高抗条中 22 号、条中 23 号、条中 24 号、条中 25 号小种，中感条中 17 号小种。口紧不易落粒。种子休眠期中长，不易在穗部发芽。

产量及适宜种植区域：该品种主要分布在天水地区渭河上游浅山及河谷地带种植。新中国成立初期种植面积 30 余万亩，50 年代初逐渐被西北 302、碧蚂 1 号等良种取代，至 1973 年种植面积仅保留 4 万多亩，以秦安县面积最大，达 3.7 万亩。虽然该品种产量不及新推广良种高，由于耐锈性能好，1983 年秦安县仍保留 1.2 万余亩。一般年份亩产量 100~150 kg，最高可达 200 kg 左右。天水市农业科学研究所中梁试验站 1983 和 1984 年在山旱地种植，平均亩产量 300.3 kg，仅较当时广泛种植的咸农 4 号减产 9.8%。

栽培技术要点：该品种在海拔 1 600 m 以上的地方不宜种植。要求适期早播，亩保苗 30 万~35 万株为宜。较耐水肥，播前要施足基肥；翌春返青时，要及时追施化肥。

2. 青熟麦

品种来源：别名白头子，露仁子。系天水、武山、甘谷、西和、礼县等地山区的农家品种，栽培历史在百年以上。由于栽培历史悠久，混杂变异严重，经鉴定约有 8 个变异类型。现以天水青熟麦为准描述。

特征特性：冬性，生育期 274 d。幼苗匍匐，芽鞘浅紫色，叶片绿色，株高 100 cm。穗纺锤形，顶芒，护颖白色，籽粒红色、椭圆形，半角质。小穗数 15~17 个，穗粒数 29.3 粒，最高可达 46 粒，粒较小，不饱满，不整齐，千粒重 17.2~33.0 g。抗寒性强。茎秆细软，韧性小。对土壤肥力要求较严，在旱薄地上生长良好，产量稳定；在水肥条件较好的地块容易倒伏减产。对条中 17 号、条中 22 号、条中 23 号、条中 24

号、条中 25 号小种严重感病。轻感叶锈病、秆锈病、白粉病和黑颖病。口松易落粒。种子休眠期长，不易在穗部发芽。

产量及适宜种植区域：该品种常年亩产量为 75～100 kg，丰产 125～150 kg。1984年天水市农业科学研究所中梁试验站在山旱地种植，亩产量 189.9 kg。主要分布在渭河、西汉水上游山区种植，新中国成立初期种植面积约 60 余万亩，占上类地区麦田的 1/3 左右，为该类地区的主要栽培品种。50 年代初逐渐被新推广的西北 302、碧玛 1 号良种取代。据 1975 年调查，武山县尚种植 400 余亩。

栽培技术要点：以亩保苗 25 万～28 万株为宜，水肥条件好的地块，密度应适当减少，以防倒伏；因较晚熟，返青肥不宜追施太迟，避免后期贪青瘪籽，要及时收获，避免落粒损失。

3. 白齐麦

品种来源：又名绿里淌、蚂蚱麦、瞎八斗、曹麦、白露仁等。为庆阳地区主要农家品种，据传由陕西引入庆阳地区。

特征特性：冬性，生育期 270 d。幼苗匍匐，芽鞘绿色，叶片浅绿色，株高 70～90 cm。穗棍棒形，顶芒，护颖白色，籽粒红色、椭圆形，半角质。穗长 5～7 cm，小穗数 15～16 个，穗粒数 30 粒，千粒重 22.4 g。较耐瘠薄，适应性广，稳产。耐旱和抗寒性较强。秆细而韧，不易倒伏。种籽休眠期短，易在穗上发芽。口松易落粒，农民称"绿里淌"。易感条锈病，因耐病力较强，故受害不甚严重。贮藏期间易受麦牛为害。

产量及适宜种植区域：历年平均亩产量 90～175 kg，新中国成立前后为庆阳地区的主栽品种。1955 年后因推广碧蚂 1 号，白齐麦面积一度下降。1958 年后因碧蚂 1 号抗条锈病减弱，耐瘠薄能力也较差，常招致减产，故白齐麦又升为主栽品种。该品种主要分布在镇原、庆阳、宁县、合水、正宁等地广大川、塬地区，种植面积约占小麦面积的 50% 以上。1966 年以后面积逐渐缩减。

栽培技术要点：瘠薄地及中等肥力地均能种植。因口松易落粒，成熟时要及时收获，避免落粒损失。

4. 红齐麦

品种来源：又名红露仁、齐麦、老红麦、红麦、露仁子、菜黄麦、一夜穷。1904年在庆阳、合水县就有种植，是庆阳地区种植很久的一个地方品种。

特征特性：冬性，生育期 270～275 d。幼苗匍匐，芽鞘紫色，叶片深绿色，株型松散，株高 75～100 cm。穗纺锤形，无芒，护颖红色，籽粒红色、长圆形，角质。穗长 5～6 cm，小穗数 10～12 个，穗粒数 22～30 粒，千粒重 20.8～24.0 g。成熟落黄好。耐寒、耐旱。茎秆细软易倒伏。感锈病、红矮病。口松易落粒。

产量及适宜种植区域：川塬地亩产量 100 kg 左右，山旱地亩产量 50～75 kg。主要分布在庆阳地区的中、南部广大川塬和山旱地区。作为搭配品种种植。1960 年后该品种已基本上无有种植。

栽培技术要点：因籽粒小，亩播种量应控制在 5~6 kg。注意防倒伏，防锈病。适时收获，以免落粒。

5. 白箭头

品种来源：又名白麦、白金麦、瓜麦。系平凉、泾川、宁县、庆阳等地农家品种。

特征特性：冬性，生育期 260~270 d。幼苗匍匐，叶片绿色，茎秆较细，株高 80~90 cm。穗纺锤形，无芒，护颖白色，籽粒红色、卵圆形、半角质。穗较长，小穗排列稀疏，小穗数 14~15 个，每小穗一般结 2 粒，中部小穗结 3 粒，千粒重 22~25 g。分蘖力较弱。抗寒性和抗旱中等，耐瘠薄。感条锈病。耐贮藏，出粉率较高。

产量及适宜种植区域：产量较稳定。旱塬亩产量 60~80 kg。主要分布在陇东广大旱区作为中晚熟品种搭配种植。

栽培技术要点：注意适当早播，防治锈病。

6. 老芒麦

品种来源：庆阳地区农家品种。

特征特性：强冬性，生育期 280~290 d。幼苗匍匐，芽鞘紫色，叶片绿色，株高 66~85 cm。穗纺锤形，长芒，护颖白色，籽粒红色、椭圆形、角质。穗长 6 cm，小穗数 15 个，穗粒数 36 粒，千粒重 22 g。成熟落黄好。口紧不易落粒。分蘖性强，成穗率高。抗寒、抗旱、抗干热风。较耐瘠薄。茎秆细软，不抗倒伏。感条锈病、叶锈病及黄矮病。

产量及适宜种植区域：一般亩产量 39~75 kg。多分布在平凉地区的北部和西部山、塬地及庆阳地区东部和北部较瘠薄的山区。因其抗寒、抗旱、耐瘠性能好，在平凉的北塬及环县、华池山区种植面积较大。1985 年种植面积 3.42 万亩。

栽培技术要点：要求适时早播，争取冬前多分蘖。播前要重施基肥，早春追肥，促进分蘖多抽穗。并注意氮、磷、钾肥配合，以防止倒伏。

7. 红金麦

品种来源：又名老金麦、金麦、笨麦等。系平凉等地古老的农家品种。

特征特性：强冬性，生育期 270~280 d。幼苗匍匐，芽鞘紫色，叶片绿色，株高 54~74 cm。穗纺锤形，顶芒，护颖红色，籽粒红色、卵圆形、角质。穗长 5~7 cm，小穗数 12~16 个，穗粒数 20 粒，千粒重 20 g。较耐瘠薄，适应性强。茎秆细软不抗倒伏。口紧不落粒，休眠期长，抗穗发芽。耐寒、抗旱性强，耐晚霜。感条锈病和白粉病。

产量及适宜种植区域：该品种是陇东地区栽培历史悠久的古老品种之一，一般亩产量 40~75 kg。多种植在气候和土壤条件差的地区。20 世纪 50 年代因产量低逐渐被新育成的陇东系列小麦和甘麦 4 号所代替，60 年代后期几乎无有种植。

栽培技术要点：红金麦耐瘠，抗逆力强，适宜于高寒山区和旱塬区种植。因籽粒小，亩播种量应控制在 5~6 kg。

8. 碧蚂 1 号

品种来源：西北农林科技大学 1942 年用农家品种蚂蚱麦作母本，碧玉麦作父本杂交选育而成。1950 年自西北农林科技大学引进陇东，以后又引进陇南。

特征特性：弱冬性，生育期 260~279 d。幼苗半匍匐，芽鞘绿色，叶片深绿色，株高 110 cm 以上，茎秆较粗壮。穗纺锤形，长芒，护颖白色，籽粒白色、椭圆形，角质。穗长在陇东旱塬为 4.0~5.5 cm，陇南川水地为 8~9 cm；在水地小穗数 17~19 个，穗粒数 25~30 粒；千粒重 34~36 g。在中肥条件下，不易倒伏。适应性较广，水、旱地均可种植。推广初期对条锈病免疫或高抗，1955 年起抗性逐年衰退，对叶锈病、秆锈病抗性稍差。抗散黑穗病，感秆黑粉病和吸浆虫、赤霉病。口较松易落粒。种子休眠期短，麦熟时遇阴雨易在穗上发芽。

产量及适宜种植区域：1951—1955 年大面积示范结果，陇东地区亩产量 90.8~226.9 kg，陇南地区平均亩产量 220.6 kg，较当地品种增产 13%~31%。主要分布在陇东南部低热地区及陇南川水地区和水肥条件较高的低暖山区。陇东地区 1958 年种植 160 多万亩，陇南地区 1963 年种植 90 余万亩。

栽培技术要点：该品种播种期应较其他品种迟 5 d 左右，陇东地区宜于 9 月下旬播种，陇南在 10 月上中旬播种。因抗寒、抗旱性稍差，需肥较强，不宜在高山阴冷之处种植。口松应及时收获。

9. 钱交麦

品种来源：又名农大 3 号，系美国堪萨斯州试验场以钱尼为母本，早黑壳为父本杂交选育而成。1950 年由中国农业科学院引入平凉。

特征特性：强冬性，生育期 286~290 d。幼苗匍匐，芽鞘绿色，叶片深绿色，株高 86~99 cm。穗纺锤形，长芒，护颖白色，籽粒红色、卵圆形，角质。穗长 6~8 cm，小穗数 12~15 个，千粒重 35.0~40.5 g。前期生长慢，后期生长快。冬季抗冻、春季抗春寒。耐旱性突出。抗倒伏。高抗条锈病，中感叶锈病及秆锈病。轻感秆黑粉病，高抗红矮病。口紧不易落粒。种子休眠期长。

产量及适宜种植区域：1950—1959 年陇东地区旱塬地种植一般亩产量 125 kg 左右，川旱地亩产量 97.4~230.4 kg，川水地亩产量 102.4~191.4 kg；陇南地区一般亩产量 75 kg 左右，最高亩产量 158.4 kg。主要分布在陇东的平凉地区、庆阳北部及环县川、塬地区。陇南地区的浅山及一般山区（除特别阴冷区外）也有种植。1957 年在甘肃省种植面积 5 万亩左右。1962 年后逐渐被其他品种代替。

栽培技术要点：籽粒较大，亩播种量较当地老品种多 1.5~2.5 kg。播种期在平凉、庆阳地区塬地为 9 月中旬，陇南山区为 9 月中下旬。因感秆枯病，要多施基肥，宜种在肥沃前茬地。

10. 2711

品种来源：西北农林科技大学选育而成。天水市农业科学研究所甘谷试验站于 1950 年引入甘谷。

特征特性：冬性，生育期 280 d。幼苗半匍匐，芽鞘白色，株高 60 cm。穗纺锤形，长芒，护颖白色，籽粒红色、椭圆形，半角质。穗长 6.6 cm，小穗数 10 个，穗粒数 20~25 粒，千粒重 31 g。茎秆较细，但柔韧，不易倒伏。抗寒性较强，耐旱性中等。高抗黑穗病及红矮病，中抗条锈病、秆锈病，对叶锈病免疫。口紧不易落粒。耐贮藏。

产量及适宜种植区域：大田生产一般亩产量 50 kg 左右。从 20 世纪 50 年代中期开始推广，至 1973 年尚种植 1.7 万余亩。主要分布在渭河上游海拔 1 600 m 以上红矮病危害严重的山区种植。

栽培技术要点：亩播种量 10~12.5 kg；抗倒伏能力较强，播前应多施底肥，返青追肥要适当提早。

11. 乌克兰 0246

品种来源：原苏联乌克兰共和国米罗诺夫育种站自当地品种巴纳特卡系统选育而成。1939 年引入新疆，1950 年又引进甘肃。

特征特性：强冬性，生育期在甘谷川地为 250~260 d、山地为 290 d。幼苗匍匐，芽鞘紫色，叶片深绿色，株高 110~136 cm。穗纺锤形，长芒，护颖白色，籽粒红色、卵圆形，角质。穗较长，小穗排列疏松，小穗数 18~22 个，不实小穗较多，每小穗平均结实不足 2 粒，千粒重 35~42 g。高抗条锈病和散黑穗病；因迟熟，秆锈病较重。抗旱性中等。秆高易倒伏。在天水地区，因成熟期迟，常表现结实性不良，产量不高。

产量及适宜种植区域：陇东地区一般亩产量 150~200 kg；天水、陇西地区的川、塬地亩产量 100~150 kg；河西春麦区秋播亩产量 250~350 kg，也有高达 600 kg 的。主要分布在河西走廊酒泉以东海拔 1 700 m 以下的地区，定西、天水、平凉地区的高寒山区有零星种植。

栽培技术要点：要求水肥条件较高，并应适当早播。

12. 早洋麦

品种来源：原产美国堪萨斯州，1946 年由中国农业大学蔡旭教授从美国引入我国，1950 年又从中国农业大学引进甘肃。在平凉、武山试种成功，1959 年开始推广。

特征特性：冬性，生育期 290 d。幼苗半匍匐，芽鞘绿色，叶片深绿色，株高 100~

120 cm。穗纺锤形，长芒，护颖白色，籽粒红色、卵圆形，角质。穗长 7~8 cm，小穗排列较稀，每穗平均有结实小穗 13 个，每小穗结实 2~3 粒，千粒重 30~40 g。返青拔节迟，耐春冻力较强。茎秆柔韧，不易倒伏。口紧不易落粒。高抗条锈病和叶锈病，中抗红矮病。

产量及适宜种植区域：平凉川、塬区平均亩产量 136.7 kg，武山等地山区平均亩产量 68.4~100 kg。主要种植在红矮病较轻和较温暖的地区。

栽培技术要点：该品种籽粒较大，播种量应较当地品种多 1~2 kg。在庆阳、平凉地区旱塬 9 月中旬播种。由于感秆枯病，应增施农家肥，或种在较肥沃的地块。

13. 南大 2419

品种来源：原为意大利的早熟品种蒙塔那（Mentana），1932 年由前中央大学农学院引入我国。经试验后，于 1942 年推广时先定名中大 2419，后又改称南大 2419。1951 年从陕西引入甘肃，陕、甘一带又名齐头红。

特征特性：春性，生育期秋播 245~250 d、春播 110 d。幼苗直立，芽鞘淡绿色，叶片绿色，株高 80~115 cm。穗纺锤形，长芒，护颖红色，籽粒白色、卵圆形，引入甘肃后逐渐变为红色。穗长 7.3~9.5 cm，小穗数 13~18 个，着生密度中等偏稀，千粒重 35 g。茎秆较硬，一般肥力下不易倒伏。抽穗较整齐，耐寒能力较地方品种差，秋季过早播种，易受冻减产。推广时期对条锈病免疫，对叶锈病、秆锈病轻度感病；高抗腥黑穗病和散黑穗病。多雨地区表现口紧不易落粒，而在干旱地区遇风易落粒。

产量及适宜种植区域：该品种于 20 世纪 50 年代推广期间，冬麦区一般亩产量 130~200 kg，春麦区一般亩产量 150~300 kg，1961 年最大种植面积曾达 70 万亩。推广期间，甘肃省秦岭以南较湿润的地区作为冬麦秋播；临夏地区的沿河谷川、坪地及甘肃省中部地区的川水地与河西灌区的部分地区作为春麦种植。60 年代中期以后逐步被更高产、抗病的新品种所代替。

栽培技术要点：陇南地区秋播宜种在暖和的平川及浅山区，播种期应比弱冬性品种晚 5~7 d。根据该品种幼穗分化较早的特点，要掌握重施基肥，早追肥的原则，使其更能充分发挥产量潜力。大气较干燥的地区，成熟时应抢时收割，防止落粒损失。

14. 奥得萨 3 号

品种来源：原名 Одесска Я 3。又名奥坦斯茨。原产原苏联，系全苏遗传育种研究所用"女合作社员 194"作母本，"戈期斯齐阿奴姆 237"作父本杂交选育而成。1951 年引进甘肃。

特征特性：冬性，生育期 285~305 d。幼苗匍匐，芽鞘白色，株高 70~123 cm。穗纺锤形，肥地上呈长方形，长芒，护颖白色，籽粒红色、卵圆形，半角质。穗长 5.3 cm，小穗数 10~14 个，穗粒数 21~30 粒，千粒重 36~42 g。耐旱性中等。前期生长整齐度较差。茎秆细而坚韧，抗倒伏。耐瘠薄。抗寒性强。高抗红矮病，中感条锈病、秆锈病，轻感叶锈病。口紧不易落粒。

产量及适宜种植区域：1954—1962 年兰州地区种植亩产量 325 kg 左右，河西地区种植亩产量 218.7~285.7 kg，天水地区种植亩产量 40.0~90.0 kg。1973 年天水地区种植面积 5.5 万余亩，为这类地区的主要搭配品种之一。适宜于渭河、西汉水上游海拔 1 600~2 000 m 的地区及河西春麦区秋播种植。

栽培技术要点：适当早播。天水地区海拔 1 800~2 000 m 的地区宜在 9 月上旬播种，1 700 m 以下的地区则以 9 月中旬（秋分前后）播种为宜。河西春麦区冬播，海拔 1 500 m 以上的地区，以 9 月上旬播种为宜；较低的地区以 9 月下旬播种为宜。亩播种量 9.0~12.5 kg，迟播地和较肥的地应适当加大，早播地和瘦地宜适当减少。在春麦区注意冬灌，做好越冬管理。

15. 太原冬麦

品种来源：张掖市农业科学研究院 1952 年从原甘肃省农业试验场引进。

特征特性：强冬性，生育期 280 d。幼苗匍匐，叶片深绿色，株高 91~110 cm。穗纺锤形，短芒，护颖白色，籽粒白色、卵圆形，角质。穗长 6.3 cm，小穗数 11~13 个，穗粒数 28~40 粒，千粒重 32~36 g。对土壤、肥力灌溉条件要求较低。茎秆细软，不抗倒伏。口紧不易落粒。种子休眠期短，多雨年份穗部易发芽。抗逆性强，表现耐旱、耐寒、耐盐碱、耐瘠薄。中抗黄矮病，但有轻微散黑穗病及秆锈病。

产量及适宜种植区域：大田亩产量 192.5~321.6 kg。主要分布在河西春麦区作冬麦种植。1958—1962 年为河西地区冬小麦的主体品种，每年播种面积 5 万余亩。

栽培技术要点：适应性较强，对水肥条件要求不严，播前除施农家肥外，加施少量磷肥作基肥，返青期追施少量氮肥即可。亩播种量为 20 kg。9 月中旬播种，最迟不得超过 9 月 25 日。

16. 平凉 4 号

品种来源：甘肃省农业科学院、平凉市农业科学院协作，于 1956 年在西峰碧蚂 1 号麦田中选得的变异单株，1965 年定名推广。原系号 2712-6。

特征特性：冬性，生育期 285 d。幼苗半匍匐，芽鞘紫色，叶片深绿色，株型紧凑，株高 110 cm 以上。穗纺锤形，长芒，护颖白色，籽粒红色、椭圆形，半角质。穗长 7~13 cm，小穗排列较稀，小穗数 13 个，穗粒数 26~30 粒，最多达 45 粒，千粒重 38~45 g。茎秆较粗壮，上部紫色，较抗倒伏。抗冻、抗旱性较强。对条锈病近免疫至高抗。高抗黄矮病和红穗病，感腥黑穗病。

产量及适宜种植区域：一般亩产量 150~200 kg。适宜于河谷区及条件差的丘陵山区、近山区和寒旱山区种植。1970 年平凉地区种植 5 万亩左右。定西地区的通渭、陇西等地也有一定种植面积。

栽培技术要点：丘陵山区和河谷川区 9 月中旬播种，高寒阴湿山区和寒旱山区 9 月上旬播种。亩播种量高寒山区为 12.5 kg，其他地区可适当增加些。

17. 尤皮莱Ⅱ号

品种来源：原名 Jubileina Ⅱ，原产保加利亚。译名为尤皮莱依娜娅Ⅱ号，简称尤皮莱Ⅱ号。1957 年引入甘肃，在陇东、陇南试种。

特征特性：冬性，生育期 280 d。幼苗半匍匐，芽鞘绿色，叶片绿色，株高 90 cm。穗纺锤形，长芒，护颖白色，籽粒红色、椭圆形，粉质。穗长 7.9 cm，小穗数 15 个，穗粒数 30 粒，千粒重 35 g。抗倒伏。适应性较广。口紧不易落粒。抗寒性强。高抗叶锈病、秆锈病和条中 17 号、条中 23 号、条中 24 号、条中 25 号及青稞型小种；高感条中 18 号、条中 19 号、条中 20 号、条中 21 号、条中 22 号小种。感红矮病。

产量及适宜种植区域：适宜于渭河、西汉水上游海拔 1 700 m 以下的地区种植。1964 年确定为天水地区一般山区及海拔较高的河谷川区推广品种。1973 年种植 12 万余亩。以后因其抗条锈性丧失，面积逐年减少，至 1984 年仅种 300 余亩。大田一般亩产量 150 kg 左右，最高亩产量达 309.5 kg。

栽培技术要点：要施足基肥，以促进分蘖多成穗，提高有效分蘖率。冬性强，晚熟，需适期早播。

18. 班库特 1205

品种来源：原产原苏联，天水市农业科学研究所中梁试验站于 1958 年引进天水。

特征特性：冬性，生育期 270 d。幼苗半匍匐，芽鞘绿色，叶片绿色，株高 100 cm。穗纺锤形，长芒，护颖白色，籽粒白色、椭圆形，角质。穗长 7.2 cm，小穗数 11.8 个，穗粒数 30 粒，千粒重 33 g。抗寒性较强，耐旱性中等。抗倒伏。中抗条锈病，高抗红矮病。

产量及适宜种植区域：适宜于渭河上游海拔 1 600 m 以上红矮病危害的山区种植。从 20 世纪 60 年代初开始推广，至 1973 年种植面积 4.5 万亩，成为高寒山区的主要搭配品种之一，以后逐渐被尤皮莱Ⅱ号和钱交麦等品种所代替，1975 年仅种植 4 000 亩。大田生产一般亩产量 60 kg 左右，最高达 155 kg。

栽培技术要点：亩保苗 28 万~30 万株；口松易落粒，应及时收获。

19. 农大 36

品种来源：中国农业大学用胜利麦（原名 Triumph）作母本，燕大 1817 作父本杂交选育而成。1958 年甘肃省农业科学院引进西峰。

特征特性：冬性，生育期 287 d。幼苗半匍匐，芽鞘绿色，叶片深绿色，株型紧凑，株高 70 cm。穗纺锤形，顶芒，护颖白色，籽粒白色、椭圆形，角质。小穗排列疏密中等，每穗有结实小穗 10.6 个，穗粒数 29.4 粒，千粒重 24.1~32.9 g。茎秆坚韧，抗倒伏。抗旱、抗寒力较强。中感条锈病。

产量及适宜种植区域：1958 年西峰亩产量 106.7 kg，1959 年泾川县水地亩产量 295.2 kg。1960 年比较干旱，西峰亩产量 158.5 kg，泾川县水地亩产量 364.5 kg。主要分布在环县县城以南的广大川、塬地区。1964 年陇东条锈病大发生，因抗条锈性差，减产较重，面积迅速减少，20 世纪 60 年代初仅中南部塬区各县有零星种植。

栽培技术要点：该品种要求适当早播，播深 4 cm 为宜，并多施基肥。早施追肥，促其早熟，避免干热风危害。

20. 802

品种来源：宁县从陕西彬县引进。在宁县等地种植年代悠久。

特征特性：冬性，生育期 280 d。幼苗匍匐，芽鞘紫色，叶片绿色，株高 67～80 cm。穗纺锤形，无芒，护颖红色，籽粒红色、卵圆形，半角质。穗长 5.0～6.5 cm，小穗数 19 个，穗粒数 40 粒，千粒重 20.2 g。抗寒、抗旱力较强。耐瘠薄、抗干热风。适应性广。茎秆较细，有韧性，较抗倒伏。易感条锈病。口松易落粒。

产量及适宜种植区域：正宁、宁县塬区平均亩产量 150 kg 左右，最高可达 200 kg。正宁、宁县种植面积较大，1975 年达 21.3 万亩。以后种植面积基本保持在 10 万亩左右。因其茎秆细，草质好，牲畜爱吃，加之口较松，易打碾，到 1984 年和 1985 年宁县、正宁县的山、塬地仍种植 2 万～3 万亩。

栽培技术要点：因晚熟，要求适当早播。返青后及早追施速效化肥，促进分蘖成穗。注意防治锈病。成熟期及时收获，避免田间落粒。

21. 平凉 21

品种来源：甘肃省农业科学院、平凉市农业科学院协作，1959 年在庆阳西峰用 5518（新乌克兰 83/钱交麦）作母本，西北 612 和辛石 3 号混合花粉作父本进行杂交，1961—1969 年又由平凉市农业科学院引到平凉、泾川等地继续选育而成。原系号 5912-1-4-3-2-4-2，曾用名：68 试 1。

特征特性：强冬性，生育期在陇东地区的中部川、塬区为 285 d 左右，北部及南部二阴和高寒阴湿山区为 305～315 d。幼苗匍匐，芽鞘微红色，叶片深绿色，株型松散，株高 88～130 cm。穗纺锤形，长芒，护颖红色，籽粒红色、长圆形，半角质。穗长 6.5～13.0 cm，成熟时易弯曲；小穗排列较稀，全穗结实小穗 11～13 个，每穗结实 26～32 粒，大穗超过 50 粒；千粒重 34～42 g，含粗蛋白 10.4%，赖氨酸 0.31%。抗冻、耐旱性强。初推广时抗条锈病，大流行的 1969 年表现为高抗和中抗反应，条中 19 号表现耐病，1981 年接种鉴定，对条中 17 号、条中 20 号、条中 22 号、条中 23 号、条中 25 号小种感病，对条中 18 号小种中抗。苗期轻感白粉病。高水肥条件下易倒伏，水地亩产量超过 250 kg 时，如管理不善，会有倒伏危险。口松易落粒。

产量及适宜种植区域：平凉地区区域试验和示范，塬区亩产量 98.0～170.5 kg，高寒阴湿山区亩产量 121.5～157.5 kg，川区水地和山旱地亩产量 133.5～244.5 kg。推广期间平凉地区常年种植 40 万～50 万亩，1976 年曾达到 69.8 万亩，是塬区的主体品种，高寒阴湿山区和河谷区的主要搭配品种，丘陵山区、近山区和川区的一般搭配品种。

栽培技术要点：高寒阴湿山区和近山区宜在 9 月上旬播种，塬区、丘陵山区和北部川区在 9 月中旬播种，中部及南部川区 9 月下旬播种。适宜亩播种量在平凉地区东部山地 9～11 kg，塬地 10.0～12.5 kg，川地和高寒阴湿山地 12.5 kg 左右，西部山地和河谷地 12.5～15.0 kg。成熟期及时收获，减少落粒损失。

22. 济南 2 号

品种来源：山东省农业科学院于 1954 年以碧蚂 4 号作母本，早洋麦作父本进行杂交，于 1960 年育成。1961 年引入庆阳地区。

特征特性：冬性，生育期 280 d。幼苗匍匐，芽鞘绿色，叶片深绿色，株型松散，株高 95～120 cm。穗长方形，长芒，护颖白色，籽粒红色、椭圆形，角质。穗长 6.0～7.5 cm，小穗数 12.9 个，穗粒数 25.0～36.5 粒，千粒重 34.0～41.9 g。庆阳地区中部和南部塬区表现抗寒、抗旱，越冬性良好。庆阳地区北部因寒、旱严重，该品种耐瘠性稍差，越冬不够安全。较耐水肥，较抗倒伏。中抗条锈病，轻感叶锈病和秆锈病。种子休眠期较长。

产量及适宜种植区域：1963—1966 年庆阳地区区域试验一般亩产量 116.8～197.2·kg，增产幅度 28.3%～195.7%。1964 年开始推广种植。因产量高而稳定，并具有广泛的适应性，种植面积扩展很快，1975—1977 年年均种植面积 90 多万亩，占全区小麦播种面积的 30% 以上。主要分布在宁县、镇原、正宁，合水等地的川、塬区。

栽培技术要点：济南 2 号是一个中产品种，适合亩产量 125～300 kg 水平地上种植。因其茎秆偏高，种在高水肥土地上，应适当减少播量，重施基肥，适当追肥，减轻倒伏。

23. 甘麦 4 号

品种来源：原名西峰 1 号，系原庆阳地区农科所和甘肃省农业科学院于 1956 年以钱交麦作母本，白齐麦作父本进行杂交，经连续 8 年培育，于 1964 年育成。原系号 561-2-3。

特征特性：冬性，生育期 277～208 d。幼苗匍匐，芽鞘绿色，叶片绿色，株型紧凑，株高 85 cm。穗纺锤形，长芒，护颖白色，籽粒红色、椭圆形，角质。穗长 5.2 cm，小穗数 10 个，穗粒数 20 粒，千粒重 30 g。成熟落黄好。耐寒、耐旱性好。中抗条锈病、干热风。口松易落粒。种子休眠期长。

产量及适宜种植区域：1962—1966 年连续 5 年 49 次试验平均亩产量 93～175 kg；1966 年在特大干旱情况下 26 处试验，有 21 处增产，增产 10% 左右。该品种抗逆性较强，产量稳定。主要在庆阳地区的庆阳、西峰、宁县、正宁、镇原、合水等地的旱塬地种植，20 世纪 60 年代种植面积曾达 100 万亩左右，1976 年生产上还有 2.65 万亩，1980 年后生产上无有种植。

栽培技术要点：该品种秆软易倒伏，川水地不宜种植。适宜中等肥力的塬地、台地和山地种植。播种期 9 月上旬末至中旬。亩播种量中南部地区 7.5 kg，北部地区 7.5~8 kg。成熟时口松易落粒，易掉穗，要适期早收，避免损失。

24. 中梁 5 号

品种来源：天水市农业科学研究所甘谷试验站于 1958 年以尤皮莱Ⅱ号作母本，中农 28 作父本杂交选育而成。原系号 64035 与 64044，1967 年分别定名为中梁 5 号和中梁 6 号，后经进一步鉴定，两品种特征特性及产量均无差别，又合为一个品种。统称中梁 5 号。

特征特性：冬性，生育期在天水地区一般山区为 270~280 d，高山区为 300 d。幼苗半匍匐，芽鞘绿色，叶片深绿色，株高 100~110 cm。穗长方形，长芒，护颖白色，籽粒红色，卵圆形。穗长 5~7 cm，小穗数 16~18 个，穗粒数 30 粒，千粒重 36~38 g。抗寒力较强，较耐干旱。对秆锈病、白粉病、红、黄矮病等均有较强的抵抗能力，对条锈病原为高抗，1975 年后抗性丧失，中国农业科学院植物保护研究所 1978 年接种鉴定，对条中 10 号小种免疫，条中 17 号小种中抗，条中 18 号、21 号小种感病。感腥黑穗病。落粒性中等。种子休眠期长。

产量及适宜种植区域：根据天水地区多年联合区域试验结果，高山组平均亩产量 194 kg，与保加利亚 10 号基本相当；半山组平均亩产量 215 kg，较对照天选 17 号增产 18%。1977 年天水地区种植面积达 28 万亩。抗条锈病能力降低以后，每年种植面积仍在 20 万亩左右。主要分布在渭河流域的天水市、清水县、秦安县、张家川和西汉水流域的西和县的山区及部分高寒山区，武都、定西两地区也有少量种植。

栽培技术要点：适合天水地区海拔 1 500 m 以上的山地及 1 700 m 以上高海拔川地种植。因休眠期长，播前应进行充分晒种，提高出苗率。并用药剂拌种，防治腥黑穗病。有灌溉条件的高海拔川地种植，拔节后应适当控制灌水，以免引起倒伏。

25. 静宁 3 号

品种来源：静宁县农业技术推广中心 1960 年用冬小麦 2712-5 作母本，本地黑麦作父本远缘杂交选育而成。原系号 60-3-A1。

特征特性：冬性。幼苗匍匐，叶片深绿色，茎秆紫色，株高 130 cm。穗纺锤形，长芒，护颖白色，籽粒红色。分蘖力强，成穗率高。抗冬冻和春冻力较强。耐旱、耐寒、较耐瘠薄，适应性广。成熟落黄好，口紧不易落粒。高抗红、黄矮病，耐条锈病，抗叶锈病。秆软易倒伏。

产量及适宜种植区域：一般亩产量 144.5~203.5 kg。主要在静宁县中、西、北部高寒干旱山区种植。1982 年该县推广 4 万多亩。

栽培技术要点：该品种分蘖力强，成穗率高，冬性强，应适期早播，以 9 月上旬为宜，亩播种量 14~16 kg。

26. 庆选 15

品种来源：原庆阳地区农科所与甘肃省农业科学院协作，以甘麦 4 号作母本，济南 2 号作父本进行杂交，于 1969 年育成。

特征特性：冬性，生育期 287 d。幼苗半匍匐，芽鞘白色，叶片深绿色，株型紧凑，株高 100 cm。穗长方形，长芒，护颖白色，籽粒红色、椭圆形，半角质。穗长 5 cm，小穗数 10 个，穗粒数 16~23 粒，千粒重 43 g，含粗蛋白 12.4%，赖氨酸 0.37%。成熟落黄好。耐寒、耐旱、耐干热风。较抗黄矮病，感 3 种锈病。茎秆较软，不抗倒伏。口松易落粒。种子休眠期较长。

产量及适宜种植区域：该品种在旱塬地一般亩产量 200 kg 左右，最高亩产量 350 kg 以上，表现产量高而稳定。1975 年开始推广，1979 年庆阳地区秋播面积达 48.6 万多亩，占该区小麦面积 17%。相邻的平凉地区也有种植，1980 年秋播面积为 4.6 万多亩。适宜于庆阳地区中部高寒塬地南部山地及北部川、台、塬地区种植。

栽培技术要点：该品种适宜播种期在西峰为 9 月中旬，亩播种量 8.5~9.5 kg。由于茎秆偏高较软，容易发生倒伏，肥力较高的地块不宜种植。成熟时，注意适时收割，防止落粒，确保丰收。

27. 天选 15

品种来源：天水市农业科学研究所甘谷试验站用尤皮莱Ⅱ号作母本，阿勃作父本杂交选育而成。

特征特性：弱冬性，生育期 248 d。幼苗半匍匐，叶片淡绿色，株高 100~115 cm。穗长方形，无芒，护颖白色，籽粒红色。穗长 8 cm，小穗数 16 个，穗粒数 39 粒，千粒重 40 g。成熟落黄好。耐冻性较好。对条锈病原为免疫，1975 年开始，随着生理小种的改变，抗性逐渐丧失。1979 年甘肃省农业科学院植物保护研究所接种鉴定，对条中 17 号小种高抗，条中 18 号、条中 19 号小种为中感，条中 21 号小种为高感。但由于早熟，有逃避条锈病作用，对产量的影响不大。

产量及适宜种植区域：天水地区多点试验较阿勃增产 4%~10%。1969—1970 年甘谷试验站大面积丰产试验平均亩产量 453 kg。1979 年全省种植面积 42 万余亩。主要分布在天水地区的川水、旱塬和南部浅山丘陵地区，武都地区的武都、成县、文县川区和浅山区以及定西地区的临洮县川区。

栽培技术要点：天水地区宜适期早播，川区以 10 月上旬为宜，亩播种量 10~15 kg，晚播茬麦 15~20 kg。要求底肥充足，追肥宜早。成熟后及时收割，防止落粒。

28. 天选 16

品种来源：天水市农业科学研究所甘谷试验站育成，系天选 15 的姊妹系。

特征特性：穗纺锤形，长芒，护颖白色，籽粒红色，椭圆形。其他特征特性与天选 15 基本相同，但适应性不及天选 15 广。

产量及适宜种植区域：产量天选 15 相近，1969 年大面积示范亩产量 456 kg，较对照阿勃增产 42%。天水地区各县都有种植，1975 年种植面积为 10.3 万亩。

29. 天选 17

品种来源：天水市农业科学研究所甘谷试验站以阿勃作母本，卡尔诺巴斯卡娅作父本杂交选育而成。

特征特性：弱冬性，生育期 250 d。幼苗直立，叶片绿色，株型紧凑，株高 90 cm。穗纺锤形，长芒，护颖白色，籽粒红色。穗长 8 cm，小穗数 16.1 个，穗粒数 36 粒，千粒重 40~44 g。较抗倒伏。1975 年前对条锈病免疫，以后逐渐感锈。1977 年甘肃省农业科学院植物保护研究所接种鉴定，苗期和成株期，对条中 18 号小种均免疫，对条中 19 号小种中感，对条中 21 号小种苗期高感、成株期中感。感秆锈病和叶锈病。

产量及适宜种植区域：川水地亩产量 400 kg 左右，旱塬地亩产量 200 kg 左右，稳产高产，抗倒伏、适应性较广。适宜于天水地区的水旱川地、塬地及海拔 1 600 m 以下的浅山地区种植。1979 年甘肃省种植面积为 27.81 万亩。

栽培技术要点：应注意适期早播，促进冬前分蘖。并适当加大播种量，保证单位面积有足够的穗数。要求底肥充足，追肥宜早。

30. 天选 18

品种来源：天水市农业科学研究所甘谷试验站 1960 年用尤皮莱 II 号作母本，阿勃作父本杂交选育而成。

特征特性：弱冬性，生育期 240~260 d。幼苗直立，芽鞘绿色，叶片淡绿色，株高 115~120 cm。穗纺锤形，长芒，护颖白色，籽粒红色、椭圆形。穗长 7 cm，小穗数 13~15 个，穗粒数 33 粒，千粒重 48 g。对条中 1 号至条中 20 号小种免疫，成株期感条中 21 号小种；高抗叶锈病，感抗秆锈病。高肥条件下容易倒伏。耐瘠性较差。

产量及适宜种植区域：该品种为天水地区渭河、西汉水、嘉陵江上游海拔 1 600 m 以下的浅山、丘陵地区的搭配品种。1969 年甘谷试验站大面积种植平均亩产量 439.2 kg，较对照阿勃增产 37.5%。1975 年推广面积 3 万多亩。此后因抗条锈性丧失和品种退化，适应范围小，面积逐年下降，至 1985 年种植面积为 8 000 多亩。

栽培技术要点：掌握适期播种。由于籽粒大，要比一般品种适当增加播量，高肥地块，要控制追肥数量，防止倒伏。

31. 丰产 3 号

品种来源：西北农林科技大学用丹麦Ⅰ号作母本，西农 6028 作父本杂交选育而成。1970 年由天水市农业科学研究所甘谷试验站引进。

特征特性：冬性，生育期 270 d。幼苗匍匐，芽鞘绿色，叶片绿色，株高 84 cm。穗长方形，长芒，护颖白色，籽粒白色、椭圆形。穗长 5.8 cm，小穗数 12 个，穗粒数 31 粒，千粒重 39 g。抗寒性较强。茎秆较粗硬，耐水肥，对土壤肥力要求较严格，种在旱薄地上一般生长不良，产量不高。高抗红、黄矮病。中感叶锈病、秆锈病和白粉病。轻感条中 17 号、条中 18 号小种，重感条中 19 号、条中 21 号、条中 22 号、条中 23 号、条中 24 号、条中 25 号小种。

产量及适宜种植区域：一般年份亩产量 150~200 kg，最高达 300 kg 以上。适宜于天水地区渭河、西汉水上游浅山、河谷地区种植。从 1971 年开始推广，1973 年种植面积达 5.8 万亩。

栽培技术要点：该品种耐水肥，抗倒伏能力强，播种时要重施底肥，注意氮、磷配合，亩保苗 30 万~32 万株。返青后应及时追施化肥。

32. 中梁 11

品种来源：天水市农业科学研究所中梁试验站 1961 年用钱交麦作母本，阿夫作父本杂交选育而成。原选出山 6722 和山 6724 两个品系，后经鉴定，两品系特征特性完全一样，又合为一系，1970 年正式定名为中梁 11。

特征特性：冬性，生育期 270~280 d。幼苗半匍匐，芽鞘绿色，叶片深绿色，株高 80~90 cm。穗长方形，长芒，护颖白色，籽粒红色、卵圆形。穗较短而密，小穗数 14~16 个，中部小穗结实 3~4 粒，千粒重 30~35 g。耐旱性较好。抗秆锈病、白粉病、红、黄矮病及腥黑穗病。对条锈病原为高抗，1975 年后由于生理小种的改变，迅速变为高感品种。1978 年中国农业科学院植物保护研究所接种鉴定，成株期对条中 22 号小种免疫，条中 17 号、条中 23 号小种高抗，条中 18 号、条中 21 号小种感病。落粒性中等。种子休眠期长，较抗穗发芽。

产量及适宜种植区域：1967—1969 年试验山旱地亩产量 177.5~305.0 kg，较钱交麦增产 11%~32%。1975 年天水地区种植面积 12 万亩。主要分布在张家川、清水、秦安等县的一般山地及高海拔川地，西和县、礼县、漳县、徽县等地也有少量种植。1975 年以后，由于条锈病加重，产量下降，种植面积逐渐减少，1982 年约有 5 万亩。

栽培技术要点：适于天水地区海拔 1 600 m 以上山地种植。有效分蘖率高，籽粒较小，播种量不宜过大，亩播种量 10.0~13.5 kg 为宜。在高海拔川地，适当增施肥料和灌水，更能充分发挥其增产作用。

33. 平凉 24

品种来源：平凉市农业科学院于 1967 年从平凉 7 号中选得的变异单株，经系统选育，于 1971 年育成。原系号 70 试 14。

特征特性：冬性，生育期 280 d。幼苗半匍匐，芽鞘绿色，叶片深绿色，株型中等，株高 100 cm。穗纺锤形，顶芒，护颖白色，籽粒红色、椭圆形，角质。穗长 5.0 ~ 7.5 cm，小穗数 12 个，穗粒数 17 ~ 29 粒，千粒重 37 ~ 49 g。抗倒伏。较抗冻、抗旱。对条锈病近免疫，1975 年以后，由于生理小种的变化，逐渐感病。感黄矮病。

产量及适宜种植区域：川区一般亩产量 200 ~ 300 kg，高者可达 400 kg；河谷区和高寒阴湿山区峡谷地带一般亩产量 250 kg 左右。1976 年平凉地区种植 4 万多亩。主要分布在川区及高寒山区的狭谷地带作为搭配品种种植。

栽培技术要点：要重施基肥，及早追肥。抓好越冬，拔节和抽穗水的浇灌。后期应注意控制水肥，防止贪青晚熟，要求适当晚播。南部川区和河谷区于 9 月底 10 月初播种；北部河谷区和高寒阴湿山区峡谷地带于 9 月 20 日前后播种。水地亩播种量 25 万粒左右，旱地播种 30 万粒左右。

34. 平凉 25

品种来源：甘肃省农业科学院和平凉市农业科学院于 1960 年用农大 36 作母本，阿蚂作父本在西峰杂交选育几代后，平凉市农业科学院引至平凉继续选育而成。1971 年定名推广。

特征特性：冬性，生育期 208 d。幼苗半匍匐，叶片深绿色，株高 93 ~ 100 cm。穗纺锤形，无芒，护颖白色，籽粒红色、卵圆形，角质。穗长 5.3 ~ 7.5 cm，小穗数 12 个，穗粒数 20.6 ~ 34.5 粒。抗冻、抗旱性稍差。对肥水条件要求较高。较抗倒伏。高抗条锈病。口较松易落粒。

产量及适宜种植区域：一般亩产量 250 kg 左右，其中河谷川区亩产量 170 ~ 390 kg，塬区为 150 ~ 250 kg。主要在平凉地区东部川区和东南部塬区、阴湿山区峡谷地种植。

栽培技术要点：川区 9 月下旬播种，阴湿山区狭谷地及塬区 9 月上、中旬播种。川区亩播种量为 11.2 ~ 12.5 kg，塬区和阴湿山区狭谷地为 12.5 ~ 13.5 kg。由于抗冻、抗旱性稍差，冬前应及时覆土镇压，有条件的地方抓好冬灌，春季注意耙耱保墒。成熟时应及时收割，避免掉粒。

35. 西峰 9 号

品种来源：原庆阳地区农科所与甘肃省农业科学院协作，以甘麦 4 号作母本，济南 2 号作父本进行杂交，于 1971 年育成。

特征特性：冬性，生育期 290 d。幼苗半匍匐，芽鞘绿色，叶片深绿色，株型紧凑，株高 108 cm。穗长方形，长芒，护颖白色，籽粒红色、椭圆形，半角质。穗长 5~7 cm，小穗数 9~11 个，穗粒数 18~24 粒，千粒重 45 g。成熟落黄好。耐寒、抗旱性好，较抗干热风和黄矮病，但抗倒伏能力差。抗条锈性，1982 年苗期鉴定，对条中 20 号小种免疫；感条中 17 号、条中 21 号、条中 22 号、条中 23 号、条中 25 号小种。中感秆锈病，重感叶锈病。有零星黑颖病。口较松易落粒。

产量及适宜种植区域：1969—1974 年连续六年 21 次试验，旱塬地一般亩产量 225~250 kg，最高达 422.5 kg。适宜于庆阳、平凉两地的中部塬地、南部山地、北部川台地亩产量 150~250 kg 水平的土地条件种植。1975 年开始推广，1976 年庆阳地区种植面积 27.3 万亩，1978 年上升到 60 万亩，面积居第二位；到 1980 年达 71.8 万亩，占该区小麦面积的 1/4，成为主体品种。平凉地区主要分布在平凉、泾川等地，面积维持在 5 万亩左右，一般亩产量 100~150 kg。

栽培技术要点：适宜种植在中等肥力土地上，在高肥条件下容易倒伏减产。以 9 月上中旬播种为宜，亩播种量 8.5~9.0 kg。要求多施基肥，开春后早追肥，以促进分蘖成穗，力争穗大粒多.

36. 西峰 10 号

品种来源：原庆阳地区农科所用西峰 4 号作母本，西峰 2 号作父本进行杂交，于 1971 年育成。

特征特性：冬性，生育期 286 d。幼苗匍匐，芽鞘白色，叶片浅绿色，株型紧凑，株高 80 cm。穗纺锤形，长芒，护颖白色，籽粒红色、椭圆形，角质。穗长 6 cm，小穗数 10 个，穗粒数 17~22 粒，千粒重 28~38 g。抗倒伏。抗干热风能力差。抗冻和抗旱能力较差。高抗黄矮病。田间自然发病下鉴定，对条锈病免疫。1982 年苗期鉴定对条中 18 号小种免疫，感条中 17 号、条中 20 号、条中 21 号、条中 22 号、条中 23 号、条中 25 号小种。成熟时口松易落粒。

产量及适宜种植区域：1970—1974 年庆阳地区进行区域试验和多点示范，旱塬地一般亩产量 200~250 kg，最高达 416.5 kg。因其丰产、抗病，1975 年庆阳地区推广面积达 20 多万亩，但由于抗冻抗旱能力差，种植面积逐渐下降。

栽培技术要点：在比较肥沃的土地上更能发挥其增产性能，故应适当多施底肥，早追返青肥。其适宜播种期为 9 月上旬末，亩播种量以 8.5 kg 左右为宜。成熟时要及时收割，减少落粒损失。

37. 庆选 27

品种来源：原庆阳地区农科所与甘肃省农业科学院协作，以西峰 4 号作母本，西峰 2 号作父本进行杂交，于 1971 年育成。

特征特性：冬性，生育期 287 d。幼苗半匍匐，芽鞘白色，叶片浅绿色，株型紧凑，株高 100 cm。穗长方形，长芒，护颖白色，籽粒红色、椭圆形，角质。穗长 6.5~

7.1 cm，小穗数 12~13 个，穗粒数 30 粒，千粒重 40 g，含粗蛋白 13.8%，赖氨酸 0.40%。成熟落黄好。抗寒、耐旱，不耐干热风。高抗黄锈病，中感条锈病、叶锈病、高感秆锈病。有倒伏现象。口较紧不易落粒，种子休眠期长。

产量及适宜种植区域：庆阳地区旱塬地一般亩产量 200~250 kg，最高可达 401.5 kg。1975 年开始推广，1978 年庆阳地区秋播面积为 18.8 万亩。主要在庆阳地区的中部塬区、南部川台地、北部川地种植。

栽培技术要点：适宜于比较肥沃的土地种植。庆阳西峰塬上 9 月中旬初播种较好，亩播种量 8.5~9.0 kg。要求增施磷肥，春季早追肥。

38. 武都 2 号

品种来源：陇南市农业科学研究所用 061284 作母本，阿勃作父本杂交选育而成。原系号 64-31-1-5-1-1-2。

特征特性：弱冬性，生育期在武都县河谷川坝地区为 210 d，半山地区为 250 d，高山区为 290 d。幼苗半匍匐，叶片绿色，株高 110 cm。穗长方形，长芒，护颖白色，籽粒红色，半角质。穗长 8~9 cm，千粒重 38 g。成熟落黄好。抗寒性较强，适应性较广。海拔 2 000 m 左右的高山种植，可以安全越冬；海拔 2 300 m 以上的岷县种植，个别年份有冻害。半山干旱地区种植表现抗旱性强，耐瘠薄，抗干热风。对条锈病、白粉病和黄矮病感病均轻。口松易落粒。

产量及适宜种植区域：高山地区亩产量 200~250 kg，半山干旱地区亩产量 100~150 kg，川坝地区亩产量 250~300 kg，最高亩产量可达 480 kg。该品种在原武都地区各县山、川地都有较大面积种植。天水地区的浅山及平凉地区的旱塬上也有少量种植。

栽培技术要点：该品种在高山地区种植要求冬灌，增施暖苗肥；半山干旱地区种植，要适当增加播种量；川坝区宜在中肥地种植。适期早播，促进冬前分蘖；春季早追肥，拔节以后控制水肥，防止倒伏。

39. 武都 5 号

品种来源：陇南市农业科学研究所 1965 年以（弗兰尼/阿勃）F₁ 作母本，德国红作父本杂交选育而成。原系号 65-7-8-2-5-1。

特征特性：弱冬性，生育期在武都县川坝地区为 215 d，成县、康县为 230 d。幼苗半匍匐，叶片深绿色，株高 100~110 cm。穗纺锤形，长芒，护颖红色，籽粒白色、椭圆形，半角质。穗长 8~10 cm，小穗排列较密，穗粒数 50 粒，千粒重 45~55 g。不抗干热风。抗寒性中等。茎秆粗壮，抗倒伏能力强。口紧不易落粒。抗条锈病能力较强，在甘麦 8 号严重感病的情况下，该品种在武都地区的平川和丘陵地区得到推广，成为河谷川坝区的主体品种。缺点是在多雨时易感白粉病和秆锈病，抗旱性差。

产量及适宜种植区域：1972 年试验，较甘麦 8 号增产 12%。一般亩产量 250~300 kg，高产田可达 450 kg，为武都地区川坝区的主栽品种。1979 年种植面积 4.4 万亩。

栽培技术要点：该品种喜水耐肥，适宜于中等以上肥力地块种植。由于抗旱、抗寒性差，不宜种在旱地和高山地区。要求适当早播。生育后期不宜单施氮肥，以防贪青晚熟。

40. 中 11-7

品种来源：天水市农业科学研究所中梁试验站从中梁 11 中选出的变异单株，通过系统选育而成。1972 年引入庆阳地区。

特征特性：冬性，生育期 285 d。幼苗匍匐，芽鞘绿色，叶片深绿色，株型紧凑，株高 90~100 cm。穗棍棒形，长芒，护颖白色，籽粒红色、卵圆形，角质。穗长 6 cm，小穗数 13~15 个，穗粒数 35 粒，千粒重 33 g。分蘖力强，单株分蘖达 7~9 个，有效分蘖 4~6 个。对土质和肥力要求较高。口紧不易落粒。茎秆坚韧，较抗倒伏。但耐寒、抗旱性差，高寒、干旱区不易越冬。抗涝性中等，易感 3 种锈病。

产量及适宜种植区域：一般亩产量 200~250 kg，最高可达 500 kg。主要分布在庆阳地区南部正宁、宁县、镇原等地和海拔 1 300 m 以下气温较高地区，以宁县面积最大。1978 年全区扩种 4.9 万亩，1979 年又增至 16.8 万亩。1980 年因严重干旱，死苗严重，面积有所下降，当年种植 14.1 万亩。1981 年又回升到 22.9 万亩。1984 年面积最大，全区种植 53.3 万亩。1985 年因严重锈病危害，大幅度减产，面积下降到 4.1 万亩。

栽培技术要点：中 11-7 喜水耐肥，较晚熟，宜种植在庆阳地区南部较肥沃的旱塬地和川地。适宜播期为 9 月中旬。亩播种量 8~9 kg，亩基本苗 25 万~27 万株较合理。

41. 天选 33

品种来源：天水市农业科学研究所甘谷试验站 1966 年用天选 6 号作母本，丹麦 1 号作父本杂交选育而成。

特征特性：冬性，生育期 240~260 d。幼苗半匍匐，芽鞘绿色，叶片绿色，株高 100~110 cm。穗纺锤形，顶芒，护颖白色，籽粒红色、卵圆形。穗长 7 cm，小穗数 16 个，穗粒数 43 粒，千粒重 40 g。轻感叶锈病、秆锈病、条锈病，但发病迟，对产量影响不大。

产量及适宜种植区域：1973 年甘谷试验站水地试验，平均亩产量 423.5 kg，较阿勃增产 18.5%，较天选 15 增产 8.0%。1974—1976 年参加天水地区川区组区域试验，平均亩产量第一年为 322.5 kg，较对照甘麦 8 号减产 6.7%；第二年为 360.9 kg，较对照甘麦 8 号增产 1.4%；第三年为 373.7 kg，较对照甘麦 8 号增产 9.7%。1977 年武山县试验平均亩产量 442.8 kg，较天选 15 增产 31.5%。同年清水县试验亩产量 308.5 kg，较天选 15 增产 12.5%。由于成穗率高，落黄好，生长整齐，中早熟，特别是抗寒性较强，在漳县、武山，清水及礼县西汉水上游的川区很受欢迎。

栽培技术要点：该品种分蘖力强，成穗率高，应妥善掌握播种量。亩播种量以

25 万 ~ 30 万粒为宜。要适期早播，施足底肥，以增加冬前分蘖，提高成穗率，发挥群体增产的作用。

42. 山前麦

品种来源：原产苏联，原名 ПреДГорННаЯ2，1973 年由中国农业科学院引入甘肃。

特征特性：冬性，生育期 270 ~ 280 d。幼苗半匍匐，芽鞘绿色，叶片深绿色，株高 80 ~ 100 cm。穗长方形，长芒，护颖白色，籽粒红色、卵圆形。穗长 6 ~ 8 cm，小穗数 18 ~ 20 个，穗粒数 33 ~ 45 粒，千粒重 44 ~ 50 g。抗倒伏能力较强。耐冻、抗旱性较差。高抗叶锈病、秆锈病。对条锈病原为高抗类型，但感条中 19-5、条中 22 号、条中 25 号等小种。重感白粉病和黄矮病。抗腥黑穗病和散黑穗病。生育后期易发生青枯秕粒现象。口紧不易落粒。

产量及适宜种植区域：1975—1976 年庆阳试种亩产量 375.2 ~ 448.8 kg。1977 年参加天水地区区域试验，半山组平均亩产量 243.5 kg，高山组平均亩产量 265.6 kg，均列首位。1978 半山组平均亩产量 218.1 kg，高山组平均亩产量 243.8 kg。1976 年清水县进行生产示范，平均亩产量 216.7 kg。主要分布在天水、陇南、平凉、定西地区的二阴山区和高寒山区种植。1984 年最大种植面积 54.75 万亩。后因抗条锈性丧失，1986 年种植面积下降为 20.76 万亩。

栽培技术要点：该品种籽粒大，播量要足，亩播种量 15 kg，保苗 30 万株为宜。苗期及抽穗开花期间要及时防蚜，以减轻黄矮病的危害。成熟后要及时收割，过晚穗轴易折断，造成损失。

43. 里勃留拉

品种来源：原产意大利，组合为吉利/利阿瑞/桑伯斯托，1973 年由中国农业科学院引入甘肃。

特征特性：冬性，生育期 244 ~ 264 d。幼苗半匍匐，芽鞘色绿紫各半，叶片绿色，株型紧凑，株高 95 cm。穗纺锤形，无芒，护颖红色，籽粒红色、椭圆形，角质。穗长 6 ~ 7 cm，小穗数 13 ~ 15 个，穗粒数 33 粒，千粒重 35 ~ 42 g。成熟期落好。耐旱、耐瘠性较好，适应性广。抗倒伏。较抗冻。中感条锈病，但耐锈。

产量及适宜种植区域：1976—1979 年参加天水地区川区组区域试验，两年 23 次试验平均亩产量分别为 366.9 kg、346.3 kg，较对照甘麦 8 号分别增产 95.2%、44.1%。1983—1984 年又参加陇南地区川区组试验，两年 21 个点次试验平均亩产量分别为 357.6 kg、377.9 kg，较对照天选 15 分别增产 7.8%、3.7%。主要分布在天水、陇南地区的川坝和丘陵浅山区种植。1986 年种植面积 57.24 万亩。

栽培技术要点：因分蘖力较强，亩保苗 30 万 ~ 35 万株为宜。

44. 阿奎雷

品种来源：原名 Aguila，组合坚提若索 276/伊拉利台必 38//达尼亚谱。原产意大利，1973 年由中国农业科学院引入甘肃。

特征特性：强冬性，生育期 255～160 d。幼苗匍匐，芽鞘绿色，叶片深绿色，株高 80～90 cm。穗纺锤形，顶芒，护颖红色，籽粒红色，椭圆形。穗长 6.4 cm，小穗数 15～17 个，穗粒数 32 粒，千粒重 40 g。中感条锈病，轻感秆锈病和红、黄矮病。口松易落粒。

产量及适宜种植区域：1977—1978 年两年参加天水地区川区组区域试验，平均亩产量分别为 413 kg、376.1 kg，较对照甘麦 8 号分别增产 71.8%、7.3%。主要分布在天水、陇南两地区的川坝和浅山丘陵区种植，1980 年最大种植面积 15.5 万亩。后因抗条锈性丧失，面积逐渐下降，至 1985 年仅 1.7 万亩。

栽培技术要点：冬性强，应适当早播，渭河川区以 10 月上旬为宜。分蘖力强，成穗率高，要严格掌握播种量，川区以亩保苗 30 万株为宜。重施基肥，早施追肥，避免贪青晚熟。

45. 达西亚

品种来源：原产罗马尼亚，组合为布加勒斯特 1 号/早熟 3 号。1973 年由中国农业科学院引进甘肃。

特征特性：强冬性。幼苗匍匐，株高 80～110 cm，茎秆坚韧。穗纺锤形，长芒，护颖白色。籽粒红色，千粒重 40 g。成穗率较高。较抗倒伏。抗寒、抗旱。轻感条锈病。口紧不易落粒。

产量及适宜种植区域：1975 年参加天水地区品种比较试验，平均亩产量 327 kg，较对照中梁 11 增产 31.5%；同年在海拔 1 800 m 以上的甘谷县试种，亩产量 241.7 kg，较中梁 11 增产 10.5%，较天选 18 增产 20.9%。1976 年清水县试种，平均亩产量 267.5 kg，较天选 17 增产 55.0%；礼县试种，平均亩产量 458 kg。

栽培技术要点：因分蘖力强，成穗率较高，应控制播种量，以亩保苗 30 万～35 万株为宜。重施基肥，早追肥，防止倒伏。

46. 长武 7125

品种来源：陕西省长武县农业技术推广中心以（北京 8 号/水源 11）F$_1$ 作母本，早熟 3 号作父本杂交选育而成。1974 年引入原庆阳地区农科所，1977 年又引进天水。

特征特性：冬性，生育期在天水地区为 260～280 d，西峰旱源为 286～290 d。幼苗半匍匐，芽鞘绿色，叶片深绿色，株型紧凑，株高 90 cm。穗纺锤形，长芒，护颖白色，籽粒红色、卵圆形，半角质。穗长 6～7 cm，小穗数 11～15 个，穗粒数 20～28 粒，千粒重 31~36 g。茎秆强硬，较抗倒伏。抗旱性较好，耐瘠性稍差。高抗条中 18 号、条中 19 号、条中 20 号小种，感条中 21 号、条中 22 号和条中 23 号小种。中抗红、黄矮病，高感白粉病。口紧不易落粒。种子休眠期长。

产量及适宜种植区域：1978—1979 年天水地区半山组区域试验亩产量 185.1 ~ 200.4 kg，高山组区域试验平均亩产量 257.6 kg。1977—1980 年陇东旱塬试验，平均亩产量 200~250 kg，最高亩产量 274.5 kg。主要分布在天水地区海拔 1 600 m 左右的浅山区及陇东西峰以南的旱塬和川水地种植。1983 年天水地区种植 13.6 万亩。因耐瘠性差和抗条锈性逐渐下降，至 1985 年种植面积减少到 8 万亩。1985 年庆阳地区种植 12.43 万亩。

栽培技术要点：要求种在较肥沃的土地上，并适期早播。亩保苗 30 万~35 万株为宜。施足基肥，注意氮、磷肥配合。

47. 昌乐 5 号

品种来源：山东省昌乐县种子管理站 1966 年从济南 4 号中选出的变异单株，经连续 5 年系统选育，于 1970 年育成。1974 年由庆阳地区种子公司引入。

特征特性：冬性，生育期 280 d。幼苗匍匐，芽鞘绿色，叶片深绿色，株型紧凑，株高 100 cm。穗长方形，在稀播条件发育成棍棒形，长芒，籽粒白色、椭圆形，粉质。穗长 6~7 cm，穗粒数 27~30 粒，千粒重 38 g。对土质和肥力要求不严，旱薄塬、川地均能种植。茎秆较粗壮，抗倒伏力强。口较紧不易落粒。种子休眠期短，易穗上发芽。抗旱、抗干热风力较强。耐条锈病和秆锈病，轻度感叶锈病。抗寒性较差。

产量及适宜种植区域：1975—1976 年西峰、合水、正宁、宁县、镇原等 8 处 18 次试验，平均亩产量 250~300 kg，最高亩产量 400 kg。主要分布在庆阳地区中南部的西峰、宁县，合水、正宁等地。1979 年种植面积为 31.6 万亩。1980 年在秋、冬、春严重旱、冻影响下，该品种死苗较严重，加之籽粒休眠期短，易穗上发芽，品质差，1984 年面积下降到 11.79 万亩，此后逐年下降。

栽培技术要点：喜水肥，在较肥沃的旱塬、川地更能增产。合理群体以每亩保证基本苗 15 万株左右为宜，要求冬前分蘖达 50 万~60 万，保穗 30 万左右可获得高产。旱薄地要重施底肥，保证冬前壮苗，早春及时追肥；水地水肥管理重点放在起身后期，以防水肥管理过早发生倒伏。

48. 山 741

品种来源：天水市农业科学研究所中梁试验站于 1966 年用尤皮莱Ⅱ号作母本，西北 134 作父本杂交选育而成。

特征特性：冬性，生育期 279~310 d。幼苗半匍匐，牙鞘绿色，叶片深绿色，株高 100 cm。穗长方形，长芒，护颖白色，籽粒红色、椭圆形。小穗排列较稀，小穗数 15~17 个，穗粒数 28~30 粒，千粒重 38 g。抗寒性较强，高抗条锈病。

产量及适宜种植区域：1975 年参加天水地区高山组区域试验，13 个点平均亩产量 256.4 kg，较对照中梁 11 增产 20.9%，居参试品种首位。1976 年高山组 9 个点平均亩产量 174.9 kg，较对照中梁 5 号增长 8.2%。同时参加半山组区域试验，11 个点平均亩产量 183.4 kg，较对照天选 17 增产 24.5%。适宜于天水地区二阴及高寒山区种植。1983 年天水地区种植 14.8 万亩，1985 年播种面积为 5.7 万亩。

栽培技术要点：植株偏高，多雨年份易倒伏，宜在中肥条件下种植，条锈病流行年份，及时用粉锈宁防治。

49. 山 742

品种来源：天水市农业科学研究所中梁试验站杂交选育而成。组合为阿勃/西北 302//中梁 5 号。

特征特性：冬性，生育期 280~310 d。幼苗半匍匐，芽鞘绿色，叶片深绿色，株高 105~117 cm。穗长方形，长芒，护颖白色，籽粒红色、椭圆形。穗长 7.3 cm，小穗数 15~17 个，穗粒数 28~31 粒，千粒重 33 g。抗寒性较强。中感条锈病。

产量及适宜种植区域：1975 年参加天水地区高山组区域试验，13 个试点平均亩产量 241.1 kg，较对照中梁 11 增产 13.7%；1976 年 9 个试点平均亩产量 143.9 kg，较对照中梁 5 号减产 10.9%。本年同时参加半山组区域试验，11 个试点平均亩产量 179.8 kg，较对照天选 17 增产 22.1%。主要分布在二阴及高寒山区搭配种植。1984 年种植 2.2 万余亩。

栽培技术要点：要求施足底肥，适期播种。以亩保苗 30 万株左右为宜。并及时做好防条锈病工作。

50. 平凉 25

品种来源：平凉市农业科学院 1964 年用平凉 2 号作母本，钱交麦作父本杂交选育而成，原系号 4054B-4-3。

特征特性：冬性，生育期 285 d。幼苗半匍匐，株高 90~100 cm。穗纺锤形，无芒，护颖白色，籽粒红色、椭圆形，角质。穗长 7~10 cm，小穗数 15 个，穗粒数 35 粒，千粒重 40~45 g。抗旱、抗冻、抗干热风能力稍差。高抗条锈病，感黄矮病。

产量及适宜种植区域：适宜于平凉地区东部塬区及类似地区种植。平凉地区最大种植面积为 5 万余亩。一般亩产量在 200 kg 左右，其中东部塬区亩产量 170~300 kg，高寒阴湿山区亩产量 155~244 kg，丘陵区及河谷区为 100~300 kg。

栽培技术要点：9 月中旬播种，亩播种量 11.5~12.5 kg，要求重施基肥，早春结合耙麦施氮、磷化肥。

51. 保加利亚 10 号

品种来源：原名 Bulgarian 10，原产保加利亚，1957 年从中国农业科学院作物科学研究所引进甘肃省天水地区。

特征特性：强冬性，生育期 295~310 d。幼苗匍匐，叶片深绿色，株高 110 cm。穗纺锤形，长芒，护颖白色，籽粒红色，角质。穗长 7 cm，小穗数 13 个，穗粒数 28 粒，千粒重 35 g。耐冻性好，海拔 1 800 m 以上的山区种植，越冬率均在 95% 以上。返青后生长缓慢，拔节迟，能避免晚霜为害。抗叶、秆锈病，感条锈病。抗条锈性接种鉴定，苗期对条中 17 号小种免疫，对条中 10 号、条中 13 号、条中 18 号、条中 20 号小种感病；成株期对条中 13 号小种免疫，对条中 17 号、条中 18 号、条中 19 号、条中 20 号小种高抗或中感。中抗黄矮病。较抗旱、耐瘠、耐阴湿，灌浆成熟好，口紧不易落粒。虽然秆高容易倒伏，但籽粒依然饱满。

产量及适宜种植区域：天水地区亩产量 152.5~231.0 kg，较中原 5 号虽然增产很少，但产量年变幅变化不大，表现稳产。平凉地区亩产量 150 kg 左右，高的达 200 kg 以上，较红齐麦增产 20% 以上。主要分布在天水地区渭河区域海拔 1 800 m 以上的高寒山区及平凉地区的阴湿山区和寒旱山区，其中以张家川及清水、华亭、平凉、静宁等地面积较大。1979 年全省种植面积 14 万余亩。

栽培技术要点：该品种晚熟，宜适期早播。由于分蘖力强、种植密度不宜过大，以亩保苗 25 万株左右为宜。

52. 咸农 4 号

品种来源：甘肃省武山县群众从外地引进种植，其原产地不详。

特征特性：冬性，生育期在天水地区的高山区为 288 d，半山区为 270 d。幼苗匍匐，株高 100 cm，成熟时茎秆黄亮。穗纺锤形，顶芒，护颖白色，籽粒红色。穗长 8 cm，小穗数 12~16 个，穗粒数 30 粒，千粒重 35 g。抗冻力强，在海拔 1 800 m 左右山区种植，越冬率均在 80% 以上。茎秆有韧性，一般肥力条件下不易倒伏。条锈病较重。1978 年甘肃省农业科学院植物保护研究所接种鉴定，苗期对条中 17 号小种近免疫，对条中 18 号、条中 19 号、条中 21 号小种中抗；成株期对条中 17 号、条中 18 号小种中抗，对条中 19 号、条中 21 号小种感病。1982 年苗期鉴定对条中 18 号、条中 19 号、条中 21 号、条中 23 号小种免疫；条中 22 号小种高抗；条中 25 号小种中抗；感条中 17 号、条中 20 号小种。对黄矮病、白粉病也有较强的抵抗能力。

产量及适宜种植区域：1975 年以前，该品种仅在武山和甘谷两县的半山地区种植，面积约 5 000 亩。以后发现抗旱、耐瘠、耐条锈病，产量稳定，于 1976—1980 年先后参加天水地区半山组和高山组联合区域试验。半山组两年 22 次试验，平均亩产量 226.5 kg，较中梁 5 号增产 12%，较天选 17 增产 32%；高山组 3 年 34 次试验，平均亩产量 206 kg，较中梁 5 号增产 7%，较保加利亚 10 号略高。无论高山和半山，其产量的变异幅度，均比中梁 5 号、天选 17 及保加利亚 10 号为小，表现稳产性能良好。1981年，天水地区种植面积扩大到 40 多万亩，成为该地区渭河流域各地半山区的主栽品种，高山区的搭配品种，西汉水流域的西和县、礼县也种植一定面积。

栽培技术要点：该品种稳产性能好，高产性差，适于较瘠薄的山区种植，播种密度不宜过大，以亩播种 25 万~30 万粒为宜。

53. 平凉 30

品种来源：平凉市农业科学院以 5612 作母本，612 和辛石 3 号混合花粉作父本杂交选育而成，原系号 5912-1-1-1-1B。曾用代号 68 试 2。

特征特性：冬性，晚熟品种。幼苗匍匐，叶片深绿色，株高 120~125 cm。穗纺锤形，长芒，护颖白色，籽粒红色、椭圆形。穗长 7~9 cm，小穗数 14~20 个，穗粒数 40粒，千粒重 40 g。较抗倒伏。抗旱、耐冻、耐瘠薄。抗干热风。高抗条锈病。

产量及适宜种植区域：一般亩产量 200 kg 以上，最高达 300 kg。主要分布在平凉地区的丘陵沟壑山区，高寒阴湿山区的阴山地带也有少量种植。

栽培技术要点：以 9 月上旬播种为宜。亩播种量 30 万粒。要求重施基肥，并加适量磷肥做底肥；返青后根据地力和长势追施化肥。

54. 天选 34

品种来源：天水市农业科学研究所甘谷试验站杂交选育而成，为天选 33 的姊妹系，原系号 66-30-8-1（白）。

特征特性：性状与天选 33 基本相似，穗为长方形，籽粒白色，皮较薄，出粉率略高，品质较好。株高比天选 33 略低，为 100 cm。抗条锈病、叶锈病、秆锈病能力较天选 33 略强。

产量及适宜种植区域：1976 年参加天水地区川区组区域试验，11 个试点平均亩产量 416.0 kg，较对照甘麦 8 号增产 21.9%，居第一位；1977 年 12 个试点，平均亩产量 377.1 kg，较对照甘麦 8 号增产 56.9%。适宜于渭河及嘉陵江流域的河谷和浅山区搭配种植。因其早熟，特别适应麦后复种的地区种植。

栽培技术要点：因分蘖力强，成穗率高，应适当减少播量，川区以亩播种 30 万粒为宜，川区以亩播种 20 万~25 万粒为宜。施足基肥，适期早播，以增加冬前分蘖，提高成穗率，发挥群体增产作用。

55. 达四

品种来源：天水市农业科学研究所中梁试验站从罗马尼亚品种达西亚中系统选育而成。

特征特性：强冬性，生育期 262~297 d。幼苗匍匐，芽鞘红色，叶片深绿色，株高

90 cm。穗纺锤形，长芒，护颖白色，籽粒红色、卵圆形，角质。穗长 7 cm，小穗数 14 个，穗粒数 34 粒，千粒重 35 g。成熟落黄好。不易倒伏。口紧不易落粒。较保加利亚 10 号、咸农 4 号，中梁 5 号等抗条锈病力强，高抗秆锈病和白粉病。但感黄矮病，抗旱、耐瘠能力稍差。

产量及适宜种植区域：1978—1981 年参加天水地区高山组区域试验，49 次试验平均亩产量 224.3 kg，较保加利亚 10 号增产 22.9%，较咸农 4 号增产 17.8%，较中梁 5 号增产 22.4%。同时参加半山组区域试验，两年 24 次试验，其中 1978 年平均亩产量 205.2 kg，较天选 17 增产 18.5%；1979 年平均亩产量 198.8 kg，较天选 17 增产 15.2%。主要分布在渭河上游的天水、甘谷、武山、漳县、秦安、张家川等地海拔 1 600 m 以上的河谷川区及一般山区；西汉水上游西和、礼县海拔 1 400~1 900 m 范围的山区及徽县海拔 1 500 m 左右的山区种植。

栽培技术要点：选择肥力较好的土地种植，或适当增施肥料。适时播种，不宜早播，播种量以 25 万~30 万粒为宜。播前拌种。苗期和返青期注意灭蚜。

56. 平凉 31

品种来源：原名混选 6 号，系平凉市农业科学院用阿桑作母本，212-5 作父本杂交选育而成。

特征特性：冬性，中熟。幼苗半匍匐，叶片深绿色，株高 105 cm。穗纺锤形，无芒，护颖白色，籽粒白色、椭圆形。穗长 8.7 cm，小穗数 17.3 个，穗粒数 31.5 粒，千粒重 37 g。抗冻、耐旱。高抗条锈病。口较紧不易落粒。

产量及适宜种植区域：平凉地区的东部塬区亩产量 160~260 kg，河谷区亩产量 213~492 kg。1986 年种植面积 12.7 万亩。

栽培技术要点：9 月上旬播种，亩播种量 30 万粒左右。要求重施基肥，并加适量磷肥。返青、拔节期追施适量化肥。有灌水条件的地方，在拔节、孕穗、乳熟期适量灌水。

57. 平凉 32

品种来源：平凉市农业科学院于 1970 年从河北省农林科学院引进的阿夫与野草杂交后代，经进一步选择培育而成。原系号 73 试 14。1977 年定名推广。

特征特性：冬性，中熟。幼苗半匍匐，叶片深绿色，株型紧凑，株高 100 cm。穗纺锤形，长芒，护颖白色，籽粒红色、卵圆形，半角质。穗长 6.1~7.5 cm，小穗数 13.4 个，穗粒数 24.1 粒，千粒重 36.6~38.0 g。抗冻、抗旱性较强。对条锈病免疫。生长中后期叶尖有干枯现象。

产量及适宜种植区域：平凉地区的东部川区亩产量 180~425 kg，塬区亩产量 137.5~432.5 kg。主要在平凉地区东部塬区推广，在高寒阴湿山区的岭梁，阳山地带和丘陵沟壑区也有种植。

栽培技术要点：平凉东部塬区 9 月中旬播种，高寒阴湿山区和丘陵沟壑区 9 月上旬播种。亩播种量 30 万~32 万粒。要重施基肥，配合适量磷肥和氮素化肥，看苗追肥。有条件的最好冬灌一次。

58. 静宁 6 号

品种来源：静宁县农业技术推广中心 1971 年用钱交麦作母本，辽 7 号作父本杂交选育而成。原系号 7106-53-4-2-0。

特征特性：冬性，生育期 290 d。幼苗匍匐，芽鞘浅绿色，株型紧凑，株高 100~110 cm。穗纺锤形，顶芒，护颖白色，籽粒白色、卵圆形。穗长 6.0~7.5 cm，小穗数 10~13 个，穗粒数 25~35 粒，千粒重 38.2~45.6 g，容重 782.8 g/L。抗条锈病、秆锈病、叶锈病，抗红、黄矮病和赤霉病。耐寒、耐旱、中抗青干。种子休眠期短。

产量及适宜种植区域：1980—1986 年平凉地区生产试验，河谷水地平均亩产量 224.7 kg，较对照增产 22.2%；山旱地平均亩产量 200.6 kg，较对照增产 39.5%。主要在静宁县高寒与干旱山区推广。1986 年秋播面积 8.8 万亩，占该县山地小麦播种面积 24.5%。

栽培技术要点：该品种以 9 月中旬为播种适期。加强冬前管理，以壮苗越冬。生长期间注意防治蚜虫。

59. 庆丰 1 号

品种来源：原庆阳地区农科所以（峰 3 号/北京 9 号）F$_3$ 作母本，甘麦 4 号作父本进行杂交，于 1977 年育成。

特征特性：冬性，生育期 281 d。幼苗匍匐，芽鞘白色，叶片浅绿色，株型紧凑，株高 95~124 cm。穗长方形，长芒，护颖白色，籽粒红色、椭圆形。穗长 6 cm，小穗数 11 个，千粒重 29~39 g。含粗蛋白 11.8%，赖氨酸 0.36%。茎秆偏高，有韧性，较抗倒伏。耐旱、耐冻性强，尤其是耐干热风。较抗红、黄矮病，虽然感 3 种锈病，但耐病。1982 年抗条锈性接种鉴定，苗期对条中 20 号小种免疫，感条中 17 号、条中 21 号、条中 22 号、条中 23 号、条中 25 号小种。口松易落粒。种子休眠期较长。

产量及适宜种植区域：旱塬地亩产量 200 kg 左右，最高达 375 kg。1979 年庆阳地区秋播面积 10.5 万亩，1980 年秋播面积 18.4 万亩。平凉地区 1980 年秋播 6 000 多亩，1981 年秋播约 3 万亩。

栽培技术要点：该品种以种在中上等肥力水平土地上为好。适宜播种期应在白露后 7 d 之内。若种在高海拔、低温度、低肥力的地区或地块，可适当早播些。播种量根据播期迟早与肥力高低确定，亩播种量 8.5~9.0 kg，高原井灌区播种量 7.0~7.5 kg。应注意适时收获，防止落粒损失。

60. 天选 35

品种来源：天水市农业科学研究所甘谷试验站于 1970 年用郑引 4 号作母本，天选 15 号作父本杂交选育而成。原名"天 763"。

特征特性：弱冬性，生育期 245~265 d。幼苗直立，芽鞘绿色，叶片绿色，株高 80~100 cm。穗纺锤形，顶芒，护颖白色，籽粒红色、卵圆形。穗长 8 cm，小穗数 15~17 个，穗粒数 36 粒，千粒重 40 g。喜水耐肥，增产潜力大，中抗条锈病，感叶锈病。

产量及适宜种植区域：天水地区川区组区域试验中，1977 年 12 个试点平均亩产量 372.7 kg，较对照甘麦 8 号增产 55.1%；1978 年 11 个试点平均亩产量 381.4 kg，较对照天选 15 增产 11.4%，居 9 个供试品种的首位。适宜于天水川地，浅山机灌地种植。1981—1990 年天水地区累计推广种植 49.2 万亩。

栽培技术要点：该品种对水肥条件要求较高，苗期生长较旺盛，分蘖力强，以穗大粒多、粒重增产，故种植密度不宜过大，以每亩不超过 40 万穗为宜，否则易发生倒伏。川水地以亩播种 25 万粒为宜。

61. 成良 6 号

品种来源：甘肃省成县良种场于 1971 年用特德/牛朱特//68-93 三交组合，经 1973—1977 年连续单株选择而成。原系号 7222-394。

特征特性：弱冬性，生育期 245~251 d。幼苗匍匐，生长势强，株高 110~126 cm。穗长方形，籽粒椭圆形。穗长 8.0~9.3 cm，小穗数 16.5~18.2 个，穗粒数 38.8~42.0 粒，千粒重 46~48 g。成熟落黄好。抗多种条锈病小种。中抗叶锈病和秆锈病，较抗白粉病。抗旱性强，较耐瘠薄，适应性较广。肥地易倒伏。口松易落粒。

产量及适宜种植区域：1977—1979 年成县良种场参加品比试验，3 年平均亩产量 354.2 kg，平均增产 19.2%。成县高山地区 3 处试验，平均亩产量 289.8 kg，较对照增产 12.6%；干旱丘陵地区 3 处试验，平均亩产量 329.3 kg，较对照增产 16.2%；川坝地区 3 处试验，平均亩产量 338.8 kg，较对照增产 8.0%。适宜于海拔 1 400~1 600 m 及以下半山、丘陵及一般高山区种植，川区宜在低肥或中肥地种植。1985 年种植 20 余万亩。

栽培技术要点：该品种为弱冬性，应注意适期播种，应较冬性品种迟播 3~4 d。亩播种量以 14~15 kg 为宜。旱地一次施足基肥，早施或少施追肥。春季注意麦田镇压保墒；冬前镇压以防倒伏。成熟时应及时收割，以免掉粒损失。

62. 清山 782

品种来源：天水农业学校于 1972 年以强冬性小麦 8584 作母本，卫东 14 作父本杂交选育而成。

特征特性：强冬性，生育期 291 d。幼苗匍匐，叶片绿色，株高 100~120 cm。穗圆锥形，长芒，护颖白色，籽粒红色。穗长 7~10 cm，小穗数 10~15 个，穗粒数 30~40 粒，千粒重 40~52 g。容重 784 g/L，含粗蛋白 13.7%，赖氨酸 0.38%。抗旱、抗寒性中等，山区可以安全越冬。茎秆硬，抗倒伏。高抗条锈病，轻感白粉病。

产量及适宜种植区域：清水县生产示范，亩产量 250.0~306.6 kg，较当地栽培种增产 20.2%~42.9%。适宜于天水地区海拔 1 900 m 以下的一般二阴山区种植。1986 年天水地区种植 30.39 万亩。

栽培技术要点：亩播种量 12.5~15.0 kg，保苗 30 万株，成穗 30 万~35 万穗为宜。

63. 天选 36

品种来源：天水市农业科学研究所甘谷试验站于 1973 年用天选 17 作母本，69-1776 作父本杂交选育而成。原系号 7389-9-1。

特征特性：冬性，生育期 240~250 d。幼苗半匍匐，芽鞘绿色，叶片深绿色，株型紧凑，株高 80~100 cm。穗长方形，长芒，护颖白色，籽粒红色、椭圆形。穗长 7~8 cm，小穗数 16~17 个，穗粒数 45 粒，千粒重 40 g。抗倒伏。较抗冻，川区种植能安全越冬。经多年试验，对条锈病免疫至高抗，高抗赤霉病和白粉病。但口松易落粒。种子休眠期短，成熟后遇雨易穗上发芽。

产量及适宜种植区域：1980—1982 年参加天水地区川区组区域试验，33 个点次试验平均亩产量 499.9 kg，较对照天选 15 增产 10.6%。1983 年徽县种植 120 亩，平均亩产量 410.7 kg，较清辐 1 号增产 20.9%；甘谷县种植 150 亩，平均亩产量 425 kg，较天选 15 增产 16.4%。

栽培技术要点：本产品不抗叶、秆锈病，宜适期早播，以避开锈病发病高峰。分蘖力强，应合理密植，以亩保苗 25 万~30 万株为宜。对水肥要求较高，返青后应适时追肥灌水。

64. 抗引 655

品种来源：由陕西省长武县农业技术推广中心引进。

特征特性：冬性，生育期 250~270 d。幼苗半匍匐，芽鞘绿色，叶片深绿色，株高 100 cm。穗纺锤形，长芒，护颖白色，籽粒红色、椭圆形。穗长 6 cm，小穗数 12~15 个，穗粒数 28~30 粒，千粒重 30 g。推广初期高抗条锈病，以后逐渐严重。抗旱性及耐瘠性优于长武 7125。抗黄矮病，但感白粉病。

产量及适宜种植区域：1979—1981 年参加天水地区半山组区域试验，14 个试点各年平均亩产量分别为 187.6 kg、185.2 kg 和 188.5 kg，依次较对照品种天选 17 增产 8.7%、29.5% 和 20.1%。1981 年参加高山组区域试验，11 个试点平均亩产量 169.8 kg，较对照保加利亚 10 号增产 15.5%。主要分布在天水地区渭河，西汉水上游海拔 1 600 m 左右的山旱地和地力较瘠薄的高山区种植。1985 年种植面积达 3.5 万亩。

栽培技术要点：籽粒小，分蘖成穗率高，应适当控制播种量。阴湿多雨地区种植，应注意控制白粉病的发生蔓延。

65. 西峰 16

品种来源：原庆阳地区农科所 1970 年以延安 11 作母本，晋农 106 作父本杂交，经 4 次株选和 5 年产量试验，于 1980 年育成。原系号 70（16）-2-3-4-3。

特征特性：弱冬性，生育期 281~290 d。幼苗匍匐，芽鞘绿色，叶片深绿色，株型紧凑，株高 90~114 cm。穗长方形，长芒，护颖白色，籽粒红色、卵圆形，角质。穗长 6.3 cm，小穗数 11.5~15 个，穗粒数 15.7~37.4 粒，千粒重 28.1~32.8 g。容重 792.1 g/L，含粗蛋白 14.67%，赖氨酸 0.43%，淀粉 63.8%。幼苗生长缓慢，起身后生长发育快。耐寒、抗旱性强。耐锈病，1980 年中国农业科学院植物保护研究所进行锈病接种鉴定，条锈反应型 2，严重度 25%，普遍率 60%；叶锈反应型 3，严重度 40%，普遍率 100%；秆锈反应型 3，严重度 40%，普遍率 100%。抗干热风能力较弱。口紧不易落粒，种子休眠期较短。

产量及适宜种植区域：1976—1978 年西峰试验，平均亩产量 282.1 kg，较西峰 9 号增产 7.1%。1979—1981 年参加庆阳地区区域试验，3 年 19 次试验，有 16 次增产，3 次减产，平均较西峰 9 号增产 33.2%，较庆丰 1 号增产 2.0%。1982—1984 年参加全国北部晚熟冬麦区旱地组试验，3 年平均亩产量分别为 249.2 kg、275.95 kg 和 257.9 kg，分别居第 6 位、第 1 位、第 1 位，除第一年较对照晋麦 5 号略有减产外，其余两年分别较晋麦 5 号增产 40.5% 和 76.0%。旱塬地一般亩产量 250 kg 左右，最高亩产量 406.45 kg，因该品种具有抗旱、抗寒、较耐锈病和稳产、高产等特点，面积扩展很快，1986 年全区种植面积已达 97.6 万亩，成为全区主体品种。主要分布在庆阳地区中南部川塬及北部川台地。省内邻近的平凉地区川台地，南部塬地及宁夏自治区的彭阳县、固原县也有种植。

栽培技术要点：因成熟较晚，幼苗生长缓慢，不抗锈病和易穗发芽，在栽培上要适期早播。亩播种量以 9~10 kg 为宜。施足基肥，早施返青肥。注意防治锈病。适时收获，防止遇连阴雨穗发芽。

66. 晋农 134

品种来源：庆阳地区种子公司 1980 年从山西省引入。该品种是山西农业大学用（晋农 65/欧柔）F_1 作母本，（欧柔/徐清楚王冰糖色）F_1 作父本杂交选育而成。原系号 256-113。

特征特性：冬性，生育期 280 d。幼苗半匍匐，芽鞘绿色，叶色浅绿色，株型紧凑，株高 85~90 cm。穗纺锤形，长芒，护颖白色，籽粒红色、卵圆形。穗长 7~8 cm，小穗数 14.7 个，穗粒数 30~35 粒，千粒重 35~40 g。容重 794 g/L，含粗蛋白 17.50%，赖氨酸 0.49%，灰分 1.94%。抗寒、耐旱性较强，较抗青干。抗倒伏。高抗条锈病，轻感叶锈病，抗黄矮病能力较差。口紧不易落粒。种子休眠期较长。

产量及适宜种植区域：1983—1985 年镇原、宁县、正宁、庆阳等地生产示范，亩产量 160.0~471.8 kg。表现丰产稳产，高抗条锈病，品质好，抗倒伏，很受群众欢迎。主要在庆阳地区中、南部塬区和北部川台地种植。1986 年种植面积 65 万亩。

栽培技术要点：该品种宜选择中等以上肥力土壤种植。9 月上中旬播种为宜，亩播种量 11.0~12.5 kg。返青时应及早追肥。注意防治黄矮病。

67. 清农 1 号

品种来源：天水农业学校以 70-84-2-1 作母本，2037 作父本杂交选育而成。原系号 7301-2。

特征特性：弱冬性，生育期 250 d。幼苗半匍匐，株高 95~110 cm。穗长方形，长芒，护颖白色，籽粒红色。穗长 8~10 cm，小穗数 17~20 个，穗粒数 35~40 粒，千粒重 40~50 g。抗倒能力较强。高抗条锈病，感白粉病，叶片枯斑比较严重，感黄矮病。

产量及适宜种植区域：该品种连续 3 年参加天水地区川区组区域试验，1980 年 12 个点平均亩产量 440.5 kg，较对照天选 15 增产 11.2%；1981 年 11 个点平均亩产量 438.9 kg，较对照天选 15 增产 11.9%；1982 年 11 个点平均亩产量 487.5 kg，较对照天选 15 增产 19.6%。1981 年清水县生产试验，平均亩产量 290.3 kg，较对照天选 35 增产 18.9%。适宜于陇南、天水地区海拔 1 500 m 以下的川塬地区及二阴山地种植。

栽培技术要点：种植密度在川水地以亩保苗 30 万~35 万株，成穗 30 万~40 万为宜，注意配合施用磷肥，避免氮肥施用过多而加重叶枯病的繁衍。

68. 社 56

品种来源：原天水县社棠良种场于 1976 年以（甘麦 8 号/天选 15）F$_5$ 作母本，洛夫林 13 作父本杂交选育而成。原系号 76-56-4。

特征特性：弱冬性，生育期 243 d。幼苗半匍匐，叶片深绿色，株型紧凑，株高 84~106 cm。穗长方形，顶芒，护颖白色，籽粒红色。穗长 5~9 cm，小穗数 10~18 个，千粒重 37~46 g。抗倒伏。高抗条锈病，轻感叶锈病和红、黄矮病，中感白粉病。抗冻性较天选 15 强。后期灌浆速度快，落黄好。但耐旱、耐瘠性较差。

产量及适宜种植区域：多点示范结果，种植在海拔 1 000~1 100 m 的川区，一般亩产量 350.0~490.5 kg；种植在 1 100~1 450 m 的沟台地，一般亩产量 200~300 kg，较当地主体品种增产 9.2%~32.1%。适宜于天水地区海拔 1 500 m 以下的川区及肥力条件较好的浅山和塬地种植。1985 年仅在天水地区就种植 3 万余亩。

栽培技术要点：该品种分蘖力中等，应适期播种，天水地区川区海拔 800~1 300 m 区域内，以 10 月上旬播种为宜，亩播种量 14~15 kg。社 56 喜水喜肥，耐瘠性较差，应选择中等以上的川水地种植。对蚜虫危害反应敏感，应做好防蚜工作，口较松易落粒，应及时收割。

69. 平凉 34

品种来源：平凉市农业科学院 1968 年配制的复合杂交组合，经多年选育，于 1982 年选育而成。其组合为阿桑/平凉 7 号//内乡 5 号/平凉 2 号/平凉 3 号/燕红。原系号 817F-1-1-0-1-1。

特征特性：冬性，生育期 285 d。幼苗半匍匐，芽鞘绿色，叶片深绿色，株型中等，株高 90~130 cm。穗长方形，长芒，护颖白色，籽粒红色、长圆形，半角质。穗长 8~13 cm，小穗排列较密，小穗数 16~20 个，穗粒数 28~34 粒，最多可达 50 粒，千粒重 44~51 g，最高可达 57 g。较抗冻、抗旱。茎秆虽高，但较粗且富有弹性，不易倒伏。高抗条锈病，较抗黄矮病。

产量及适宜种植区域：亩产量一般为 260~320 kg，高者可达 350 kg 以上。适宜于平凉地区的东部川区、河谷区南部和高寒阴湿山区的狭谷地及浅山地种植。1984 年平凉地区种植面积 5 万亩左右。

栽培技术要点：要求重施基肥，配合种肥，早施追肥，增施磷肥，以促进早发快发，防止贪青晚熟。适期播种。东部川区、河谷区南部 9 月下旬播种，高寒阴湿山区狭谷地 9 月 20 日左右播种。亩播种量 11~15 kg。

70. 秦 7635

品种来源：原天水市良种场和天水农业学校协作，于 1975 年用（洛夫林 13/春性 6735）F_1 作母本，又用 6735 回交选育而成。原系号 76H-35-3-2，1982 年定名秦 7635。

特征特性：冬性，生育期 244~262 d。幼苗匍匐，叶片深绿色，株型紧凑，株高 96~116 cm。穗纺锤形，顶芒，护颖白色，籽粒白色，长圆形。穗长 8.9 cm，小穗数 17 个，穗粒数 37.4 粒，千粒重 31~49.3 g。容重 781 g/L，含粗蛋白 11.04%，赖氨酸 0.25%，淀粉 60.99%。对条、叶、秆锈病高抗，1985 年以后抗条锈性逐渐丧失。抗倒伏及抗青干能力强。轻度感白粉病和黄矮病，对蚜虫为害反应敏感。种子休眠期短。

产量及适宜种植区域：1983—1985 年参加天水地区区域试验，3 年 33 个点次结果，平均亩产量 404.9 kg，较对照天选 15 增产 23.5%。1982—1986 年 15 个点次生产示范，亩产量 216~550 kg，增产 7.1%~120%。该品种表现穗大粒多，丰产性好，较抗条锈病和抗倒伏，适宜于渭河上游海拔 1 500 m 以下，嘉陵江上游 1 300 m 以下的川塬及浅山地种植。1987 年种植 10 万多亩。

栽培技术要点：该品种分蘖中等，穗大粒多，川区以亩播种 30 万~35 万粒为宜。抽穗至成熟期间发育快，应及时灌好灌浆水。

71. 清山 821

品种来源：天水农业学校于 1975 年以抗病品种"钱保德"作母本，农艺性状优良但严重感病的"中梁 5 号"作父本杂交选育而成。

特征特性：冬性，生育期 264~280 d。幼苗匍匐，芽鞘绿色，叶片深绿色，株高 90~100 cm。穗纺锤形，长芒，护颖白色，籽粒红色、卵圆形。穗长 7.5 cm，小穗数 14~16 个，穗粒数 35 粒，千粒重 35 g。容重 784 g/L，含粗蛋白 13.7%，赖氨酸 0.38%，湿面筋 26.7%。抗旱、耐瘠性较强。抗寒性较强，越冬性好。抗倒伏。高抗条锈，轻感白粉病。

产量及适宜种植区域：1983—1986 年参加天水地区半山组和高山组区域试验，半山组 4 年平均亩产量 224.4 kg，较对照咸农 4 号增产 12.7%；高山组 4 年平均亩产量 220.2 kg，较对照山前麦增产 23.9%。1985—1987 年参加陇南片山区组区域试验，3 年平均亩产量 241.1 kg，较对照咸农 4 号增产 14.6%。1986—1988 年参加平凉地区山塬组区域试验，3 年平均亩产量 208.1 kg，较对照增产 7.9%。1986 年天水地区 4 点生产试验平均亩产量 203.0 kg，较对照咸农 4 号增产 19.4%。适宜于天水、陇南两地区半山二阴区和高山区、平凉地区东部的山塬地、川台地区及西部川旱地种植。1986—1992 年累计推广 154.6 万亩。

栽培技术要点：以亩播种量 12.5~15.0 kg，保苗 35 万株左右为宜。由于易起秆，在管理上要掌握好追肥数量，防止倒伏。

72. 76H-35-3-2

品种来源：原天水市良种场与天水农业学校选育而成。亲本组合是洛夫林 13/春性 6735//6735。1984 年通过技术鉴定。

特征特性：弱冬性，生育期 244~262 d。幼苗匍匐，芽鞘白色，叶片深绿色，株高 96~116 cm。穗纺锤形，顶芒，护颖白色，籽粒长圆形，白色。穗长 6.8~10.9 cm，小穗数 17 个，穗粒数 37.3 粒，千粒重 39.8 g，容重 781 g/L。幼苗抗旱性较强、耐寒性中等。抗青干、抗倒伏。高抗 3 种锈病，轻感白粉病和黄矮病。种子休眠期较短，对蚜虫反应敏感。

产量及适宜种植区域：1982—1985 年参加天水地区川区组区域试验，3 年 33 个点次，平均亩产量 404.9 kg，较对照天选 15 增产 23.5%。1982—1986 年天水市 15 处生产示范，亩产量 216~550 kg，较当地栽培种增产 7.1%~92.4%。适宜于渭河上游海拔 1 500 m 以下，嘉陵江上游 1 300 m 以下地区的川区及浅山地种植。1987 年播种面积达 10 万余亩。

栽培技术要点：该品种分蘖力中等，穗大粒多，川区以亩播种 30 万~35 万粒为宜。因后期生长发育快，对水分要求迫切，应及时灌好灌浆水，注意防治蚜虫。

73. 平凉 35

品种来源：平凉市农业科学院 1978 年从"76 试 4"分离系中选得的变异单株，经系统选育，1985 年育成。

特征特性：冬性，生育期 275 d。幼苗半匍匐，叶片深绿色，株型紧凑，株高 100 cm 左右。穗长方形，长芒，护颖白色，籽粒白色、卵圆形，角质。穗长 6~7 cm，小穗数 13~15 个，穗粒数 30~35 粒，最多达 50 粒，千粒重 35 g。抗冻、抗旱性强。对条锈病免疫，感叶锈病，较抗红、黄矮病。叶片功能期较长，成熟时叶片仍为绿色。

产量及适宜种植区域：亩产量一般为 200~300 kg。适宜于平凉地区东部的川、塬区、河谷区旱地及高寒阴湿山区种植。

栽培技术要点：要重施基肥，注意氮、磷肥配合。适当晚播。塬区、河谷区北部及高寒阴湿山区 9 月 20 日前后，东部川区及河谷区南部 9 月底 10 月初播种。东部川区及河谷南部亩播种量 9~11.5 kg，塬区、河谷区北部及高寒阴湿山区为 11.5 kg。

74. 武都 8 号

品种来源：陇南市农业科学研究所选育而成。组合为甘麦 8 号/欧柔。原系号 722-1-2-1-1-1。1985 年通过甘肃省审定。

特征特性：偏春性，生育期 218~220 d。幼苗直立，芽鞘白色，叶片深绿色，株型中等，株高 110~115 cm。穗长方形，长芒，护颖白色，籽粒白色、卵圆形，半角质。穗长 7.4~9.1 cm，小穗数 17.4 个，穗粒数 36.0~42.6 粒，千粒重 42.8~49.0 g。含粗蛋白 15.0%，赖氨酸 0.245%，淀粉 59.5%。抗倒伏中等，高肥地块易倒伏。耐旱、耐瘠性中等，耐寒性差，不耐涝。武都田间自然发病条件下，个别叶片感条锈病，没有发现叶锈病、秆锈病和赤霉病；轻感叶枯病、黄矮病和白粉病。不抗蚜虫。口较紧不易落粒。种子休眠期中等，未发现穗发芽现象。

产量及适宜种植区域：武都地区区域试验结果，平均亩产量 324.2 kg，较对照平均增产 21.7%。1982—1983 年示范产量调查，水浇地亩产量 300~400 kg，最高亩产量 553.2 kg。适宜于陇南地区白龙江、白水江沿岸川坝河谷麦、稻（或麦、玉米）两熟地区种植。

栽培技术要点：前茬水稻或玉米收后应立即灌水、施肥、整好地。要求重施底肥，注意氮、磷肥配合。播种期以霜降后（10 月下旬）为宜，早播易形成冬旺。

75. 武都 9 号

品种来源：陇南市农业科学研究所于 1975 年用里勃留拉作母本，171 作父本杂交选育而成。原系号 7580-3126，1985 年通过甘肃省审定。

特征特性：弱冬性，生育期 240 d。幼苗半匍匐，芽鞘白色，株高 90~108 cm。穗长方形，顶芒，护颖白色，籽粒红色、椭圆形，半角质。穗长 7.1~8.6 cm，小穗数 17~19.1 个，穗粒数 37~44 粒，千粒重 37.4~44.4 g。含粗蛋白 15.0%，赖氨酸 0.176%，淀粉 64.5%。较抗倒伏。抗寒性中等，抗旱性强。对条锈病、叶锈病、秆锈病免疫，轻感赤霉病。中抗吸浆虫。口紧不易落粒，种子休眠期中等，不易穗上发芽。

产量及适宜种植区域：一般亩产量 300~350 kg，高肥地块最高可达 550 kg。适宜于陇南丘陵半山区旱地种植。

栽培技术要点：要求施足底基，耕作精细，土壤松软。亩播种量以 13~14 kg 为宜。早春返青后应早追肥、镇压。

76. 平凉 36

品种来源：平凉市农业科学院 1978 年从平凉 21/钱交麦//天选 18 后代"76 试 5"品种中选出分离系 11 个，其中 822001 株系经系统选育，于 1986 年育成。原系号 80 平 13。

特征特性：强冬性，生育期 285 d。幼苗匍匐，芽鞘绿色，株型松散，株高 110 cm。穗纺锤形，长芒，护颖白色，籽粒白色、卵圆形。穗长 6.5~9.0 cm，小穗数 14~16 个，穗粒数 40 粒。成熟落黄好。较抗倒伏。耐寒、耐旱性强。抗青干，较耐瘠薄。中抗条锈病，对叶锈病、秆锈病免疫，高抗黄矮病。口紧不易落粒。种子休眠期长。

产量及适宜种植区域：1980—1986 年平凉地区东部川区种植平均亩产量 306.2 kg，东部塬区平均亩产量 237.9 kg，高寒阴湿山区平均亩产量 247.4 kg，河谷川区平均亩产量 292.1 kg，近山区平均亩产量 213.4 kg。适宜于平凉地区东部塬区、近山区、丘陵沟壑区及东部川区和河谷区旱地、高寒阴湿区浅山地种植。

栽培技术要点：重施基肥，氮、磷肥混合施用。东部川区、河谷区南部旱地 9 月 25 日前后播种，亩播种量 20 万~25 万粒；东部塬区及河谷北部旱地、高寒阴湿山区以 9 月 15—20 日播种为宜，亩播种量 27 万粒；丘陵沟壑区及近山区 9 月上旬播种，亩播种量 30 万~35 万粒。

77. 7537

品种来源：原庆阳地区农科所 1975 年以庆选 29 作母本，〔65（14）白/区域试验 26〕F₁ 作父本杂交选育而成。1988 年 6 月通过技术鉴定。

特征特性：冬性，属中熟品种。幼苗匍匐，叶片浅绿色，株高 110 cm。穗长方形，短曲芒，护颖白色，籽粒红色，角质。穗长 6 cm，小穗着生紧密，穗粒数较多，一般 29 粒，高达 36 粒，千粒重 30 g。容重 790 g/L，含粗蛋白 15.78%，赖氨酸 0.41%，淀粉 56.45%。成熟落黄好。耐寒、耐旱。抗红、黄矮病及黄叶病毒病。感条锈病，但有一定的耐病性。

产量及适宜种植区域：1985—1987 年参加陇东片区域试验，28 个试验点次，有 16

个点次较对照庆丰 1 号增产，亩产量 90.7~275.0 kg；12 个点次减产，亩产量 89.7~325.0 kg。1985—1987 年同时参国家北部旱地组区域试验，平均亩产量 189.2 kg，较对照庆丰 1 号增产 10.3%，居第三位。连续四年进行 127 个点次的生产示范，其中有 121 个点次增产，大部分点次增产 10% 以上，其中增产 30% 以上的有 33 个点次。适宜于陇东中等肥力以下地块、塬边及山地种植。

栽培技术要点：籽粒小，应较一般品种适当减少播种量。重施基肥，返青期适量追肥，防止倒伏。注意防锈。

78. 中梁 13

品种来源：天水市农业科学研究所 1976 年从优良小麦良种洛夫林 10 号系选而成。原系号 7620-1-3-23。

特征特性：冬性，生育期 286 d。幼苗匍匐，芽鞘绿色，叶片绿色，株型松散，株高 100 cm。穗纺锤形，长芒，护颖白色，籽粒红色、卵圆形。穗长 7.1 cm，小穗数 14 个，穗粒数 31.4 粒，千粒重 35.4 g。含粗蛋白 10.53%，赖氨酸 0.22%，淀粉 62.51%。成熟落黄好。耐旱、耐瘠。抗寒、抗倒性强。抗条锈病，轻感白粉病和黄矮病。

产量及适宜种植范围：1983—1985 年参加天水市高山组区域试验平均亩产量 211.4 kg，较对照山前麦增产 13.0%。适宜于海拔 1 500~1 700 m 的浅山丘陵地区、二阴山区和海拔 1 800~2 000 m 的渭北山区和高寒山区的部分地区种植。

栽培技术要点：以亩播种量 12.5~15.0 kg，保苗 25 万~30 万苗为宜。

79. 清农 3 号

品种来源：天水农业学校 1976 年以山前麦作母本，"6922" 作父本杂交选育而成。原系号 76-85-2。

特征特性：冬性，生育期 291 d。幼苗匍匐，芽鞘淡紫色，叶片深绿色，株高 93~100 cm。穗长方形，长芒，护颖白色，籽粒红色、长圆形，角质。穗长 8~11 cm，小穗数 14~18 个，穗粒数 40~45 粒，千粒重 46~53 g。容重 807 g/L，出粉率 88.6%，含粗蛋白 15.1%，氨基酸 13.52%，赖氨酸 0.33%，脂肪 1.4%，淀粉 69.0%。成熟落黄好。抗倒伏。高抗条锈病，兼抗叶锈病、秆锈病，轻感白粉病。耐旱，抗寒性较弱。落粒性中等。

产量及适宜种植区域：经多年生产示范，亩产量 243.4~304.5 kg，最高亩产量 423 kg。该品种适应性广，在甘肃的陇南山区、平凉地区的川区和塬区，宁夏固原的南部山区表现良好。1989—1992 年累计种植面积 236.49 万亩。

栽培技术要点：以亩播种 16~18 kg，保苗 30 万~35 万株为宜。旱地种植应重施基肥。

80. 兰天 1 号

品种来源：天水农业学校 1977 年以洛夫林 13 作母本，墨西哥 30 作父本杂交选育而成。原系号 77-69。1988 年通过甘肃省审定。

特征特性：冬性，生育期 250~259 d。幼苗匍匐，芽鞘绿色，叶片深绿色，株高 80~90 cm。穗圆锥形或纺锤形，顶芒，护颖白色，籽粒红色、卵圆形。穗长 7.8~9.0 cm，小穗数 14~16 个，穗粒数 33.4~37.9 粒，千粒重 44.6~51.0 g。容重 742.5 g/L，含粗蛋白 14.83%，赖氨酸 0.42%，湿面筋 31.44%。成熟落黄好。抗寒。抗倒伏。抗条锈性接种鉴定，抗条中 22 号、条中 25 号、条中 26 号、条中 27 号等小种，轻感条中 29 号小种。抗叶锈病和秆锈病，轻感白粉病。

产量及适宜种植区域：1985—1988 年参加天水地区川区组区域试验，亩产量 368.3~451.5 kg，较对照清农 1 号增产 3.2%~23.8%。1986—1988 年同时参加平凉市区域试验，3 年平均亩产量 291.8 kg，较对照长武 7125 增产 8.6%。适宜于天水地区和平凉川区种植。1988 年种植面积 13 万亩；1989—1991 年种植面积 31 万~42 万亩，成为当时甘肃省面积最大的川区冬小麦品种。

栽培技术要点：以亩播种 15.0~17.5 kg，保苗 30 万~35 万株为宜。黄矮病危害严重地区需拌种。

81. 西峰 18

品种来源：原庆阳地区农科所 1975 年以庆选 29 作母本，65（14）白×区试 26 作父本杂交选育而成。原系号 7537-7-1-1-2。1989 年通过审定。

特征特性：冬性，生育期 281~287 d。幼苗直立，叶片绿色，株型紧凑，株高 110 cm。穗长方形，长曲芒，护颖白色，籽粒红色、卵圆形，角质。穗长 6 cm，小穗数 14~16 个，穗粒数 36 粒，千粒重 31.3 g。容重 799 g/L，含粗蛋白 15.7%，赖氨酸 0.41%，淀粉 56.45%。成熟落黄好。抗寒、抗旱性强，高抗红、黄矮病，感条锈病，但耐锈性较强。

产量及适宜种植区域：1985—1987 年参加陇东片冬小麦区域试验，平均亩产 172.3 kg，较对照庆丰 1 号增产 6.2%。1988—19913 年参加全国区域试验平均亩产 186.2 kg，较对照庆丰 1 号增产 10.3%。适宜于甘肃省陇东山旱塬地、宁夏回族自治区彭阳县、山西省长治旱地种植。

栽培技术要点：适宜播种期，庆阳地区北部 9 月上旬、南部 9 月中旬为宜。亩播种量 12.5 kg，注意防治条锈病。

82. 武都 12

品种来源：陇南市农业科学研究所以罗马尼亚引进的 F_{13} 作母本，山前麦作父本杂交选育而成。原系号7725-1-13-2。1989年通过甘肃省审定。

特征特性：半冬性，生育期265 d。幼苗半匍匐，叶片浅绿色，株高89.7 cm。穗纺锤形，长芒，护颖白色，籽粒白色、卵圆形。穗长6.5 cm，小穗数15个，穗粒数33粒，千粒重43.9 g，容重769 g/L。成熟落黄好。抗条锈性接种鉴定，成株期对条中22号、条中25号、条中26号、条中27号和条中28号小种免疫到近免疫，中感条中29号小种。轻感叶枯病和黄矮病。

产量及适宜种植区域：1984—1987年陇南片山区组区域试验，平均亩产量251.6 kg，较对照成农4号增产21.1%。1987—1988年生产试验亩产量181~389 kg，增产幅度5.2%~27.1%。适宜于陇南、天水两地市的半山（海拔1 650 m以下）地区种植。

栽培技术要点：播期10月10日前后，亩播种量13 kg，亩保苗26万株，保穗30万左右。

83. 清山843

品种来源：天水农业学校1976年以综合性状优良的山前麦作母本，以对多种条锈生理小种免疫的6828-6-0-1-1作父本杂交选育而成。原系号76-89-1-2。1991年通过甘肃省审定。

特征特性：冬性，生育期264~293 d。幼苗匍匐，株高88~97.9 cm。穗纺锤形，长芒，护颖白色，籽粒红色、半角质。穗长7 cm，小穗数12~13个，穗粒数30~35粒，千粒重40 g。含粗蛋白15.21%，赖氨酸0.45%。抗条锈病，感白粉病。适应性广，耐阴雨，成熟落黄好。

产量及适宜种植范围：1986—1988年参加平凉地区山塬组区域试验，3年平均亩产量212.3 kg，较对照增产10.1%。1987—1988年同时参加天水市高山组区域试验，1987年平均亩产量190.2 kg，较对照清山821增产3.9%；1988年平均亩产量272.9 kg，较对照清山821增产10.4%。1989—1991年平凉、华亭、崇信、康县、宕昌、礼县、武都、张家川等地进行大田产量调查，亩产量174.2~389.1 kg，平均亩产量270.4 kg，平均增产26.9%。适宜于天水、平凉以及陇南地区的二阴山区和高山区以及肥力条件较好的山塬、川台地区种植。1988—1992年累计推广面积100.67万亩。

栽培技术要点：旱地种植应重施基肥。适宜亩播种量陇东地区为10.0~12.5 kg，陇南为14~15 kg。

84. 陇鉴46

品种来源：延安市农业科学研究所用4086作母本，延安16作父本进行杂交，1984年甘肃省农业科学院旱地农业研究所引进杂种F$_4$代种子，继续选育而成。原系号81-4-1。1991年通过甘肃省审定。

特征特性：冬性，生育期281 d。幼苗半匍匐，芽鞘浅绿色，叶片深绿色，株型紧凑，株高 85~116 cm。穗纺锤形，长芒，护颖白色，籽粒红色、椭圆形、半角质。穗长 7.6 cm，小穗数 15.7 个，穗粒数 30.7 粒，千粒重 35.0 g。容重 809.5 g/L，含粗蛋白 14.12%，赖氨酸 0.35%，淀粉 64.02%。对土壤肥力要求高，口紧不易落粒。抗倒伏。抗寒、抗旱。抗条锈性接种鉴定，苗期对条中 22 号、条中 25 号、条中 26 号、条中 27 号、条中 28 号、条中 29 号和洛 10-Ⅱ 小种免疫，成株期除对条中 2 号小种感病外，对其他小种均表现免疫。感叶锈病，重感白粉病。

产量及适宜种植区域：1988—1990 年参加甘肃全省冬小麦联合区域试验，3 年 36 点次试验平均亩产量 301.6 kg，较统一对照庆丰 1 号增产 3.2%，较辅助对照增产 11.5%。适宜于庆阳、平凉两地区东南部海拔 900~1 500 m 的温润川塬沟壑冬麦区绝大部分塬区种植。1992 年推广面积 33 万亩。

栽培技术要点：亩播种量以 10~11 kg 为宜。抗倒伏力强，施足底肥和春季适当追施化肥，对提高成穗夺取高产非常有利。

85. 中梁 14

品种来源：天水市农业科学研究所中梁试验站以农大 181 作母本，洛夫林 13 作父本杂交选育而成。原系号 7553。1991 年通过甘肃省审定。

特征特性：冬性，生育期 275 d。幼苗匍匐，叶片深绿色，株型紧凑，株高 97.0 cm。穗纺锤形，长芒，护颖白色，籽粒红色、卵圆形、半角质。穗长 6.4 cm，穗粒数 28.5 粒，千粒重 37.0 g。含粗蛋白 13.5%，赖氨酸 0.24%。抗倒伏。抗寒性强。耐旱、耐瘠薄。抗条锈性接种鉴定，对条中 25 号、条中 27 号、条中 29 号小种免疫，对条中 22 号小种中抗。

产量及适宜种植范围：1984—1986 年参加天水市半山和高山区组区域试验，半山区组平均亩产量 222.4 kg，较对照咸农 4 号增产 15.1%；高山组平均亩产量 213.6 kg，较对照山前麦增产 37.8%。适宜于天水市半山干旱地区及二阴高寒山区推广种植。

栽培技术要点：播种量以亩保苗 25 万~30 万株为宜。

86. 中梁 15

品种来源：天水市农业科学研究所从山前麦中选得的变异株经系统选育而成。1991 年通过甘肃省审定。

特征特性：强冬性，生育期 271~291 d。幼苗匍匐，叶片深绿色，株型紧凑，株高 96.0 cm。穗纺锤形，顶芒，护颖白色，籽粒红色、卵圆形、角质。穗长 6.4 cm。容重 729.0 g/L，含粗蛋白 11.39%，赖氨酸 0.3%。抗寒性强。抗倒伏。较抗条锈病，感黄矮病。

产量及适宜种植区域：1987—1989 年参加天水市半山组和高山组区域试验，其中半山组试验中平均亩产量 220.3 kg，较对照咸农 4 号增产 10.0%；高山组试验中平均亩产量 235.2 kg，较对照清山 321 增产 5.7%。1988—1989 年参加陇南片山区组区域试验，平均亩产量 282.3 kg，较对照咸农 4 号增产 20.2%。适宜于天水市、陇南山区、半山干旱地区种植。

栽培技术要点：高山区 9 月中旬播种，浅山区 9 月下旬播种为宜。亩播种量 12.5~15.0 kg，保苗 27 万株左右。

87. 中梁 16

品种来源：天水市农业科学研究所以水源 11 作母本，山前麦作父本杂交选育而成。1991 年通过甘肃省审定。

特征特性：冬性，生育期 280 d。幼苗半匍匐，株型紧凑，株高 99.0 cm。穗纺锤形，顶芒，护颖白色，籽粒红色。穗长 6.1 cm，千粒重 37.8 g。含粗蛋白 15.81%，赖氨酸 0.20%。成熟落黄好。高抗锈病，抗青干。

产量及适宜种植区域：1986—1989 年参加天水市半山组和高山组区域试验，其中半山组 4 年 36 点次试验，平均亩产量 198.9 kg，较对照咸农 4 号增产 1.5%；高山组 3 年 27 点次试验，平均亩产量 219.0 kg，较对照清山 821 增产 3.5%。1989—1993 年天水市累计推广种植 12.0 万亩。适宜于天水市及陇南地区海拔 1 600~2 000 m 半山二阴地区和高寒山区种植。

栽培技术要点：9 月中旬播种，浅山区 9 月下旬播种为宜。亩播种量 12.5~15.0 kg，保苗 27 万株左右。并注意田间管理，及时防治虫害，适时收获。

88. 天选 37

品种来源：天水市农业科学研究所甘谷试验站 1974 年以优良品系 67-13-88 作母本，高加索作父本杂交选育而成。原系号 7464-87-1-2-2。1991 年通过甘肃省审定。

特征特性：半冬性，生育期 256 d。幼苗半匍匐，叶片深绿色，株高 90.0 cm。穗长方形，无芒，护颖白色，籽粒红色、椭圆形。穗长 8.0 cm，小穗数 14.0 个，千粒重 41.0 g。容重 802.0 g/L，含粗蛋白 13.26%，淀粉 56.55%，赖氨酸 0.36%。抗倒伏性强。口紧不易落粒。高抗条锈病、黑穗病、叶枯病。感白粉病和赤霉病。抗条锈性接种鉴定，对条中 22 号、条中 25 号、条中 26 号、条中 27 号、条中 29 号小种成株期为免疫。

产量及适宜种植范围：1986—988 年参加天水市川区组区域试验，平均亩产量 406.1 kg，较对照清农 1 号增产 14.2%。适宜于渭河上游河谷川道区和机灌塬水地以及半山二阴梯田地、西和县、漳县、秦安县等海拔较高的冷凉川道区种植。

栽培技术要点：10 月上旬播种，以亩播种量 15~20 kg，基本苗达到 25 万~30 万株为宜。田间管理上，在白粉病重发区要注意抽穗后喷"粉锈宁"一次进行防治。另外，因该品种对全蚀病较敏感，应注意轮作倒茬。

89. 中梁 17

品种来源：天水市农业科学研究所以 Ciemenp 作母本，（马高利/抗引 655）F₁ 作父本杂交选育而成。原系号 7959。1992 年通过甘肃省审定。

特征特性：冬性，生育期 274~293 d。幼苗匍匐，株型紧凑，株高 106.3 cm。穗纺锤形，无芒，护颖白色，籽粒红色、卵圆形，角质。穗长 8.1 cm，千粒重 37.3 g。含粗蛋白 11.20%，赖氨酸 0.33%。适应性较广。抗寒、抗旱性强。抗条锈性持久。轻感黄矮病。

产量及适宜种植区域：1989—1991 年参加天水市半山组区域试验，3 年 27 点次试验平均亩产量 290.0 kg，较对照咸农 4 号增产 10.9%。1990—1991 年高山组区试 2 年 17 点次平均亩产量 284.7 kg，较对照清山 821 增产 34.5%。1989—1993 年天水市及陇南地区累计推广种植 216.7 万亩。适宜于天水市及陇南地区半山二阴地区和高寒山区种植。

栽培技术要点：高山区 9 月中旬播种，浅山区 9 月下旬播种为宜。以亩播种 12.5~15.0 kg，保苗 27 万株左右为宜。

90. 临农 157

品种来源：甘肃农业大学应用技术学院以株系 71F₃ 混-2.4.16 作母本，73SA-19.7 作父本杂交选育而成。其亲本组合为：丹麦 3 号/临农 2 号//欧柔/阿桑///阿桑/7370//矮丰。1992 年通过审定。

特征特性：弱冬性，生育期 271~279 d。幼苗半匍匐，叶片绿色，株型紧凑，株高 117 cm。穗长方形，顶芒，护颖白色，籽粒红色、卵圆形，半角质。穗长 7.3 cm，小穗数 17.7 个，穗粒数 38.1 粒，千粒重 46.2 g。容重 797 g/L，含粗蛋白 13.02%，淀粉 63.22%，赖氨酸 0.44%，灰分 1.60%。成熟落黄好。高抗条锈病，轻感叶锈病。抗条锈性接种鉴定，该品种对供试条锈菌生理小种表现苗期轻感，成株期仅 1986 年轻感条种 22 号小种，其他均为免疫。对白粉病、雪霉病均有较强的抵抗能力。

产量及适宜种植范围：1989—1991 年参加定西地区组织的区域试验，平均亩产量 453.9 kg，较对照临农 1132 增产 4.5%。适宜于洮河流域的临洮、康乐、广河等地的川水地，渭河流域的陇西县川水地，天水市北道、秦州、秦安、甘谷、武山等地的浅山阴地以及嘉陵江流域的徽县、礼县等地种植。

栽培技术要点：该品种较耐水肥，要施足底肥，返青后每亩追施硝铵 5~7 kg。有灌溉条件的地区要灌冬水，返青后头水可适当推迟，以防倒伏，由于口松要及时收获。

91. 天选 39

品种来源：天水市农业科学研究所甘谷试验站以 776 作母本，72194 作父本杂交选育而成。1992 年通过审定。

特征特性：冬性。幼苗匍匐，株高 102 cm。穗纺缍形，长芒，护颖白色，籽粒白色。穗长 8.5 cm，小穗数 15 个，穗粒数 35 粒，千粒重 38 g。容重 791.0 g/L，含粗蛋白 16.16%，赖氨酸 0.36%，淀粉 61.26%。对叶锈病、秆锈病近免疫，中感白粉病。抗条锈性接种鉴定，对条中 25 号、条中 22 号、条中 26 号、条中 29 号小种成株期高抗或免疫，对洛 13-Ⅴ、洛 13-Ⅷ小种中感，对强毒性新小种条中 31 号近免疫。中国农业科学院 1994 年分小种鉴定，对条中 28 号、条中 29 号、条中 30 号、条中 31 号小种均属免疫或高抗。

产量及适宜种植范围：1988—1990 年参加陇南片半山组区域试验，平均亩产量 253.7 kg，较对照咸农 4 号增产 28.5%。生产试验亩产量 250.0 ~ 300.0 kg，增产 15.0% ~ 29.7%。适宜于天水、陇南两地海拔 1 700 m 以下的二阴山区和较为冷凉的川区种植。

栽培技术要点：9 月下旬播种。以亩播种 15 ~ 17 kg，亩基本苗达到 25 万 ~ 30 万株为宜。红、黄矮病易发区要用拌种，并且注意轮作倒茬，以防止全蚀病。

92. 平凉 38

品种来源：平凉市农业科学院 1974 年从徐州市农业科学院引进杂交后代 71-553 品系，于 1979 年开始经过 5 年系统选育而成，1992 年通过甘肃省审定。组合为郑引 1 号/如罗（Rulofen 智利）。原系号 83 平 8。

特征特性：冬性，生育期 280 d。幼苗半匍匐，芽鞘绿色，叶片深绿色，株型松散，株高 100 cm。穗纺锤形，长芒，护颖白色，籽粒红色、卵圆形，半角质。穗长 8 cm，小穗数 14 个，穗粒数 31 粒，千粒重 38 g。容重 782 g/L，含粗蛋白 16.6%，赖氨酸 0.45%，淀粉 62.49%，灰分 1.28%。成熟落黄好。抗冻、耐旱，高抗干热风。抗倒性较差。耐黄矮病，轻感白粉病。抗条锈性接种鉴定，苗期、成株期除高感条中 22 号小种外，对条中 25 号、条中 26 号、条中 27 号、条中 28 号、条中 29 号小种均为免疫；田间表现中抗，且耐锈性强。

产量及适宜种植范围：1988—1990 年参加甘肃省区域试验，平均亩产量 295.5 kg，较对照平凉 36 号增产 26.4%。适宜于平凉地区、庆阳地区宁县、甘南州迭部县及宁夏回族自治区泾源等地种植。

栽培技术要点：播期以塬区 9 月 14—20 日，川区 9 月 22—30 日，高寒阴湿山区 9 月 9—15 日为宜。播种量以塬区和西部川区每亩 25 万 ~ 30 万粒，东南部川区每亩 25 万粒，山区每亩 30 万粒为宜。

93. 陇鉴 64

品种来源：甘肃省农业科学院作物研究所 1979 年以济南 2 号作母本，秦麦 4 号作父本杂交选育而成。原系号 7964-7-4-3。1992 年通过审定。

特征特性：冬性，生育期 283 d。幼苗半匍匐，芽鞘浅绿色，叶片深绿色，株型中等，株高 79~123 cm。穗纺锤形，长芒，护颖白色，籽粒红色、椭圆形，半角质。穗长 6.8 cm，小穗数 14.8 个，穗粒数 29.3 粒，千粒重 35~40 g。容重 778.9 g/L，含粗蛋白 14.47%，淀粉 66.77%，赖氨酸 0.32%，灰分 1.34%。成熟落黄好。口紧不易落粒，较抗倒伏。抗寒、抗旱，较耐水肥。感叶锈病。抗条锈性接种鉴定，苗期对条中 22 号、条中 26 号、条中 28 号、条中 29 号和洛夫林 10-Ⅱ 小种均表现免疫，成株期对条中 25 号、条中 26 号、条中 28 号、条中 29 号和洛夫林 10-Ⅱ 小种免疫，对条中 22 号、条中 27 号小种表现中抗。

产量及适宜种植区域：1988—1990 年参加甘肃省冬小麦联合区域试验，平均亩产量 290.5 kg，较对照庆丰 1 号减产 0.5%，较辅助对照增产 7.5%。旱塬区一般亩产量 200~300 kg，高产者达 300~400 kg。1992 年推广种植 19.4 万亩。适宜于环县的川台地、庆阳、宁县、镇原、泾川、灵台等地旱塬地种植。

栽培技术要点：亩播种量以 9.0~11.5 kg 为宜。春季追肥要根据苗情而定，一般亩施 5~8 kg 尿素，避免氮肥使用过多造成旺长及成熟后期遇大风雨发生倒伏。

94. 陇鉴 196

品种来源：甘肃省农业科学院作物研究所 1979 年以（64039/太原 89）F_1 作母本，秦麦 4 号作父本杂交选育而成。原系号 79196-16-1-2。1992 年通过审定。

特征特性：冬性，生育期 284 d。幼苗半匍匐，芽鞘浅绿色，叶片深绿色，株型中等，株高 80~130 cm。穗纺锤形，长芒，护颖白色，籽粒红色、椭圆形，角质。穗长 6.8~8.5 cm，小穗数 14.7 个，穗粒数 28.5 粒，千粒重 35.5 g。容重 773.2 g/L，含粗蛋白 14.83%，赖氨酸 0.36%，淀粉 65.96%。成熟落黄好。较抗倒伏。口紧不易落粒。抗旱、抗寒、抗青干。感白粉病。抗条锈性接种鉴定，对条中 27 号小种感病，条中 22 号小种成株期感病，对条中 25 号、条中 26 号、条中 28 号、条中 29 号及洛 10-Ⅱ 小种苗期和成株期均为免疫。

产量及适宜种植区域：1988—1990 年参加庆阳地区联合区域试验，平均亩产量 278.1 kg，较对照增产 4.8%。适宜于陇东泾河上游山、川、塬地的冬麦区种植，陕西渭北山、塬地及宁夏固原东南部的冬麦区也可种植。

栽培技术要点：播期以 9 月 10—15 日为宜，亩播种量 12~13 kg。对长势过旺、分蘖过多的田块，应在冬前 10 月下旬及时碾压一次，控制旺长，确保安全越冬和翌年稳健生长。

95. 清农 4 号

品种来源：天水农业学校 1976 年以山前麦作母本，以对条锈免疫、早熟的材料 6828-6-0-1-1 作父本杂交选育而成。1994 年通过甘肃省审定。

特征特性：冬性，生育期 282 d。幼苗半匍匐，株高 90~102 cm。穗长方形，长芒，护颖白色，籽粒红色，半角质。穗长 6.9 cm，小穗数 15.1 个，穗粒数 33.3 粒，千粒重 42.1 g。含粗蛋白 14.56%，赖氨酸 0.34%。成熟落黄好。抗旱、抗寒。高抗条锈病，苗期对条中 27 号、条中 29 号、洛 13-Ⅱ、洛 13-Ⅶ 小种和混合菌表现免疫，对条中 26 号小种中感，对条中 28 号小种近免疫，成株期则对所有小种表现免疫。感叶锈病，轻感白粉病，抗雪霉病。

产量及适宜种植区域：1990—1991 年参加平凉地区川区组区域试验，平均亩产量 414.0 kg，较对照长武 7125 增产 21.5%。适宜种植在平凉地区的川水地及东部塬区肥力中上等以上的土地，庆阳地区的南部塬区，天水市及陇南地区的二阴半山区和高山区，定西地区的陇西等地川水地也可种植。1991—1994 年累计推广面积 89 万亩。

栽培技术要点：平凉地区塬区可在 9 月 20 日左右适期播种，庆阳地区塬区以在 9 月中旬播种为宜。亩播种量 12~15 kg。

96. 兰天 3 号

品种来源：甘肃农业职业技术学院和天水农业学校协作，1983 年以兰天 1 号作母本，天农 1 号作父本杂交选育而成。原系号 83-41-28。1994 年通过甘肃省审定。

特征特性：弱冬性，生育期 242 d。幼苗直立，芽鞘绿色，叶片浅绿色，株型中等，株高 90~100 cm。穗长方形，顶芒，护颖白色，籽粒红色、卵圆形，半角质。穗长 7 cm，小穗数 15 个，穗粒数 33.7~44.3 粒，千粒重 44.0~44.9 g。容重 768.0 g/L，含粗蛋白 12.71%，赖氨酸 0.46%，淀粉 67.32%。成熟落黄好。抗寒，抗倒伏。高抗条锈病。抗白粉病、雪霉病。

产量及适宜种植范围：1991—1993 年参加陇南片区域试验，平均亩产量 405.1 kg，较对照里勃留拉 12.0%。适宜于天水市海拔 1 300 m 以下的川水地区、陇南地区的川地和浅山腰地种植。

栽培技术要点：播种量以亩播种 35 万~40 万粒为宜。海拔较高地区要掌握好播期，不宜过早播种，以免发生冬旺死苗。

97. 兰天 4 号

品种来源：甘肃农业职业技术学院和天水农业学校协作，1983 年以庆丰 1 号作母本，高抗条锈病材料 76-89-13 作父本杂交选育而成。原系号 83-49-101。1994 年通过甘肃省审定。

特征特性：冬性，生育期 257~293 d。幼苗匍匐，芽鞘绿色，叶片绿色，株型中等，株高 94.9 cm。穗长方形，长芒，护颖白色，籽粒白色、卵圆形，角质。穗长 6.5~7 cm，小穗数 15 个，穗粒数 30.6 粒，千粒重 40.5 g。容重 789.5 g/L，含粗蛋白 14.46%，淀粉 63.9%，赖氨酸 0.42%，灰分 1.65%。成熟落黄好。抗寒、抗旱，抗倒伏。高抗条锈病。

产量及适宜种植范围：1991—1993 年参加陇东片联合区域试验，平均亩产量

330.3 kg，较对照庆丰 1 号增产 3.1%。1991 年平凉地区生产示范平均亩产量 299.5 kg，较对照增产 31.4%。适宜于平凉地区以及庆阳地区中、南部塬区种植，也可在中等肥力的川区种植。1992—1994 年累计推广 66.04 万亩。

栽培技术要点：塬区种植以亩种播 10~12 kg 为宜。平凉地区东部塬区可适期早播。

98. 庄浪 8 号

品种来源：庄浪县农业技术推广中心 1978 年用［墨依／（庄浪 1 号+庄浪 4 号）］F_4 作母本，济南 12 号作父本杂交选育而成。原系号 789-1-7-2，曾用名鉴 14。1994 年通过审定。

特征特性：强冬性，生育期 279 d。幼苗半匍匐，芽鞘浅绿色，叶片绿色，株型紧凑，株高 88 cm。穗长方形，长芒，护颖白色，籽粒红色、卵圆形，角质。穗粒数 40 粒，千粒重 40~53 g。容重 780 g/L，含粗蛋白 13.81%，淀粉 64.2%，赖氨酸 0.42%，灰分 1.92%。成熟落黄好。抗寒、抗旱，抗倒伏。抗条锈病、白粉病。抗条锈性接种鉴定，苗期对条中 28 号、条中 29 号、洛 10-Ⅱ 小种表现免疫，成株对条中 26 号、条中 29 号、洛 10-Ⅱ 小种表现免疫，对其他小种表现中抗。

产量及适宜种植区域：1988—1993 年共 6 年 62 点次区域试验中，平均亩产量 332.7 kg，较对照增产 13.8%。1989—1991 年参加平凉地区山塬组区域试验，平均亩产量 324.5 kg，较对照清山 821 增产 12.8%。1991—1993 年参加陇东地区区域试验，平均亩产量 282.1 kg，较对照庆丰 1 号增产 12.6%。适宜于陇东塬区、旱川地和山台地种植。

栽培技术要点：适期早播，陇东六盘山以东宜 9 月中旬播种，六盘山以西冷凉地区宜 9 月上旬播种，温暖河谷区宜 9 月下旬播种。亩播种量以 25 万~30 万粒为宜。

99. 西峰 20

品种来源：原庆阳地区农科所 1982 年以西峰 18 作母本，CA8055 作父本杂交选育而成。原系号 8271-56-2。1994 年通过甘肃省审定、1994 年通过国家审定（GS02003-1994）；1998 年通过宁夏审定，定名为宁冬 2 号。

特征特性：强冬性，生育期 278~293 d。幼苗匍匐，芽鞘浅绿色，叶片浅绿色，株型紧凑，株高 70~100 cm。穗长方形，长芒，护颖白色，籽粒浅红色、卵圆形，角质。穗长 6.5~7.3 cm，小穗数 12~15 个，穗粒数 30.0~42.7 个，千粒重 30~38 g。容重 814.2 g/L，含粗蛋白 15.47%，赖氨酸 0.47%，淀粉 61.1%，粗脂肪 2.23%。抗倒伏。抗寒、抗旱性 2 级。中抗白粉病。抗红、黄矮病。抗条锈性接种鉴定，苗期对条中 2 号、条中 26 号、条中 27 号、洛 10-Ⅰ 小种表现免疫，对条中 25 号、条中 28 号、条中 29 号小种表现感病；成株期对条中 2 号小种免疫，对其余小种感病，但较耐条锈，成株期表现严重度轻，属耐条锈病品种。

产量及适宜种植区域：1989—1990 年参加甘肃省区域试验，平均亩产量 302.6 kg，较对照西峰 16 增产 6.9%。1991—1992 年全国大区区域试验平均亩产量 226.4 kg，较对照增产 15.5%。适宜于陇东旱塬肥地和中北部川台地及山西汾阳、长治、临汾，陕西延安、洛川等同类地区种植。

栽培技术要点：亩播种量以 25 万~30 万粒为宜。适宜播期为 9 月上中旬。

100. 西峰 22

品种来源：原庆阳地区农科所以 40736-1 作母本，庆丰 1 号作父本杂交选育而成。原系号 81202。1995 年通过审定。

特征特性：强冬性，生育期 246 d。幼苗匍匐，叶片绿色，株型紧凑，株高 105 cm。穗长方形，长芒，护颖白色，籽粒红色、卵圆形，角质。穗长 6.9 cm，小穗数 13~15 个，穗粒数 28~41 粒，千粒重 33~45g。容重 765~810 g/L，含粗蛋白 11.08%，赖氨酸 0.48%，淀粉 58.03%，湿面筋 25.2%，干面筋 9.2%。成熟落黄好。抗寒指数 0.988，属 2 级抗寒品种，抗旱性 3 级。

产量及适宜种植区域：1991—1993 年参加庆阳地区区域试验，平均亩产 208.2 kg，较对照庆丰 1 号增产 12.4%。生产示范平均亩产 176.7 kg，较对照增产 25.5%。适宜于陇东北部丘陵沟壑区和中部残塬沟壑区种植。

栽培技术要点：适宜播种期为 9 月上中旬，亩播种量以 25 万~30 万粒为宜。

101. 兰天 6 号

品种来源：甘肃农业职业技术学院以庆丰 1 号作母本，兰天 1 号作父本杂交选育而成。原系号 84-102-10-1。1995 年通过甘肃省审定。

特征特性：冬性，生育期在天水市为 257~259 d，平凉地区为 281 d。幼苗半匍匐，株型紧凑，株高 70~85 cm。穗长方形，顶芒，护颖白色，籽粒红色，半角质。穗长 6.2~7.3 cm，穗粒数 32.3~41.03 粒，千粒重 33.3~41.5 g。含粗蛋白 13.1%，赖氨酸 0.44%。成熟落黄好。抗寒性强。抗条锈病、白粉病和雪霉病。抗条锈性接种鉴定，苗期对条中 26 号、条中 28 号、条中 29 号小种免疫，对条中 27 号小种和混合菌近免疫；成株期对上述小种均免疫。

产量及适宜种植区域：1992—1994 年同时参加天水市及平凉地区川区组区域试验，天水市区域试验平均亩产量 425.3 kg，较对照清农 1 号增产 7.8%；平凉地区区域试验平均亩产量 279.4 kg，较对照兰天 1 号增产 7.0%。适宜于天水、平凉、庆阳地区及陇南地区的西和、礼县川水地种植。1993—1995 年累计推广 33.8 万亩。

栽培技术要点：陇东地区适宜的播种期为 9 月中下旬，天水市 10 月上旬播种。

102. 中梁 18

品种来源：天水市农业科学研究所中梁试验站 1980 年在（抗引 655/茸毛偃麦草）

F_2 群体中选择有结实能力的中间偏小麦型抗病单株，与荆矮 21 进行第 1 次回交，获得 B_1F_1，即 AT802F_1。但此材料熟性偏晚，故 1981 年以早熟抗病的 76172-22-9-18、19、20、21、22 等 5 个高代品系进行第 2 次回交，获得 AT8118-8122 一个组合系，经 1983—1987 年连续自交选优而成。原系号 AT8118-8122-17-5-4-1。1995 年通过甘肃省审定。

特征特性：冬性，生育期 272 d。幼苗匍匐，芽鞘绿色，叶片绿色，株型紧凑，株高 100 cm。穗纺锤形，长芒，护颖白色，籽粒红色、椭圆形，角质。穗长 7.8 cm，小穗数 13.4 个，穗粒数 35.0 粒，千粒重 42.0 g。容量 764.0 g/L，含粗蛋白 14.34%，赖氨酸 0.40%，淀粉 64.03%，灰分 1.52%。成熟落黄好。抗冻性强。抗青干。抗白粉病。条锈病不同小种表现免疫或高抗，成株期经甘肃省农业科学院植物保护研究所 1989 年、1992 年、1995 年 3 年接种鉴定，对条中 22 号、条中 25 号、条中 26 号、条中 28 号、条中 29 号、条中 30 号、条中 31 号小种及洛 10-Ⅱ、洛 13-ⅤⅢ小种免疫，与大田基本一致。

产量及适宜种植范围：1991—1993 年参加天水市半山组区域试验，平均亩产量 275.1 kg，较对照咸农 4 号增产 14.5%。适宜于西汉水流域海拔 1 500~2 100 m 的山旱地及无灌溉条件的河谷川坝地，渭水流域海拔 1 400~2 100 m 的一般山区和高寒二阴山区种植。

栽培技术要点：以亩播种 12.5~15.0 kg，亩保苗 20 万~25 万株为宜。后期注意防蚜。

103. 中梁 20

品种来源：天水市农业科学研究所中梁试验站 1985 年以中梁 14 作母本，成良 5 号作父本杂交选育而成。原系谱号 85129-12-6。1995 年通过甘肃省审定。

特征特性：冬性，生育期 274 d。幼苗匍匐，芽鞘绿色，叶片浅绿色，株型紧凑，株高 100 cm。穗纺锤形，顶芒，护颖白色，籽粒红色、卵圆形，角质。穗长 7.0 cm，穗粒数 31.4 粒，千粒重 37.1 g。容重 787 g/L，含粗蛋白 14.33%，赖氨酸 0.50%，淀粉 64.07%，灰分 1.62%。成熟落黄好。抗白粉病和黄矮病。高抗条锈病，天水市农业科学研究所 1990—1993 年 3 年试验，对条锈病免疫。1991—1993 年 3 年省区域试验对条锈病免疫或高抗；甘肃省农业科学院植物保护研究所 1990 年、1993 年和 1995 年分别接种鉴定，成株期对条中 26 号、条中 27 号、条中 28 号、条中 29 号、条中 30 号、条中 31 号小种和洛 13-Ⅱ、洛 13-Ⅷ小种及混合菌免疫。

产量及适宜种植范围：1991—1993 年参加陇南山地组区域试验，平均亩产量 272.8 kg，较咸农 4 号增产 16.1%。适宜于陇南天水等地海拔 1 400~2 100 m 的浅山丘陵区和二阴山区种植。

栽培技术要点：该品种偏晚熟，应适期早播。抽穗期注意及时防治蚜虫。

104. 天选 41

品种来源：天水市农业科学研究所甘谷试验站以六倍体小黑麦匈 57 与 T. J. B259/83 远缘杂交组合的 F_2 作母本，天选 33 作父本连续回交 2 次，其后代 B_2 再用球茎大麦花粉诱导而成的孤雌生殖纯合系。1995 年通过甘肃省审定。

特征特性：冬性，生育期 270~280 d。幼苗匍匐，叶片深绿色，株型紧凑，株高 90~105 cm。穗纺锤形，长芒，护颖白色，籽粒红色、椭圆形，千粒重 40.0 g。容重 800.0 g/L，含粗蛋白 12.74%，赖氨酸 0.4%。抗旱、抗冻性强。抗条锈性，对强毒性生理小种条中 30 号、31 号表现中-高抗，对其他小种和混合菌表现免疫。对叶锈病、秆锈病、白粉病、叶枯病均表现中抗以上水平。

产量及适宜种植范围：1990—1991 年参加天水市半山组区域试验，平均亩产量 275.6 kg，较对照咸农 4 号增产 16.2%；1990—1992 年参加天水市高山组区域试验，平均亩产量 297.4 kg，较对照增产 26.5%。适宜于天水市、陇南地区的二阴半山及一般川区推广种植。

栽培技术要点：适期早播，亩播种量以 15~18 kg 为宜。

105. 兰天 7 号

品种来源：甘肃农业职业技术学院以庆丰 1 号作母本，清农 3 号作父本杂交选育而成。原系号 83-84-1。1997 年通过甘肃省审定。

特征特性：冬性，生育期 282~287 d。幼苗半匍匐，芽鞘浅绿色，叶片深绿色，株型中等，株高 87~102 cm。穗纺锤形，长芒，护颖白色，籽粒红色、卵圆形。穗长 5.0~6.2 cm，小穗数 16~18 个，穗粒数 34~46 粒，千粒重 36~44 g。含粗蛋白 12.75%，赖氨酸 0.49%，淀粉 65.03%。抗旱、耐瘠薄。轻感条锈病。

产量及适宜种植范围：1991—1993 年参加庆阳地区区域试验，平均亩产量 206.3 kg，较对照庆丰 1 号增产 10.1%。生产试验亩产量 157.3~371.5 kg。适宜于庆阳北部山、塬地种植。

栽培技术要点：由于籽粒较大，成穗率偏低，宜适当增加播种量。

106. 武都 13

品种来源：陇南市农业科学研究所以武都 6 号作母本，乐麦 4 号作父本杂交选育而成。原系号 7942。1997 年通过甘肃省审定。

特征特性：偏春性，生育期 205 d。幼苗半匍匐，叶片深绿色，株型紧凑，株高 85 cm。穗纺锤形，顶芒，籽粒白色、卵圆形。穗长 7.5 cm，小穗数 16~18 个，穗粒数 38~40 粒，千粒重 42~56 g。含粗蛋白 14.12%，赖氨酸 0.42%，淀粉 61.7%。耐寒性较弱，不耐瘠薄。抗条锈病和白粉病。

产量及适宜种植区域：1989—1990 年参加陇南片区域试验，平均亩产量 380.4 kg，较对照里勃留拉增产 8.9%。适宜于天水、陇南气候温暖的川坝水浇地种植。

栽培技术要点：以亩播种 15~17 kg，亩保苗 20 万~25 万株为宜。

107. 西峰 23

品种来源：原庆阳地区农科所以丰抗 7 号作母本，80117 作父本杂交选育而成。原系号 8627-26-1。1998 年通过甘肃省审定。

特征特性：冬性，生育期 264~286 d。幼苗匍匐，叶片蓝绿色，株型紧凑，株高 70~100 cm。穗纺锤形，长芒，护颖白色，籽粒红色、卵圆形。穗长 5.2~6.5 cm，小穗数 10~12 个，穗粒数 13.5~31.0 粒，千粒重 22.0~42.3 g。含粗蛋白 14.75%，赖氨酸 0.55%，淀粉 65.19%。较抗倒伏。抗寒、抗旱性强。抗条锈性接种鉴定，苗期感混合菌，成株期对条中 25 号、条中 26 号、条中 28 号、条中 29 号及洛 13-Ⅷ 小种表现免疫至高抗，对条中 31 号和洛 13-Ⅶ 小种表现感病。

产量及适宜种植区域：1993—1995 年参加陇东片区域试验，平均亩产量 181.9 kg，较对照陇鉴 196 增产 2.4%。适宜于庆阳、镇原、正宁、泾川和灵台等地旱地种植。

栽培技术要点：9 月上旬至中旬播种，亩播种量 12 kg。

108. 庄浪 9 号

品种来源：庄浪县农业技术推广中心 1974 年以墨依作母本，庄浪 1 号、庄浪 4 号作父本混合授粉，经 4 年混合选择，于 1978 年选其 F$_4$ 单株中抗旱、抗冻性强、株高 100 cm 以下的单株作母本，以济南 12 作父本杂交选育而成。原系号 789-1-7-1。1998 年通过甘肃省审定。

特征特性：强冬性，生育期 285~293 d。幼苗半匍匐，叶片浓绿色，株型紧凑，株高 70~85 cm。穗长方形，长芒，护颖白色，籽粒红色、卵圆形，半角质。穗长 5.0~6.9 cm，小穗数 10.3~14.7 个，穗粒数 30~40 粒，千粒重 40.4~54.5 g。含粗蛋白 13.73%，淀粉 65.97%，赖氨酸 0.54%，灰分 1.79%，水分 10.69%。成熟落黄好。抗倒伏。抗寒、抗旱性强。抗条锈性接种鉴定，苗期对混合菌免疫，成株期对条中 25 号、条中 26 号、条中 29 号、洛 10-Ⅱ、洛 13-Ⅱ、洛 13-Ⅷ 小种感病，但耐条锈性较好。

产量及适宜种植区域：1993—1994 年参加陇中片旱地组区域试验，平均亩产量 252.9 kg，较对照兰天 1 号增产 22.6%。1997 年生产试验平均亩产量 343.4 kg，较对照兰天 1 号增产 11.6%。适宜于陇东地区中等肥力以上的川水地、川旱地种植。

栽培技术要点：适宜亩播种量 30 万~35 万粒。陇东地区宜 9 月上旬播种，六盘山以西地区宜 9 月初播种，温暖河谷区宜 9 月下旬播种。

109. 庆农 4 号

品种来源：陇东学院 1987 年以 8302（4）-2 作母本，廊 8404 作父本杂交选育而成。原系号 8712-24-2。1998 年通过甘肃省审定。

特征特性：强冬性，生育期 285 d。幼苗匍匐，叶片深绿色，株型紧凑，株高 90 cm。穗形纺锤，长芒，护颖白色，籽粒红色，角质。穗长 8 cm，千粒重 35 g。容重 764.8 g/L，含粗蛋白 13.89% ~ 14.54%，赖氨酸 0.47% ~ 0.55%，淀粉 63.95% ~ 65.89%，灰分 1.85%。抗旱、抗旱、抗倒伏。抗条锈病、红矮病和黄矮病。抗穗发芽。

产量及适宜种植区域：1995—1996 年参加陇东片区域试验，平均亩产量 180.9 kg，较对照品种陇鉴 196 增产 17.3%。适宜于庆阳地区环县、庆阳、华池、宁县、镇原和平凉地区泾川、平凉、静宁等地旱塬区、川台地及同类地区种植。

栽培技术要点：多施磷肥，追施硝氨等氮肥。

110. 中梁 21

品种来源：天水市农业科学研究所中梁试验站以中梁 14 作母本，中梁 8412 作父本杂交选育而成。原系号 85130-33-3-8。1998 年通过甘肃省审定。

特征特性：冬性，生育期 280 d。幼苗匍匐，芽鞘绿色，叶片深绿色，株型紧凑，株高 82.0 cm。穗纺锤形，顶芒，护颖白色，籽粒红色、卵圆形，粉质。穗长 6.7 cm，小穗数 14.3 个，穗粒数 34.4 粒，千粒重 37.8 g。容重 788.0 g/L，含粗蛋白 13.95%，赖氨酸 0.50%，淀粉 67.78%。抗旱、耐寒性强。抗条锈性接种鉴定，苗期中抗混合菌，成株期条中 25 号、条中 28 号、条中 29 号、条中 30 号、条中 31 号、洛 13-Ⅷ小种及混合菌均表现免疫。

产量及适宜种植范围：1994—1996 年参加天水市高山组区域试验，平均亩产量 299.3 kg，较对照天选 41 号增产 15.2%。适宜于天水地区海拔 1 400 ~ 1 800 m 的高山、半山和高寒山区种植，亦可在干旱川台区及陇南、定西、平凉等周边地区种植。

栽培技术要点：以亩播种量 15 kg，亩基本苗达 30 万株为宜。地膜栽培播期应较露地种植推迟 7 d 左右。

111. 兰天 8 号

品种来源：甘肃农业职业技术学院以 76-89-12 作母本，咸农 4 号作父本杂交选育而成。原系号 83-53-52-2-3。1998 年通过甘肃省审定。

特征特性：冬性，生育期 271 ~ 273 d。幼苗半匍匐，芽鞘绿色，叶片深绿色，株高 98.0 ~ 111.1 cm。穗长方形，顶芒，护颖白色，籽粒白色、卵圆形。穗长 6.9 cm，小穗数 15 ~ 17 个，穗粒数 33.5 ~ 38.9 粒，千粒重 40.9 ~ 51.0 g。含粗蛋白 14.23%，赖氨酸 0.44%，淀粉 65.32%。较抗倒伏。抗寒、耐旱性强。抗条锈性接种鉴定，对条中 26

号、条中 27 号、条中 28 号、条中 29 号、洛 13-Ⅶ、洛 13-Ⅷ小种及混合菌均表现免疫
至近免疫。

产量及适宜种植范围：1991—1993 年参加陇南片山区组区域试验，平均亩产量
275.3 kg，较对照咸农 4 号增产 14.6%。适宜于陇南及天水半山地区种植。

栽培技术要点：9 月中下旬播种，亩播种量 15.0~17.5 kg。

112. 兰天 9 号

品种来源：甘肃农业职业技术学院 1985 年以西峰 16 作母本，76-89-13 作父本杂
交选育而成。原系号 C-53-1。1998 年通过甘肃省审定。

特征特性：冬性，生育期 264~295 d。幼苗匍匐，芽鞘绿色，叶片深绿色，株型紧
凑，株高 80~90 cm。穗圆锥形，长芒，护颖白色，籽粒红色、卵圆形。穗长 7.2 cm，
小穗数 17.4 个，穗粒数 14.7~47.4 粒，千粒重 20.8~37.0 g。容重 779.8 g/L，含粗蛋
白 13.52%，赖氨酸 0.48%，淀粉 63.49%。较抗倒伏。抗寒、抗旱性强。抗条锈性接
种鉴定，苗期感混合菌，成株期抗条中 25 号、条中 28 号、条中 29 号、条中 30 号、洛
13-Ⅷ小种及混合菌，感条中 31 号小种。

产量及适宜种植范围：1994—1996 年参加陇东片区域试验，3 年均为旱年，3 年平
均亩产量 186.4 kg，较对照陇鉴 196 增产 5.1%。适宜于陇东山塬区种植。

栽培技术要点：9 月中下旬播种。由于籽粒较小，成穗率高，播种量不宜过大，陇
东以亩保苗 25 万~30 万株为宜。

113. 陇鉴 127

品种来源：甘肃省农业科学院旱地农业研究所 1984 年以（7402/显 419）F₁ 作母
本，7415 作父本杂交选育而成。原系号 8471-12-3。1998 年通过甘肃省审定。

特征特性：冬性，生育期 272.8 d。幼苗匍匐，叶片深绿色，株型中等，株高
42.7~98.2 cm。穗纺锤形，长芒，护颖白色，籽粒红色、椭圆形，角质。穗长 4.9~
7.3 cm，小穗数 12~17 个，穗粒数 27.2 粒，千粒重 30.2 g。容重 770.4 g/L，含粗蛋白
15.41%，赖氨酸 0.39%，淀粉 63.67%。成熟落黄好。较抗倒伏。抗旱、耐寒。抗条锈
病。抗条锈性接种鉴定，成株期对条中 25 号、条中 28 号、条中 29 号、条中 30 号、条
中 31 号小种及洛 13-Ⅷ致病类型均表现免疫。

产量及适宜种植区域：1994—1996 年参加陇东片区域试验，平均亩产量 183.4 kg，
较对照陇鉴 196 增产 3.4%。适宜于陇东冬麦区的宁县、正宁县、镇原县、合水县、泾
川县、灵台县、平凉市及六盘山以西的静宁县及类似地区种植。

栽培技术要点：注意防治麦蚜、叶蝉、红蜘蛛及白粉病等。

114. 环冬 1 号

品种来源：环县农业技术推广中心 1988 年以西峰 19 作母本，延安 19 作父本杂交选育而成。原系号 88079-1-1。1999 年通过甘肃省审定。

特征特性：强冬性，生育期 278~321 d。幼苗匍匐，叶片深绿色，株型中等，株高 90~106 cm。穗棍棒形，长芒，护颖白色，籽粒红色、卵形、角质。穗长 7 cm，小穗数 12~16 个，穗粒数 30 粒，千粒重 36.5 g。容重 803 g/L，含粗蛋白 13.61%，赖氨酸 0.47%，淀粉 66.39%。抗倒伏。抗寒、抗旱性强。抗干热风。耐红、黄矮病。较抗白粉病。抗条锈性接种鉴定，苗期、成株期均对混合菌免疫，成株期对条中 29 号、条中 30 号和 HY-Ⅳ 小种表现抗病，对条中 31 号、HY-Ⅲ 和 HY-Ⅶ 小种表现感病。

产量及适宜种植区域：1997—1998 年参加庆阳地区区域试验，平均亩产量 257.9 kg，较对照西峰 19 号减产 7.8%，但在环县显著增产。适宜于环县地区种植。

栽培技术要点：环县中南部 9 月中下旬、北部 8 月下旬至 9 月上旬播种。亩播种量山地以 8 kg、塬地 9~10 kg、川地 11~12 kg 为宜。

115. 临农 2710

品种来源：甘肃农业大学应用技术学院以自育品系 6115 作母本，153 作父本杂交选育而成。原系号 D2710。1999 年通过甘肃省审定。

特征特性：冬性，生育期 268~290 d。幼苗半匍匐，叶片绿色，株型中等，株高 95~110 cm。穗长方形，顶芒，护颖白色，籽粒红色、卵形。穗长 8~11 cm，小穗数 16~21 个，穗粒数 35~65 粒，千粒重 45.5 g。容重 761 g/L，含粗蛋白 14.14%，赖氨酸 0.49%，淀粉 66.06%。成熟落黄好。抗倒伏。高抗条锈病，轻感叶锈病。

产量及适宜种植范围：1995—1997 年参加定西地区区域试验，平均亩产量 449.4 kg，较对照临农 157 增产 12.5%。适宜于临洮、陇西、漳县等地的川水地种植。

栽培技术要点：9 月下旬至 10 月上旬播种。以亩播种量 18.2 kg，亩基本苗 30 万株为宜。

116. 陇鉴 19

品种来源：甘肃省农业科学院旱地农业研究所 1979 年以济南 2 号作母本，秦麦 4 号作父本杂交选育而成。原系号 7964-7-6-2-1。1999 年通过甘肃省审定。

特征特性：冬性，生育期 259~291 d。幼苗匍匐，叶片深绿色，株型中等，株高 70.0~122.8 cm。穗纺锤形，长芒，护颖白色，籽粒红色、圆形、角质。穗长 6.8 cm，小穗数 16.8 个，穗粒数 30 粒，千粒重 40.7 g。含粗蛋白 15.48%，赖氨酸 0.50%，淀粉 65.69%。成熟落黄好。抗寒、抗旱、耐瘠薄。抗白粉病、红矮病、黄矮病。轻感条锈病。

产量及适宜种植范围：1991—1993 年参加陇东片区域试验，平均亩产量 262.1 kg，较对照庆丰 1 号增产 6.2%。适宜于甘肃省中部海拔 1 700～2 100 m 的干旱、半干旱区的通渭、陇西、渭源等地的梯田、川旱地、坡地及不保灌地种植，并可在庆阳、平凉等市山旱地、塬边地及塬区中等肥力地块或回茬地示范种植。

栽培技术要点：陇东地区 9 月中旬播种，陇中地区 9 月下旬播种。亩播种量以保苗 25 万～30 万株为宜。

117. 平凉 39

品种来源：平凉市农业科学院以 72（11）-4 作母本，75108 作父本杂交选育而成。原系号 93 平 2。1999 年通过甘肃省审定。

特征特性：强冬性，生育期 280 d。幼苗半匍匐，叶片深绿色，株型中等，株高 81.6～110 cm。穗长方形，长芒，护颖白色，籽粒白色、椭圆形，角质。穗长 6.8～8.3 cm，小穗数 14～18 个，穗粒数 31.5～42.0 粒，千粒重 40.9～43.0 g。容重 783 g/L，含粗蛋白 16.93%，赖氨酸 0.48%，淀粉 63.38%。抗寒、抗旱。抗条锈性接种鉴定，苗期对混合菌、成株期对条中 29 号、条中 30 号、条中 31 号、HY-3、HY-4、HY-7 小种及混合菌均表现免疫。

产量及适宜种植范围：1994—1997 年参加平凉地区区域试验，平均亩产量 211.3 kg，较对照兰天 4 号增产 7.8%。适宜于陇东大部分山塬旱地、高寒阴湿山区以及宁夏固原等同类地区种植。

栽培技术要点：山塬旱地雨水正常年份播期为 9 月中下旬，高寒阴湿山区 9 月初至中旬为宜。山塬旱地亩播种量 25～30 万粒为宜，高寒阴湿山区亩播种量 30 万～35 万粒为宜。

118. 兰天 10 号

品种来源：甘肃农业职业技术学院以西峰 16 作母本，7689-13 作父本杂交选育而成。原系号陇原 935。1999 年通过甘肃省审定。

特征特性：冬性，生育期 264～281 d。幼苗半葡匐，叶片绿色，株型中等，株高 60～95 cm。穗长方形，长芒，护颖白色，籽粒白色，卵圆形。穗长 5.9 cm，小穗数 14.4 个，穗粒数 31.1 粒，千粒重 36.6 g。含粗蛋白 15.24%，赖氨酸 0.55%，淀粉 61.09%。抗倒伏。抗寒、耐旱。抗条锈性接种鉴定，苗期对混合菌免疫，成株期对条中 28 号、条中 29 号、条中 30 号、条中 31 号小种免疫，对 HY-Ⅷ小种及混合菌表现感病。

产量及适宜种植范围：1997—1998 年参加陇东片区域试验，平均亩产量 251.4 kg，较对照陇鉴 196 增产 7.5%。适宜于平凉山、塬区及庆阳中、南部塬区种植。

栽培技术要点：该品种植株较矮，丰产性好，应施足底肥，以发挥其增产潜力，亩播种量 12～15 kg。

119. 中墨 1 号

品种来源：甘肃农业职业技术学院从西北农林科技大学外引 CIMMYT（国际玉米小麦改良中心）小麦的 F_1 代材料中经系统选育而成。原系号 CMS494-2。2000 年通过甘肃省审定。

特征特性：春性，生育期在陇南川区秋播为 212~215 d。幼苗直立，叶片浅绿色，株型中等，株高 85~90 cm。穗长方形，长芒，护颖白色，籽粒白色，卵圆形。穗长 8.0~8.4 cm，小穗数 21 个，穗粒数 36~38 粒，千粒重 38~40 g。含粗蛋白 19.83%，赖氨酸 0.57%，淀粉 60.22%。抗倒伏。抗寒、抗旱。高抗条锈病和白粉病。

产量及适宜种植范围：1998—1999 年参加陇南地区川区组区域试验，平均亩产量 311.2 kg，较对照绵阳 19 号增产 10.4%。适宜于甘肃省陇南地区秦岭以南川区及浅山区种植。

栽培技术要点：秋播不宜太早，以免冬旺死苗。亩播种量 14~15 kg，保苗 30 万~40 万株。成熟时及时收获，以防穗发芽。

120. 兰引 1 号

品种来源：甘肃农业职业技术学院和天水农业学校协作，1995 年从意大利引进的冬小麦品种，原名：帕斯卡（PASCAL）。2000 年通过甘肃省审定。

特征特性：冬性，生育期 251~288 d。幼苗半匍匐，叶片绿色，株型紧凑，株高 63.8~79.8 cm。穗圆锥形，顶芒，护颖白色，籽粒红色。穗长 5.9~6.8 cm，小穗数 12.6~14.1 个，穗粒数 31.7~32.2 粒，千粒重 34.1~37.0 g。含粗蛋白 19.06%，赖氨酸 0.57%，淀粉 60.48%。抗倒伏性强。抗寒、较抗旱，耐瘠性不强。高抗条锈病和白粉病。

产量及适宜种植范围：1996—1997 年参加陇南川区区域试验，平均亩产量 249.1 kg，较对照绵阳 19 号增产 8.8%。1997—1998 年参加天水市川区组区域试验，平均亩产量 470.2 kg，较对照清农 1 号增产 9.5%。1998—2001 年参加天水市高山组区域试验，平均亩产量 226.3 kg，较对照天选 41 号增产 20.9%。适宜于陇南地区不进行复种的高海拔川区及土壤肥力条件较好的高山区种植。

栽培技术要点：播量不宜过大，以亩播种量 12~14 kg，保苗 30 万~35 万株为宜。

121. 兰引 2 号

品种来源：甘肃农业职业技术学院和天水农业学校协作，1995 年从意大利引进的冬小麦品种，原名：尤里卡（EUREKA）。2000 年通过甘肃省审定。

特征特性：冬性，生育期 254~285 d。幼苗半匍匐，叶片绿色，株型中等，株高 70.5~89.2 cm。穗长方形，长芒，护颖白色，籽粒红色。穗长 5.5~6.8 cm，小穗数

11.4~14.6 个，穗粒数 30.1~31.7 粒，千粒重 38~44 g。含粗蛋白 17.71%，赖氨酸 0.52%，淀粉 63.35%。抗倒伏、抗寒性强，抗旱性偏弱。高抗条锈病和白粉病。

产量及适宜种植范围：1998—1999 年参加陇南川区组区域试验，平均亩产量 333.0 kg，较对照绵阳 19 号增产 14.0%。适宜于陇南地区白水江、白龙江及区内川坝地种植，也适宜于天水市肥力条件较好的高山区栽培。

栽培技术要点：亩播种量 13~15 kg，亩保苗 30 万~40 万株为宜。因晚熟，施肥上应注意氮、磷肥配合，因抗寒性强，播种期可适当提前。

122. 西峰 24

品种来源：原庆阳地区农科所 1991 年用丰产、优质品种长武 131 作母本，用抗逆、丰产、配合力高的长治 Z017 作父本杂交选育而成。原系号 9119-4。2000 年通过甘肃省审定。

特征特性：冬性，生育期 280 d。幼苗匍匐，叶片绿色，株型紧凑，株高 90 cm。穗纺锤形，长芒，护颖白色，籽粒红色、卵圆形，角质。穗长 6~9 cm，小穗数 15 个，穗粒数 19.5~36.7 粒，千粒重 28.9~55.2 g。容重 764.5 g/L，含粗蛋白 17.6%，赖氨酸 0.58%，淀粉 63.05%，湿面筋 41.5%，沉降值 34.3 mL。成熟落黄好。抗倒伏。抗旱、抗寒性强。高抗条锈病，耐黄矮病、白粉病。

产量及适宜种植区域：1998—1999 年参加陇东片区域试验，平均亩产量 224.3 kg，较对照陇鉴 196 增产 11.0%。适宜于陇东中南部旱塬肥地及川台地种植。

栽培技术要点：庆阳地区一般 9 月上旬播种，中南部及平凉地区 9 月中下旬播种。亩播种量以 12.0~12.7 kg 为宜。在生长中后期要注意防治白粉病。

123. 庆农 5 号

品种来源：陇东学院以庆农 3 号作母本，西峰 16 作父本杂交选育而成。原系号 8658-3-2-2。2000 年通过甘肃省审定。

特征特性：冬性，生育期 288 d。幼苗匍匐，叶片绿色，株型紧凑，株高 80 cm。穗纺锤形，长芒，护颖白色，籽粒红色、卵圆形。穗长 6.5 cm，小穗数 13 个，穗粒数 25~35 粒，千粒重 35 g。含粗蛋白 16.53%，赖氨酸 0.58%，淀粉 61.55%。抗旱、抗寒性强。较抗条锈病，抗红、黄矮病。

产量及适宜种植区域：1995—1996 年参加陇东片区域试验，平均亩产量 163.2 kg，较对照陇鉴 196 增产 5.7%。适宜于庆阳地区中南部及平凉地区种植。

栽培技术要点：9 月中下旬播种，亩播种量 10~12 kg。

124. 庆农 6 号

品种来源：陇东学院 1990 年以 ［8302（1）／长武 131］ F_1 作母本，（G408/长武

131）F₁作父本杂交选育而成。原系号90106（13）−3。2000年通过甘肃省审定。

特征特性：冬性，生育期280 d。幼苗匍匐，叶片绿色，株型紧凑，株高80~90 cm。穗纺锤形，长芒，护颖白色，籽粒红色、长圆形，角质。穗长6~8 cm，小穗数14个，穗粒数32粒，千粒重37 g。容重744.3 g/L，含粗蛋白15.32%，赖氨酸0.53%，淀粉64.85%。较抗倒伏。抗寒、抗旱、抗青干。高抗条锈病，抗红、黄矮病。

产量及适宜种植区域：1997—1999年参加陇东片区域试验，平均亩产量233.0 kg，较对照陇鉴196增产13.2%。适宜于陇东地区种植。

栽培技术要点：9月中下旬播种。播量以亩保苗25万~30万株为宜来确定。

125. 平凉40

品种来源：平凉市农业科学院1986年以德国白粒黑麦和缺37杂交、回交培育成的小黑麦4D（4R）异代换系82WR（96）−5−4作母本，鉴355作父本杂交选育而成。原系号94平2。2000年通过甘肃省审定。

特征特性：强冬性，生育期280 d。幼苗半匍匐，叶片深绿色，株型紧凑，株高80.7~100.0 cm。穗纺锤形，长芒，护颖白色，籽粒白色、长圆形，角质。穗长6.3~8.6 cm，小穗数15~17个，穗粒数39.3~46.8个，千粒重36.4~41.0 g。容重765~856 g/L，含粗蛋白17.76%，赖氨酸0.50%，淀粉59.07%，湿面筋30.00%。成熟落黄好。抗寒、抗旱性强。中抗白粉病和黄矮病。抗条锈性接种鉴定，对条中29号、条中30号、条中31号、Hy−3、Hy−4、Hy−7等小种和混合菌均表现免疫。

产量及适宜种植范围：1994—1997年度参加平凉地区山塬旱地区域试验，平均亩产量276.8 kg，较对照兰天4号增产2.6%。适宜于陇东大部分山塬旱地、高寒阴湿山区和西部干旱山区及类似地区种植。

栽培技术要点：山塬旱地9月中旬播种，高寒阴湿山区9月初至中旬播种为宜。山塬旱地亩播种量12.5 kg，高寒阴湿山区亩播种量15 kg。

126. 中梁22

品种来源：天水市农业科学研究所中梁试验站1988年以（中5/S394）F₁作母本，以当地抗旱耐瘠品种"咸农4号"作父本杂交选育而成。原系号88375−1−3−6。2000年通过甘肃省审定。

特征特性：冬性，生育期266 d。幼苗匍匐，叶片深绿色，株型紧凑，株高80~110 cm。穗纺锤形，无芒，护颖白色，籽粒红色、卵圆形，粉质。穗长8.6 cm，小穗数12个，穗粒数32粒，千粒重40 g。容重775 g/L，含粗蛋白13.73%，赖氨酸0.53%，淀粉65.9%。经甘肃省农业科学院植物保护研究所1996—1998年接种鉴定，苗期、成株期对主要条锈小种条中31号、Hy3、Hy4、Hy7表现免疫。1998年经甘肃省农业科学院植物保护研究所田间鉴定该品种中抗黄矮病。经中国农业科学院植物保护研究所鉴定，对条中28号、条中29号、条中30号、条中31号、Hy3、水−13等小种主要表现免疫至高抗，对白粉病中抗。

产量及适宜种植范围：1997—1998 年参加天水市区域试验，平均亩产量 236.6 kg，较对照咸农 4 号增产 10.7%。适宜于渭河上游及嘉陵江上游海拔 1 500~2 000 m 的干旱或半干旱山区、二阴地区及高寒地区，也适宜一熟旱川地及河滩地种植。

栽培技术要点：9 月下旬至 10 月上旬播种。亩播种量以保证 25 万~30 万基本苗为宜，薄地和晚播地应适当增加播量。

127. 兰天 11

品种来源：甘肃农业职业技术学院以（武威百茧麦/天 863）F$_1$ 作母本，与自育的 76-225 作父本杂交选育而成。原系号 81t-53。2000 年通过甘肃省审定。

特征特性：冬性，生育期 260~268 d。幼苗半匍匐，叶片绿色，株型中等，株高 92~105 cm。穗长方形，长芒，护颖白色，籽粒红色、卵圆形。穗长 6.7~9.0 cm，小穗数 13.3~18 个，穗粒数 29~31 粒，千粒重 37.9~45.3 g。含粗蛋白 13.43%，赖氨酸 0.51%，淀粉 53.53%。抗倒伏。抗寒、抗旱、耐瘠薄。属高度慢条锈病品种。

产量及适宜种植范围：1993—1995 年参加天水半山区区域试验，平均亩产量 260.5 kg，较对照咸农 4 号增产 10.9%。适宜于平凉半山区及陇南干旱山区种植。

栽培技术要点：亩播种量 13.5~15.0 kg。

128. 兰天 12

品种来源：甘肃农业职业技术学院以 76-89-4 作母本，咸农 4 号作父本杂交选育而成。原系号 85-261。2000 年通过甘肃省审定。

特征特性：冬性，生育期 261~268 d。幼苗半匍匐，叶片绿色，株型中等，株高 76~96 cm。穗圆锥形，长芒，护颖白色，籽粒红色、卵圆形。穗长 6.5~7.0 cm，小穗数 16.8 个，穗粒数 26.7~30.7 粒，千粒重 35.7~41.0 g。含粗蛋白 15.42%，赖氨酸 0.56%，淀粉 61%。具高度慢条锈性。

产量及适宜种植范围：1994—1996 年参加天水市区域试验，平均亩产量 210.7 kg，较对照咸农 4 号增产 0.8%。适宜于平凉半山区及陇南二阴山区种植。

栽培技术要点：亩播种量 13~15 kg。及时收获，以防穗发芽。

129. 西峰 25

品种来源：原庆阳地区农科所 1992 年用咸阳市农业科学研究院引进的丰产、抗锈型的冬小麦品系 82（348）作母本，用优质、抗旱、抗冻、稳产型的西峰 20 作父本杂交选育而成。原系号 J16。审定编号：甘审麦 2001001。

特征特性：冬性，生育期 280 d。幼苗匍匐，叶片浅绿色，株型紧凑，株高 90 cm。穗长方形，长芒，护颖白色，籽粒红色、卵圆形，角质。穗长 7.0 cm，小穗数 18 个，穗粒数 25.0~42.3 粒，千粒重 32.0 g。容重 730~764 g/L，含粗蛋白 15.24%，赖氨酸 0.44%，淀粉 65.4%。成熟落黄好。抗旱、抗寒、抗倒伏、耐瘠薄。抗红、黄矮病、抗白粉病。感条锈病，但耐锈性好。

产量及适宜种植区域：1998—2000 年参加庆阳地区区域试验，平均亩产 210.8 kg，与对照西峰 20 持平。生产示范平均亩产 266.3 kg，较对照增产 26.3%。适宜于庆阳地区中南部、平凉地区灵台、泾川等同类地区种植。

栽培技术要点：适期适量播种，庆阳地区中部 9 月中上旬、南部及平凉地区 9 月中下旬播种，播种量每亩 10~11 kg。生育后期注意防治条锈病。

130. 环冬 2 号

品种来源：环县农业局 1988 年从庆丰 1 号的变异单株中系统选育而成。原系号 88106。审定编号：甘审麦 2001002。

特征特性：强冬性，生育期 274~282 d。幼苗匍匐，叶色深绿色，株型紧凑，株高 90~115 cm。穗纺锤形，长芒，护颖白色，籽粒红色，半角质。小穗数 12~15 个，穗粒数 28~32 粒，千粒重 30~38 g。容重 756~782 g/L，含粗蛋白 13.09%，赖氨酸 0.48%，淀粉 63.65%。抗倒伏。抗旱、抗寒、抗干热风。抗红、黄矮病。对条锈病流行生理小种表现感病。

产量及适宜种植区域：1996—1999 年参加庆阳地区区域试验，平均亩产量 248.8 kg，较对照减产 3.5%。在适种区环县两年平均亩产量 238.7 kg，较对照西峰 20 号增产 107.7%，1995—2000 年示范 249.6 亩，平均亩产量 268.9 kg，较对照增产 21.3%。适宜于环县的山区塬地及同类地区种植。

栽培技术要点：播期以 9 月上中旬为宜。亩播种量 8~10 kg 为宜。生育期注意防治锈病。

131. 灵台 1 号

品种来源：灵台县独店职业中学 1989 年以（鹟舭 1 号/泰麦 6 号）F₁ 作母本，（鹟舭 1 号/德 B）F₁ 作父本杂交选育而成。原系号 89（1）-2-5-1-1。审定编号：甘审麦 2001003。

特征特性：冬性，生育期 274~289 d。幼苗半匍匐，叶色深绿色，株型紧凑，株高 76 cm。穗长方形，长芒，护颖白色，籽粒红色，角质。穗长 6.3~8.2 cm，小穗数 10.3~16.0 个，穗粒数 16.7~42.0 粒，千粒重 46.3 g。含粗蛋白 15.69%，赖氨酸 0.55%，淀粉 60.59%，湿面筋 36.80%。抗倒性强。抗旱、抗寒、抗青干、抗干热风。对条锈菌致病类型水 3、水 14 表现抗病，对条中 29 号、洛 13-Ⅲ、Hy3、条中 31 号小种及混合菌表现感病。

产量及适宜种植区域：1997—2000 年参加平凉地区山塬组区域试验，3 年平均较对照兰天 4 号增产 12.5%。一般亩产量 250~300 kg。适宜于灵台山塬地及同类地区种植。

栽培技术要点：9 月中下旬播种，亩播种量 15.0~17.5 kg。

132. 庄浪 10 号

品种来源：庄浪县农业技术推广中心 1981 年以庄浪 5 号作母本，78 平 3 作父本杂交选育而成。原系号 81（2）7-1-3-3。审定编号：甘审麦 2001004。

特征特性：强冬性，生育期 284 d。幼苗半匍匐，叶色深绿色，株型紧凑，株高 105~120 cm。穗纺缍形，顶芒，护颖白色，籽粒红色，半角质。穗长 7~10 cm，小穗数 11.6~16 个，穗粒数 30.4~37.7 粒，千粒重 42.1~51.0 g。含粗蛋白 13.71%，赖氨酸 0.48%，淀粉 65.83%，湿面筋 31.3%，沉降值 48.0 mL。成熟落黄好。耐寒、耐旱、较抗倒伏。抗条锈性表现中抗，田间表现出良好的抗条锈性、抗青秕。

产量及适宜种植区域：1991—1994 年参加平凉地区山塬组区域试验，平均亩产量 245.9 kg，较对照平凉 38 增产 12.7%。适宜于陇东旱塬、山台地及高寒阴湿地区种植。

栽培技术要点：播期为 9 月中下旬。亩播种量 16 kg 左右。施足底肥，早春及时追肥，后期应重视叶面追肥及防锈。

133. 庄浪 11

品种来源：庄浪县农业技术推广中心 1979 年以幅系 5 作母本，洛夫林 13 作父本杂交选育而成。原系号鉴 67（791-3-21-1）。审定编号：甘审麦 2001005。

特征特性：冬性，生育期 270~280 d。幼苗半匍匐，叶色深绿色，株型紧凑，株高 95~115 cm。穗纺缍形，顶芒，护颖白色，籽粒红色，半角质。穗长 6.5~7.5 cm，小穗数 14.4 个，穗粒数 25~33 粒，千粒重 37.0~41.4 g。含粗蛋白 13.70%，赖氨酸 0.47%，淀粉 66.13%，湿面筋 30.3%，沉降值 48.5 mL。抗寒、抗旱、抗干热风。条锈病发生严重年份反应型表现免疫。

产量及适宜种植区域：1994—1997 年参加平凉地区区域试验，平均亩产量 215.7 kg，较对照兰天 4 号增产 8.6%。1989—1999 年生产试验平均亩产量 284.2 kg，较对照清山 851 增产 16.7%。适宜于陇东旱塬、山台地及高寒阴湿地区种植。

栽培技术要点：播期为 9 月中下旬，亩播种量 16 kg 左右。施足底肥，早春及时追肥。

134. 成县 13

品种来源：成县种子公司 1985 年以（7449-317641/小偃 333-2//307/矮变 1 号）F_1 作母本，NARINO 作父本杂交选育而成。原系号成麦 312。审定编号：甘审麦 2001006。

特征特性：半冬性，生育期 229 d。幼苗半匍匐，叶片深绿色，株型紧凑，株高 85~100 cm。穗长方形，无芒，护颖白色，籽粒红色，半角质。穗长 9.5 cm，小穗数

17~19 个，穗粒数 36~50 粒，千粒重 42~45 g。容重 781 g/L，含粗蛋白 15.33%，赖氨酸 0.46%，淀粉 64.65%，湿面筋 28.2%。成熟落黄好。抗倒伏。耐穗发芽，较抗旱、耐寒。抗白粉病、抗叶枯病。对条锈病免疫。

产量及适宜种植区域：1997—1999 年参加陇南地区区域试验，平均亩产量 342.4 kg，较对照绵阳 19 增产 21.5%。适宜于陇南川道河谷区、浅山丘陵区中、上等肥力地种植。

栽培技术要点：川区亩基本苗 10 万~15 万株，亩播种量条播 5.0~6.5 kg、撒播 12.5~15.0 kg。浅山丘陵区亩基本苗 15 万~25 万株，亩播种量条播 6.5~8.0 kg、撒播 15~17 kg。返青后防红蜘蛛，抽穗后防蚜虫。

135. 中梁 23

品种来源：天水市农业科学研究所中梁试验站以中梁 15 与八倍体小黑麦"加非乃"远缘杂交 F_1 作母本，以普通小麦 87136F_1 作父本，通过复合有性杂交选育而成的 1B/1R 易位系。原系号 88469-2-5-2。审定编号：甘审麦 2003001。

特征特性：冬性，生育期 282 d。幼苗匍匐，叶片深绿色，株型紧凑，株高 90~100 cm。穗纺锤形，顶芒，护颖白色，籽粒红色、卵圆形，角质。穗长 7.5~8.5 cm，小穗数 15.0~19.0 个，穗粒数 32.4 粒，千粒重 40.6~48.0 g。容重 774~792 g/L，含粗蛋白 15.32%，赖氨酸 0.52%，淀粉 62.35%，湿面筋 35.89%。抗倒伏性强。抗寒、抗旱、耐瘠薄。抗条锈性接种鉴定，对主要小种类型以及新毒性小种和混合菌系都表现免疫。中抗白粉病。

产量及适宜种植区域：1998—1999 年参加天水市高山组区域试验，平均亩产量 230.3 kg，较对照天选 41 增产 2.3%。适宜于天水渭河上游海拔 1 500~2 000 m 的山旱、二阴及高寒区种植。

栽培技术要点：山旱地应在 9 月下旬至 10 月上旬适时早播。露地种植亩基本苗以 30 万~35 万株为宜，地膜覆盖播种亩基本苗以 25 万~30 万株为宜。

136. 西峰 26

品种来源：陇东学院从原庆阳地区农科所引进的 82194-71-5（7118-19-6-2/丰抗 15）株系中选育而成。曾用名庆生 912。审定编号：甘审麦 2003002。

特征特性：冬性，生育期 276.8 d。幼苗匍匐，叶片深绿色，株型紧凑，株高 83.8 cm。穗纺锤形，长芒，护颖白色，籽粒红色、卵圆形，角质。穗长 7.2 cm，小穗数 14.4 个，穗粒数 27.3 粒，千粒重 39.5 g。容重 789.9 g/L，含粗蛋白 16.41%，赖氨酸 0.52%，淀粉 62.30%，湿面筋 28.3%。成熟落黄好。抗寒、抗干热风。抗红、黄矮病。抗条锈性接种鉴定，苗期感条锈病；成株期对条中 29 号、条中 30 号以及 HY-4、HY-7 小种和混合菌表现免疫，对条中 31 号、条中 31 号小种表现中抗，属成株期抗锈品种。

产量及适宜种植区域：1997—1999 年参加陇东片区域试验，平均亩产量 211.1 kg，较对照陇鉴 196 减产 3.1%。但在通渭点两年均居第一，表现突出，增产幅度 4.5%～20.0%。适宜于庆阳北部、定西地区通渭以及同类地区种植。

栽培技术要点：陇东地区露地种植以 9 月上中旬为宜，地膜种植以 9 月下旬至 10 月上旬为宜。亩播种量 10～11 kg。

137. 兰天 13

品种来源：甘肃农业职业技术学院 1989 年以 83-88-2 作母本，A-1 作父本杂交选育而成。原系号 89-27。审定编号：甘审麦 2003003。

特征特性：冬性，生育期 241.5 d。幼苗半匍匐，芽鞘绿色，株型中等，株高 85.9 cm。穗长方形，顶芒，护颖白色，籽粒红色、卵圆形，半角质。穗长 6.7～7.2 cm，小穗数 13.5～15.5 个，穗粒数 28.7～41.0 粒，千粒重 34.0～39.8 g。容重 792 g/L，含粗蛋白 13.27%，赖氨酸 0.49%，淀粉 66.54%。口紧不易落粒。抗倒伏。抗寒性较强。抗条锈性接种鉴定，成株期除感条中 29 号小种外，对洛夫林 13 Ⅲ、水 14、水 3、HY3、条中 31 号小种和混合菌都表现免疫。

产量及适宜种植区域：1999—2001 年参加天水市川区组区域试验，平均亩产量 374.5 kg，较对照清农 1 号增产 11.8%。适宜于天水及礼县川区种植。

栽培技术要点：10 月上旬播种，亩播种量 13～15 kg。

138. 兰天 14

品种来源：甘肃农业职业技术学院以清山 895 作母本，中梁 17 作父本杂交选育而成。原系号 90-99-5。审定编号：甘审麦 2003004。

特征特性：冬性，生育期 281.6 d。幼苗半匍匐，芽鞘绿色，叶耳绿色，株型中等，株高 94 cm。穗长方形或圆锥形，顶芒，护颖白色，籽粒红色、卵圆形，半角质。穗长 7.1 cm，小穗数 14.5 个，单穗粒数 33.6 粒。千粒重 42.2 g。容重 790 g/L，含粗蛋白 14.5%，赖氨酸 0.49%，淀粉 63.83%，脂肪 1.77%。成熟落黄好。耐寒、耐旱性较强。抗倒伏。对条中 25 号、条中 29 号、条中 31 号、水 14 小种和混合菌表现免疫，但轻感 HY3 和水 2 小种。

产量及适宜种植区域：1999—2001 年参加天水市高山组区域试验，平均亩产量 275.4 kg，较对照天选 41 增产 11.1%。适宜于陇南二阴半山、高山区及陇东的庄浪县等地种植。

栽培技术要点：亩播种量 12.5～15.0 kg。应根据土壤肥力状况施足基肥，氮、磷肥配合使用，并加强田间管理。

139. 天石 6 号

品种来源：天水市北道区石佛乡杨庄村的杨招喜以自育 741-6（杂八╱天选 15）作母本，天水市农业科学研究所中梁试验站的 7410-2-1 作父本杂交选育而成。原系号 7816-1-1-2-2。审定编号：甘审麦 2003005。

特征特性：冬性，生育期 234 d。幼苗半匍匐，芽鞘浅绿色，叶片深绿色，株型紧凑，株高 70~80 cm。穗纺锤形，无芒，护颖白色，籽粒红色、椭圆形。穗长 9 cm，小穗数 20~22 个，千粒重 42 g。含粗蛋白 14.36%，赖氨酸 0.46%。抗倒伏性较强，口紧不易落粒。抗条锈性接种鉴定，成株期除感混合菌外，对条中 25 号、条中 27 号、条中 29 号、条中 30 号、条中 31 号小种均为免疫。

产量及适宜种植区域：1997—1999 年参加天水市川区组区域试验，平均亩产量 429.8 kg，较对照清农 1 号增产 11.5%。适宜于天水及礼县川区种植。

栽培技术要点：10 月上旬播种，亩播种量 11.5~12.5 kg，后期注意防治白粉病。

140. 平凉 41

品种来源：平凉市农业科学院 1986 年以秦麦 4 号作母本，75108 作父本杂交选育而成。原系号 95 平 1。审定编号：甘审麦 2003006。

特征特性：强冬性，生育期 280 d。幼苗匍匐，芽鞘浅绿色，叶片深绿色，株型紧凑，株高 71.3~100.0 cm。穗长方形，长芒，护颖白色，籽粒白色、长圆形，半角质。穗长 6.0~8.2 cm，小穗数 12.9 个，穗粒数 30.1~43.2 粒，千粒重 39.3~43.1 g。容重 789 g/L，含粗蛋白 14.18%，赖氨酸 0.47%，淀粉 64.20%，湿面筋 31.0%。抗寒、抗旱性强。抗白粉病。不抗黄矮病。抗条锈性接种鉴定，成株期对条中 25 号、条中 27 号、条中 28 号、条中 29 号、条中 30 号、条中 31 号小种及混合菌均表现免疫。

产量及适宜种植区域：1997—2000 年参加平凉地区山塬组区域试验，平均亩产量 241.9 kg，较对照兰天 4 号增产 6.7%。适宜于陇东大部分山塬旱地、高寒阴湿山区和丘陵干旱山区，以及宁夏固原和陕西陇县等类似地区种植。

栽培技术要点：陇东地区在海拔 1 300 m 的山塬旱地，降水正常年份播期为 9 月中旬 15 至 20 日，阴雨低温年可提前 3 d，干旱年份可推迟 3 d 以此为基础，其他各地海拔每升高或降低 100 m，播期提前或推迟 2 d，以保证冬前积温在 500~600℃。亩播种量 30 万粒左右，保苗 25 万株以上。

141. 静宁 8 号

品种来源：静宁县农业技术推广中心 1990 年用从河北省农林科学院引进的亲本材料冀 885039 作母本，从临洮县农业技术推广中心引进的材料 83-113 作父本杂交选育而成。原系号静 9634。审定编号：甘审麦 2003007。

特征特性：冬性，生育期 288~294 d。幼苗匍匐，芽鞘绿色，叶片深绿色，株型中等，株高 95~105 cm。穗纺锤形，顶芒，护颖白色，籽粒红色、椭圆形，角质。穗长 7.5~8.5 cm，小穗数 13~17 个，穗粒数 36.5~45.0 粒，千粒重 37.5~44.2 g。容重 786.8 g/L，含粗蛋白 14.71%，赖氨酸 0.49%，湿面筋 28.8%。耐寒、耐旱。较抗倒伏。口松易落粒。抗条锈性接种鉴定，苗期对混合菌免疫；成株期对中梁 17-s 小种中抗至免疫，但感条中 29 号、条中 31 号、洛 13-Ⅲ、水 14、HY3 小种和混合菌，属成株期耐病品种。

产量及适宜种植区域：1997—2000 年参加平凉地区山塬组区域试验，平均亩产量 241.4 kg，较对照兰天 4 号增产 6.5%。适宜于平凉、定西等干旱、半干旱区的川旱、台地及二阴山区种植。

栽培技术要点：9 月中下旬播种，亩播种量 14~17 kg。蜡熟后期及时收获，以防落粒。

142. 静麦 1 号

品种来源：静宁县种子管理站 1996 年从天水农业学校引进的 84-212 分离群体中系统选育而成。原系号静冬 9723。审定编号：甘审麦 2004001。

特征特性：冬性，生育期 288~297 d。幼苗半匍匐，芽鞘白色，叶片绿色，株型中等，株高 110~120 cm。穗长方形，顶芒，护颖白色，籽粒白色、长圆形，角质。穗长 7 cm，穗粒数 44~50 粒，千粒重 45~50 g。含粗蛋白 15.11%，湿面筋 32.2%，沉降值 32.4 mL，吸水率 58.68%，面团稳定时间 3.4 min，拉伸面积 25 cm^2。抗倒伏性强。抗寒、耐冻。中抗叶锈病和白粉病。抗条锈性接种鉴定，苗期对混合菌免疫，成株期对洛 13-Ⅲ、条中 29 号、水 3、水 14、条中 32 号等小种免疫，对混合菌表现感病，属慢条锈品种。

产量及适宜种植区域：2001—2003 年参加甘肃省区域试验，平均亩产量 259.8 kg，较对照增产 6.2%。2002—2003 年参加生产示范平均亩产量 416.3 kg，较对照庄浪 9 号增产 18.8%。适宜于静宁、庄浪、通渭等地寒旱山区及同类型区域种植。

栽培技术要点：静宁等西北部山区传统栽培种植以 9 月中旬播种为宜，南部及中部地区 9 月中下旬播种为宜，亩播种量 17.5~20.0 kg；膜侧栽培以 9 月下旬至 10 月上旬播种为宜，亩播种量 12~13 kg。

143. 平凉 42

品种来源：平凉市农业科学院和甘肃省农业科学院旱地农业研究所协作，利用显性雄性核不育基因（tal）为育种工具，以"三抗一丰、优质专用"为育种目标，选配杂交组合 tal 长武 131//［平凉 38/82（51）］ F$_3$，通过异地鉴定、联合选育而成的冬小麦新品种。原系号陇麦 108。审定编号：甘审麦 2004002。

特征特性：强冬性，生育期 275 d。幼苗半匍匐，株高 77.5 cm。穗纺锤形，长芒，护颖白色、籽粒白色、长圆形、角质。穗长 7.2 cm，小穗数 14.6 个，穗粒数 34 粒，千粒重 38.9 g。容重 775.4 g/L，含粗蛋白 13.03%，赖氨酸 0.46%，湿面筋 25.6%，沉降值 50.8 mL，淀粉 66.29%。成熟落黄好。抗寒、耐旱性好。抗倒伏性强。抗条锈性接种鉴定，对条中 25 号、条中 31 号、条中 32 号、洛 13-Ⅲ、水 14、水 3 小种及混合菌均表现轻度感病。

产量及适宜种植区域：1999—2002 年参加陇东片旱地组区域试验，平均亩产量 221.4 kg，较对照兰天 4 号增产 9.5%。适宜于陇东黄土高原旱肥地、河谷川台中等以上肥力地块、以及宁夏固原等类似地区种植。

栽培技术要点：陇东旱肥地抢墒 9 月中旬播种，川台地适墒 9 月下旬播种。露地种植以亩播种量 12.5~15.0 kg 为宜，地膜覆盖以亩播种量 10.0~12.5 kg 为宜。

144. 兰天 15

品种来源：天水农业学校和原兰州财经大学小麦研究所协作以 Ibis 作母本，兰天 10 号作父本杂交选育而成。原系号 95-62-1。审定编号：甘审麦 2004003。

特征特性：冬性，生育期 271 d。幼苗半匍匐，株型紧凑，株高 84.5 cm。穗长方形，顶芒，护颖白色，籽粒红色、椭圆形，角质。穗长 7.3 cm，穗粒数 34.2 粒，千粒重 45.3 g。含粗蛋白 15.83%，赖氨酸 0.51%，淀粉 56.25%。抗寒性较强。抗条锈性接种鉴定，苗期对当时主要小种轻度感病，成株期表现免疫。

产量及适宜种植区域：2002—2003 年参加天水市高山组区域试验，平均亩产量 357.0 kg，较对照中梁 22 增产 7.3%。适宜于天水山区种植。

栽培技术要点：播种量在天水以亩播 35 万~40 万粒，保苗 30 万~35 万株为宜，并进行种子包衣防治小麦腥黑穗病。

145. 中梁 24

品种来源：天水市农业科学研究所中梁试验站以远缘八倍体中间偃麦草中四为抗源亲本，与普通小麦复合杂交选育而成的抗条锈、丰产、高蛋白冬小麦品种，其组合为中四/钱保德//82WR（96）-22-1-2-1。系谱号：90304-5-2-8。审定编号：甘审麦 2004004。

特征特性：冬性，生育期 262 d。幼苗匍匐，叶片绿色，株型紧凑，株高 79.2 cm。穗长方形，无芒，籽粒红色、卵圆形，粉质。穗长 6.6 cm，穗粒数 25.9 粒，千粒重 33.2 g。容重 688 g/L，含粗蛋白 17.35%，赖氨酸 0.57%，湿面筋 41.63%。成熟落黄好。抗旱、抗寒。抗条锈性接种鉴定，对混合菌表现中抗至轻度感病，对主要条中 29 号、水 2 小种表现免疫至高抗，对条中 25 号、条中 31 号小种表现中抗，对条中 32 号、水 14 小种表现中抗至轻度感病。

产量及适宜种植区域：1998—2000 年参加天水市半山组区域试验，平均亩产量 196.8 kg，较对照咸农 4 号增产 9.7%。适宜于天水半山及二阴山区种植。

栽培技术要点：适期早播，以亩保苗 30 万～35 万株为宜。返青后视苗情适当施肥，抽穗后注意防蚜，适时收获。

146. 静宁 10 号

品种来源：静宁县农业技术推广中心以 TK82-2 作母本，日本 2 号作父本杂交选育而成。原系号静 9703。审定编号：甘审麦 2004005。

特征特性：冬性，生育期 285 d。幼苗匍匐，芽鞘绿色，叶片深绿色，株型紧凑，株高 80～90 cm。穗长方形，顶芒，护颖白色，籽粒红色、椭圆形，角质。穗长 7～8 cm，穗粒数 38～58 粒，千粒重 38～43 g。容重 791 g/L，含粗蛋白 16.85%，赖氨酸 0.62%，湿面筋 31.1%，沉降值 40.5mL。耐寒、耐旱性强。较抗倒伏。口松易落粒。抗条锈性接种鉴定，苗期、成株期对混合菌均免疫，但对条中 32 号小种轻度感病。

产量及适宜种植区域：2000—2003 年参加平凉市山塬组区域试验，平均亩产量 247.5 kg，较对照兰天 10 号增产 7.4%。适宜于静宁、会宁等山旱地种植。海拔 1 600～2 200 m 的干旱区，选择地势平坦、肥力中等以上的二阴水平梯田或川旱地为宜。

栽培技术要点：9 月下旬播种，亩播种量 14～15 kg，保苗 33 万～35 万株。返青时适当追肥，注意防蚜，适时收获。

147. 庆农 9 号

品种来源：陇东学院 1986 年以庆农 1 号作母本，西峰 16 作父本杂交选育而成。原系号 8649-18-1-1-2。审定编号：甘审麦 2004006。

特征特性：冬性，生育期 278 d。幼苗半匍匐，叶片深绿色，株型紧凑，株高 80 cm。穗长方形，长芒，籽粒白色，角质。穗长 7 cm，穗粒数 29.2 粒，千粒重 35.3 g。容重 771.8 g/L，含粗蛋白 17.63%，赖氨酸 0.58%，湿面筋 36.8%，沉降值 40.8 mL。抗寒、抗旱性强。较抗倒伏。抗条锈性接种鉴定，对条中 29 号、洛 13Ⅲ、水 14、条中 31 号、条中 32 号小种及混合菌均表现高抗。

产量及适宜种植区域：2000—2002 年参加陇东片区域试验，平均亩产量 221.0 kg，较对照兰天 4 号增产 9.3%。适宜于陇东山塬旱地及同类地区种植。

栽培技术要点：9 月上中旬播种为宜。

148. 环冬 3 号

品种来源：环县农业局 1990 年从兰天 7 号变异单株中系统选育而成。原系号 903412-1。审定编号：甘审麦 2004007。

特征特性：强冬性，生育期 288 d。幼苗匍匐，芽鞘浅绿色，叶片深绿色，株型紧凑，株高 90～100 cm。穗长方形，长芒，护颖白色，籽粒红色，角质。穗长 6.3～7.5 cm，穗粒数 28～42 粒，小穗数 12～17 个，千粒重 32～41 g。容重 803.5 g/L，含粗蛋白 14.57%，赖氨酸 0.5%，湿面筋 30.5%。抗寒、抗旱性强。较抗倒伏。抗条锈性接种鉴定，对条中 29 号、洛 13Ⅲ 小种中抗、对致病类型水 14 小种中抗，但对当时主要小种及致病类型条中 31 号、Hy3 和水 3 小种及混合菌感病。

产量及适宜种植区域：1999—2001 年参加陇东片区域试验，平均亩产量 184.9 kg，较对照西峰 20 增产 6.7%。适宜于环县、镇原等地种植。

栽培技术要点：播期以 9 月中下旬为宜；亩播种量 10~12 kg。

149. 中植 1 号

品种来源：中国农业科学院植物保护研究所吴立人研究员、徐世昌研究员等与甘肃农业职业技术学院周祥椿研究员等协作，于 1993 年在北京采用系谱法以陕 167 作母本、C591 作父本通过杂交，逐代多小种混合接种鉴定，并配合抗病基因分子标记辅助选择方法选育而成。原系号 CP93-17-31。审定编号：甘审麦 2004008。

特征特性：冬性，生育期 232~239 d。幼苗半匍匐，株型紧凑，株高 73~83.4 cm。穗圆锥形，长芒，护颖白色，籽粒白色，角质。穗长 6.9~7.8 cm，小穗数 14.0~14.3 个，穗粒数 31.3~34.2 粒，千粒重 35.7~38.5 g，含粗蛋白 14.17%，赖氨酸 0.5%。成熟落黄好。抗旱、抗寒。抗条锈性接种鉴定，对条中 29 号、洛 13Ⅲ、水 14、条中 32 号小种和混合菌免疫，对水 3 小种感病。

产量及适宜种植区域：2000—2001 年参加天水市川区组区域试验，平均亩产量 439.4 kg，较对照清农 1 号增产 15.5%~30.4%。适宜于天水市的川水地种植。

栽培技术要点：亩播种量 12.5~15.0 kg。宜加强肥、水管理以发挥其增产潜力。由于种子的休眠期较短，应及时收获以防穗发芽。

150. 陇鉴 294

品种来源：甘肃省农业科学院旱地农业研究所于 1987 年用抗锈、丰产品种晋农 134 作母本，综合性状优良的亲本材料 6303-630 作父本杂交，然后以该杂交组合的 F_1 代作母本，以高秆、抗寒性好亲本材料原丰 2 号作父本杂交，获得的 $8868F_1$ 表现抗锈丰产，农艺性状优良；1989 年以 $8868F_1$ 作母本，与矮秆丰产的 xs117-0-29 作父本杂交选育而成。原系号 8970-3-1-1-1。审定编号：甘审麦 2004009。

特征特性：冬性，生育期 272 d。幼苗半匍匐，叶片绿色，株型紧凑，株高 106.5 cm。穗长方形，长芒，护颖白色，籽粒红色、卵圆形，角质。穗长 6.9 cm，穗粒数 33.5 粒，千粒重 34.5 g。容重 793.5 g/L，含粗蛋白 13.68%，赖氨酸 0.46%。抗旱、抗干热风。感白粉病。抗条锈性接种鉴定，苗期对混合菌表现中抗；成植期对条中 25 号、条中 29 号、条中 31 号和条中 32 号小种以及混合菌免疫。

产量及适宜种植区域：1999—2001 年参加庆阳市区域试验，平均亩产量 189.1 kg，较对照西峰 20 增产 4.5%。2001—2002 年生产试验平均亩产量 226.0 kg，较当地对照增产 7.8%。适宜于甘肃省陇东旱地冬麦品种类型区种植。

栽培技术要点：播前土壤消毒或药剂拌种处理，防治地下害虫。播种期 9 月中旬，亩播种量控制在 12.5 kg 左右，以亩保苗 25 万~30 万株为宜。注意中耕除草，适时收获。

151. 临农 7230

品种来源：甘肃农业大学应用技术学院 1991 年以 919-18/5 作母本，绵阳 87-31 作父本杂交选育而成。原系号 7230。审定编号：甘审麦 2004010。

特征特性：冬性，生育期 259~267 d。幼苗半匍匐，株型紧凑，株高 90~105 cm。穗长方形，顶芒，护颖白色，籽粒红色、卵圆形，角质。穗长 6~12 cm，小穗数 15~23 个，穗粒数 40~60 粒，千粒重 34.8~54.1 g。含粗蛋白 13.86%，赖氨酸 0.45%，湿面筋 29.4%，沉降值 29.0 mL。有穗发芽现象，有黑胚粒。越冬性好。抗倒伏。抗寒、抗旱性较好。抗白粉病。抗条锈性接种鉴定，对当时主要条锈菌生理小种及混合菌表现免疫，对洛 13-Ⅲ 小种中抗。

产量及适宜种植区域：一般水川区亩产量 472.0 kg。适宜于临洮、渭源、陇西、漳县等地种植。

栽培技术要点：该品种丰产潜力大，需高水肥，要求施足底肥。品种分蘖力强，川水地播种量不宜超过 22.5 kg。因口松易落粒，成熟时要及时收获。

152. 临农 826

品种来源：甘肃农业大学应用技术学院 1991 年以 919-18/5 作母本，绵阳 87-22 作父本杂交选育而成。原系号 826。审定编号：甘审麦 2004011。

特征特性：冬性，生育期 261~270 d。幼苗半匍匐，叶片深绿色，株型紧凑，株高 90~115cm。穗长方形，顶芒，护颖白色，籽粒白色、卵圆形，半角质。穗长 6~10 cm，小穗数 15~21 个，穗粒数 35~60 粒，千粒重 36.5~52.8 g。含粗蛋白 13.68%，赖氨酸 0.47%，湿面筋 29.5%，沉降值 38.0 mL。成熟落黄好。抗旱、耐寒。易倒伏。抗干热风。抗白粉病。抗条锈性接种鉴定，对当时主要条锈病生理小种及混合菌表现中抗，对条中 31 号、水源 14 致病类型表现感病。

产量及适宜种植区域：2001—2003 年参加定西市区域试验，亩产量 306.7~507.8 kg，较对照临农 157 增产 15.0%~70.5%。一般水川地亩产量 419.2 kg。适宜于临洮、渭源、陇西等地种植。

栽培技术要点：该品种丰产潜力大，需高水肥，要求施足底肥。川水地拔节前喷施一次矮壮素，以防止倒伏。注意防治锈病。

153. 灵台 2 号

品种来源：灵台县种子公司 1994 年从陕西长武县良种场引进的长武 112 冬小麦品

系分离单株中选择育成。原系号灵选 1-1。审定编号：甘审麦 2004012。

特征特性：冬性，生育期 270~278 d。幼苗半匍匐，叶片深绿色，株型紧凑，株高80~90 cm。穗纺锤形，长芒，护颖白色，籽粒白色、长圆形，角质。穗长 6.5~7.0 cm，小穗数 16~18 个，穗粒数 35~46 粒，千粒重 47~50 g。容重 764 g/L，含粗蛋白 12.81%，赖氨酸 0.46%，湿面筋 26.2%，沉降值 60.8 mL。抗倒伏。抗旱、耐寒、抗青干性较好。中抗黄矮病、白粉病、条锈病。

产量及适宜种植区域：2002—2004 年参加陇东片区域试验，平均亩产量 247.4 kg，较对照增产 4.09%。适宜于陇东冬麦区的灵台县、泾川县、崆峒区、崇信县、镇原县、宁县、正宁县等地旱塬地及周边同类地区种植。

栽培技术要点：播种前药剂拌种或种子包衣处理，施足底肥。播种期一般为 9 月中旬，亩播种量 13~15 kg。

154. 西峰 28

品种来源：陇东学院 1991 年以河南省农业科学院选育的中低秆、大穗、丰产、抗条锈、抗白粉病的优良品系 895021 作母本，西峰 16 作父本杂交选育而成。原系号 9192-4-1-2。审定编号：甘审麦 2005008。

特征特性：强冬性，生育期 285 d。幼苗匍匐，叶片浅绿色，株型紧凑，株高 96 cm。穗长方形，长芒，护颖白色，籽粒浅红色、卵圆形，角质。穗长 6~9 cm，小穗数 15 个，穗粒数 30 粒，千粒重 26.9~29.4 g。容重 802.2~827.7 g/L，含粗蛋白 14.78%，湿面筋 29.7%，沉降值 29.8 mL，吸水率 62.9%，面团稳定时间 3 min。叶功能期长，活秆带绿成熟，成熟落黄好。抗旱、抗寒性好。抗条锈性接种鉴定，成株期对条中 29 号、条中 31 号、条中 32 号、洛 13-Ⅳ、水 14 小种及混合菌均表现感病，但耐锈性好。

产量及适宜种植区域：2000—2001 年参加庆阳地区区域试验，平均亩产量 193.2 kg，较对照西峰 20 增产 10.2%。适宜于庆阳市及其同类地区的广大旱塬地种植。

栽培技术要点：适期适量播种，庆阳南部、中部、北部播种期分别为 9 月下旬、中旬、上旬，亩播种量为 10~12 kg。注重防锈防倒伏。

155. 西峰 27

品种来源：陇东学院 1989 年以 83183-1-3-1 作母本，CA837 作父本杂交选育而成。原系号 89240-16-2。审定编号：甘审麦 2005009。

特征特性：冬性，生育期 275 d。幼苗匍匐，株型紧凑，株高 100 cm。穗长方形，长芒，护颖白色，籽粒白色、卵圆形，角质。穗长 8~11 cm，小穗数 15~20 个，穗粒数 18.9~48.0 粒，千粒重 36.6 g。容重 790 g/L，含粗蛋白 14.4%，赖氨酸 0.53%，淀粉 62.8%。成熟落黄好。抗旱、抗寒性强。抗干热风。高抗条锈病。

产量及适宜种植区域：1997—1999 年参加陇东片区域试验，平均亩产量 238.1 kg，较对照陇鉴 196 增产 3.6%。适宜于庆阳市中南部旱塬地、北部川台地及其同类地区种植。

栽培技术要点：庆阳南部、中部播种期为 9 月下旬，北部川台地为 9 月上旬，亩播种量为 12~13 kg。

156. 庆农 8 号

品种来源：陇东学院农学系 1991 年以 8809（1）-2 作母本，8802（23）-3-4-2-1-4 作父本杂交选育而成。原系号 9196-11-2-2。审定编号：甘审麦 20050010。

特征特性：强冬性，生育期 275 d。幼苗半匍匐，叶片深绿色，株型紧凑，株高 85 cm。穗纺锤形，长芒，护颖白色，籽粒红色，角质。穗长 6.5 cm，小穗数 16 个，穗粒数 23.4 粒，千粒重 35 g。容重 772.8 g/L，含粗蛋白 17.4%，赖氨酸 0.57%，湿面筋 37.6%，沉降值 50.0 min，吸水率 62.7%，面团形成时间 4.3 min，面团稳定时间 4.0 min，软化度 70 F.U.，评价值 56。抗倒伏性强。抗旱、耐寒性较好。抗红、黄矮病和白粉病。感条锈病但耐锈性强。

产量及适宜种植区域：2000—2002 年参加陇东片区域试验，平均亩产量 214.9 kg，较对照兰天 4 号增产 6.3%。适宜于陇东山塬旱地及同类地区种植。

栽培技术要点：适期适量播种，9 月上旬播种为宜，亩播种量为 10~12 kg。施足底肥，合理追肥。加强田间管理，及时中耕除草，及时防治锈病，在多雨年份喷施矮壮素以防倒伏。

157. 兰天 17

品种来源：天水农业学校 1995 年以含有效抗条锈基因 Rr26 的 92R137 材料作骨干母本，兰天 6 号作父本杂交选育而成。原系号 95-108。审定编号：甘审麦 20050011。

特征特性：弱冬性，生育期 250 d。幼苗半匍匐，株高 91~102 cm。穗形长方形，顶芒，护颖白色，籽粒红色、椭圆形、半角质。穗长 8.1 cm，小穗数 15 个，穗粒数 38.0~47.5 粒，千粒重 35.7~41.3 g。含粗蛋白 15.34%，赖氨酸 0.50%，粗脂肪 2%，粗淀粉 63.22%，湿面筋 29.1%，沉降值 60.0 mL。抗寒性中等。抗条锈性接种鉴定，成株期对条中 29 号、条中 31 号、条中 32 号、洛 13-Ⅲ、水 14 小种及混合菌全部免疫。

产量及适宜种植区域：2003—2004 年参加天水市川区组区域试验，平均亩产量 507.7 kg，较对照兰天 6 号增产 11.1%。适宜于天水市的川区和陇南市的礼县、西和、徽县、成县等地的川区种植。

栽培技术要点：施肥以基肥为主，氮、磷肥配合施用。陇南种植密度以亩播种量在 12.5~15.0 kg 为宜，亩保苗 30 万~35 万株。高水肥条件下，生长后期控制水肥，以防倒伏。

158. 兰天 16

品种来源：原兰州财经大学小麦研究所 1985 年以西峰 16 作母本，76-89-4 作父本杂交选育而成。原系号陇原 992。审定编号：甘审麦 20050012。

特征特性：冬性，生育期 235~261 d。幼苗匍匐，株高 81.1 cm。穗长方形，长芒，护颖白色，籽粒浅红色、卵圆形，角质。穗长 7.7 cm，穗粒数 30.1 粒，千粒重 34.5 g。容重 772.3 g/L，含粗蛋白 18.51%，赖氨酸 0.49%，淀粉 63.07%。叶片功能期长，成熟落黄好。感条锈病，但具有耐锈性，保产性能较好。

产量及适宜种植区域：1999—2002 年参加陇东片区域试验，平均亩产量 222.3 kg，较对照兰天 4 号增产 9.9%。适宜于平凉市的山塬区、庆阳市的中南部塬区种植。

栽培技术要点：旱地应以基肥为主，氮、磷肥配合施用。陇东种植适宜播种期为 9 月中旬。亩播种量以 35 万~40 万粒、保苗 25 万~30 万株为宜。

159. 陇鉴 9343

品种来源：甘肃省农业科学院植物保护研究所 1993 年以贵农 21（含有簇毛麦血缘，具有 Rr-10 抗条锈基因）作母本，兰天 1 号作父本杂交选育而成。原系号 93 保 4-3（93-4-14-2-1-1）。审定编号：甘审麦 20050013。

特征特性：冬性，生育期 253 d。幼苗半匍匐，叶片深绿色，株高 83~92 cm。穗长方形，长芒，护颖白色，籽粒红色，角质。穗长 7.9 cm，小穗数 15~18 个，穗粒数 35.8 粒，千粒重 43.5 g。容重 804 g/L，含粗蛋白 13.71%，赖氨酸 0.43%，湿面筋 26.2%，沉降值 52.8 mL。条锈病田间表现免疫到高抗水平。

产量及适宜种植区域：2003—2004 年参加天水川区组区域试验，平均亩产量 504.9 kg，较对照兰天 6 号增产 10.5%。适宜于天水的甘谷县、武山县、麦积区、秦城区、清水县、秦安县等具有灌溉能力的川区种植；陇南市的西和、礼县低海拔川水地及定西市的临洮、临夏州的康乐等灌区也可推广种植。

栽培技术要点：亩施农家肥 5 000 kg，尿素 15~20 kg，过磷酸钙 40~60 kg。播前土壤消毒或用药剂拌种，防治地下害虫。10 月中旬播种，亩保苗以 30 万~35 万株为宜。

160. 中梁 25

品种来源：天水市农业科学研究所中梁试验站于 1993 年以八倍体小偃麦中间材料中四与普通小麦复合杂交所得的 92348F₁ 作母本，92553F₁ 作父本进行二次杂交选育而成。原系号中梁 93646-13-6-2。审定编号：甘审麦 2006004。

特征特性：冬性，生育期 265 d。幼苗匍匐，叶片深绿色，株型紧凑，株高 100 cm。穗白色，无芒，籽粒红色、卵圆形。穗长 7.4 cm，小穗数 14.4 个，穗粒数

30.8 粒，千粒重 37.6 g。容重 789.7 g/L，含粗蛋白 13.16%，湿面筋 21.3%，沉降值 23.2 mL，面团形成时间 2.6 min，面团稳定时间 2.6 min，拉伸面积 36 cm²，最大延阻抗力 170 EU。成熟落黄好。秆细而韧，抗倒伏。抗条锈性接种鉴定，苗期对混合菌免役，成株期对条中 29 号、洛 13-Ⅲ 小种表现免疫，对条中 31 号、条中 32 号小种表现中感—中抗，对水 3 和水 14 小种及混合菌表现感病。轻感白粉病。

产量及适宜种植区域：2002—2003 年参加天水市半山组区域试验，平均亩产量 345.8 kg，较对照咸农 4 号增产 16.9%。适宜于天水市渭河流域及周边部分类似地区（陇南、平凉、定西冬麦区）海拔 1 500～2 000 m 的干旱、半干旱、半二阴山区等种植。

栽培技术要点：播种时要求多施农家肥，施足底肥，氮、磷肥配合施用。适时播种。返青后视苗情早施追肥，抽穗后注意防蚜。适时收获。

161. 中梁 26

品种来源：天水市农业科学研究所中梁试验站 1991 年以兰天 1 号、8619-52、山农 8057、Ciemenp 等 6 个亲本材料复合杂交选育而成，其组合为兰天 1 号/8619-52///山农 8057/临汾 82-5015//Ciemenp/8W5015。原系号中梁 91250-1-2-1-1-1-3。审定编号：甘审麦 2006005。

特征特性：强冬性，生育期 263 d。幼苗匍匐，叶片绿色，株型紧凑，株高 107.0 cm。穗白色，无芒，籽粒红色、卵圆形。穗长 7.5～10.5 cm，小穗数 14.7 个，穗粒数 34.4 粒，千粒重 42.8 g。容重 813.0 g/L，含粗蛋白 14.5%，湿面筋 32.6%，赖氨酸 0.43%，沉降值 41.8 mL，吸水率 65.0%，面团形成时间 3.4 min，面团稳定时间 2.9 min，拉伸面积 68 cm²。抗条锈性接种鉴定，苗期对混合菌感病，成株期对条中 29 号、条中 31 号、条中 32 号、洛 13-Ⅲ、水 3 和水 14 小种及混合菌表现免疫。

产量及适宜种植区域：2002—2004 年参加天水市半山组区域试验，平均亩产量 331.2 kg，较对照咸农 4 号增产 8.1%。2001—2002 年生产示范平均亩产量 350.0 kg，较对照咸农 4 号增产 10.8%。适宜于天水市渭河流域海拔 1 500～2 000 m 的干旱及半山区、二阴山区及旱川地种植，亦适宜于周边部分地区干旱及半山区、二阴山区示范种植。

栽培技术要点：适宜播种期为 9 月下旬至 10 月上旬。种植密度以亩保苗 25 万～30 万株为宜，薄地应适当增加播量。抽穗后防治白粉病、蚜虫 1～2 次。

162. 平凉 43

品种来源：平凉市农业科学院 1982 年以长武 131 作母本，82（51）-9-5-3-2 作父本杂交选育而成。原系号陇麦 862。审定编号：甘审麦 2006006。

特征特性：强冬性，生育期 280 d。幼苗半匍匐，株高 78.2 cm。穗长方形，长芒，护颖白色，籽粒白色、椭圆形，半角质。穗长 8.0 cm，小穗数 15 个，穗粒数 41 粒，千粒重 36.1 g。容重 772.8 g/L，含粗蛋白 15.76%，赖氨酸 0.47%，湿面筋 29.3%，沉降值 55 mL。抗冻、耐旱性好。抗条锈性接种鉴定，苗期对混合菌感病，成株期对条中 29 号、条中 32 号、洛 13-Ⅲ、水 3 小种表现免疫-中抗，对条中 31 号小种和混合菌均表现感病，水 14 小种表现中抗-中感。

产量及适宜种植区域：2001—2003 年参加陇东片区域试验，平均亩产量 282.4 kg，较对照西峰 20 增产 5.5%。适宜于陇东旱肥地、川水（台）地种植。

栽培技术要点：陇东旱肥地抢墒于 9 月 15 日至 20 日播种，川水地适墒或提前浇水于 9 月 20 至 25 日播种。露地种植亩播种量 12.5~15.0 kg，地膜覆盖地亩播种 10.0~12.5 kg 为宜。视墒情，冬前灌水最好于 11 月中旬至下旬。

163. 平凉 44

品种来源：平凉市农业科学院 1994 年选用从长武县农业技术推广中心引进的 85 加 1-3 作母本，平凉 41 作父本杂交选育而成。原系号陇麦 157。审定编号：甘审麦 2006007。

特征特性：强冬性，生育期 278.7 d。幼苗半匍匐，株高 75.9~91.2 cm。穗长方形，长芒，护颖白色，籽粒白色、椭圆形，角质。穗长 7.5 cm，小穗数 13.6 个，千粒重 48.8 g。容重 786.1 g/L，含粗蛋白 10.92%，赖氨酸 0.31%，湿面筋 18.07%，粗淀粉 68.1%。成熟落黄好。抗冻、抗旱性强。耐瘠薄。对条锈病表现免疫到中抗水平。

产量及适宜种植区域：2002—2004 年参加陇东片旱地组区域试验，平均亩产量 286.9 kg，较对照西峰 20 增产 8.2%。适宜于陇东山塬旱地、高寒阴湿山区和丘陵干旱山区以及周边类似地区种植。

栽培技术要点：陇东地区旱地抢墒于 9 月中下旬播种，亩播种量以 12.5~15.0 kg 为宜。山塬旱地最好采用沟播种植方式，以达到旱年增产，多雨防倒伏的目的。返青期适时适墒镇压，中耕锄草。该品种成熟时口较松，应及时收获，以达到丰产丰收。

164. 宁麦 5 号

品种来源：宁县农业技术推广中心 1994 年以 XS117-0-29 作母本，庆农 3 号作父本杂交选育而成。原系号 9425-2-3-6。审定编号：甘审麦 2006008。

特征特性：强冬性，生育期 274 d。幼苗匍匐，叶片深绿色，株型紧凑，株高 80~100 cm。穗纺锤形，长芒，护颖白色，籽粒浅红色、椭圆形，角质。穗长 7.3 cm，小穗数 13~15 个，穗粒数 30~40 粒，千粒重 32~40 g。容重 814.06 g/L，含粗蛋白 13.55%，湿面筋 31.1%，沉降值 24.2 mL。成熟落黄好。抗旱性强。抗条锈性接种鉴定，苗期对混合菌表现高抗，成株期对条中 31 号、水 5、水 7 小种表现免疫，对条中 32 号、水 4、水 14 小种及混合菌均表现免疫到中抗。

产量及适宜种植区域：2004—2006 年参加陇东片旱地组区域试验，平均亩产量 275.5 kg，较对照西峰 20 增产 5.5%。2005—2006 年生产试验平均亩产 303.1 kg，较对照西峰 20 号增产 15.2%。适宜于陇东旱塬、山地及周边同类地区种植。

栽培技术要点：以 9 月中旬播种为宜，亩播种量 11 kg，保证基本苗 25 万～30 万株。加强田间管理，冬前地表干燥时镇压，返青后除草、松土，拔节至中后期可喷施磷酸二氢钾，以增加粒重。

165. 兰天 18

品种来源：原兰州财经大学小麦研究所和天水农业学校协作选育而成，其亲本组合为 Flinor/洛夫林 13，母本为国际上持久抗性品种。原系号 97-31。审定编号：甘审麦 2006009。

特征特性：冬性，生育期 280.5～383.8 d。幼苗半匍匐，叶片绿色，株型紧凑，株高 96～99 cm。穗长方形，顶芒，护颖白色，籽粒红色，半角质。穗长 5.5～5.9cm，小穗数 12.1～13.8 个，穗粒数 28.4～35.4 粒，千粒重 41.0～43.4g。含粗蛋白 14.68%，淀粉 73.87%，赖氨酸 0.47%，湿面筋 22.57%，沉降值 42.3 mL。抗寒、抗旱。抗倒伏。高抗条锈病，中抗白粉病。抗条锈性接种鉴定，苗期对混合菌近免疫，成株期对主要流行小种及混合菌全部免疫，属全生育期抗病的品种。

产量及适宜种植区域：2003—2005 年参加天水市高山组区域试验，平均亩产量 372.2 kg，较对照中梁 22 增产 15.8%。2005—2006 年生产示范亩产量 260.0～450.0 kg，增产 10.6%～28.6%。主要适种区为天水市的高山区、二阴半山区及陇南市礼县、西和等地的高山区、半山区。宜在条锈菌越夏区种植，条锈菌越冬区不建议推广。

栽培技术要点：以亩播种 35 万～40 万粒、保证 30 万～35 万基本苗为宜，亩播种量可掌握在 13～16 kg。

166. 兰天 19

品种来源：原兰州财经大学小麦研究所和天水农业学校协作选育而成，其亲本组合为 Mega/兰天 10 号，母本含有效抗条锈基因 $Yr12$。原系号 95-3-28。审定编号：甘审麦 2006010。

特征特性：冬性，生育期 278.8 d。幼苗半匍匐，叶色深绿色，株型中等，株高 90～105 cm。穗长方形，顶芒，护颖白色，籽粒白色、卵圆形，半角质。穗长 6.4～7.1 cm，小穗数 14.4～15.3 个，穗粒数 32.9～36.0 粒，千粒重 47.9～48.4 g。含粗蛋白 14.26%，赖氨酸 0.45%，粗淀粉 73.85%，湿面筋 23.53%，沉降值 46.5 mL。叶片功能期长，成熟落黄好。抗寒、抗旱。高抗条锈病，中抗白粉病。抗条锈性接种鉴定，苗期对混合菌近免疫，成株期对条中 29 号、条中 31 号、水 4、水 7 和水 14 小种以及混合菌均表现免疫，对条中 32 号小种表现免疫到中抗。

产量及适宜种植区域：2004—2006 年参加天水市高山组区域试验，平均亩产量 391.7 kg，较中梁 22 增产 19.5%。2006 年生产示范中亩产量 300.0～532.5 kg，增产 13.3%～30.7%。主要适种区为天水市及陇南市礼县、西和高山区及二阴半山区。宜在条锈病越夏区种植，越冬区不宜推广。

栽培技术要点：亩播种量 14～18 kg 为宜。丰产性好，增产潜力大，宜增施基肥，氮、磷肥配合施用，拔节期间趁雨追施基肥。籽粒休眠期短，遇连阴雨易穗发芽，应在成熟后及时收获。

167. 兰天 20

品种来源：原兰州财经大学小麦研究所和天水农业学校协作选育而成，其亲本组合为 Cappelle Desprez（含有效抗条锈基因 Yr16）/兰天 10 号。原系号 96-22-1-1。审定编号：甘审麦 2006011。

特征特性：冬性，生育期 280.5 d。幼苗半匍匐，叶片绿色，株型紧凑，株高 100 cm。穗长方形，顶芒，护颖白色，籽粒红色，半角质。穗长 6.2～6.3 cm，小穗数 14.0～14.8 个，穗粒数 30.9～34.9 粒，千粒重 15.3～48.1g。含粗蛋白 15.05%，赖氨酸 0.41%，粗淀粉 74.23%，湿面筋 23.25%，沉降值 29.5 mL。叶片功能期长，成熟落黄好。抗寒、抗旱。抗倒伏。高抗条锈病，中抗白粉病。抗条锈性接种鉴定，苗期对混合菌免疫，成株期对条中 31 号、条中 32 号、水 4、水 7 和水 14 小种以及混合菌免疫，对条中 29 号小种中感，但普遍率及严重度低。

产量及适宜种植区域：2004—2006 年参加天水市高山组区域试验，平均亩产量 379.1 kg，较对照中梁 22 增产 15.6%。2005—2006 年生产示范亩产量 285.0～527.9 kg，增产 12.1%～29.5%。主要适种区为天水市及陇南市礼县、西和等地的高山区和二阴半山区。宜在条锈菌越夏区种植，条锈菌越冬区不宜推广。

栽培技术要点：籽粒较大，需适当增加播种量，以亩播种 35 万～40 万粒、确保 30 万～35 万基本苗为宜，亩播种量可掌握在 14～18 kg。

168. 兰天 21

品种来源：原兰州财经大学小麦研究所和天水农业学校协作选育而成，其亲本组合为 95-173-4/保丰 6 号。原系号 96-473。审定编号：甘审麦 2006012。

特征特性：冬性，生育期 265.6 d。幼苗半匍匐，叶片绿色，株型紧凑，株高 90.9 cm。穗长方形或棍棒形，顶芒，护颖白色，籽粒红色，半角质。穗长 5.5～6.9 cm，小穗数 13.8～15.5 个，穗粒数 33.7～39.5 粒，千粒重 43.0～46.3 g。含粗蛋白 14.62%，赖氨酸 0.46%，粗淀粉 64.16%，湿面筋 26.65%，沉降值 41.2 mL。叶片功能期长，成熟落黄好。抗寒、抗旱。抗倒伏。高抗条锈病，中抗白粉病。抗条锈性接种鉴定，苗期对混合菌中抗-中感，成株期对当时主要流行小种全部免疫，对混合菌近免疫-中抗。

产量及适宜种植区域：2004—2006 年参加天水市半山组区域试验，平均亩产量 368.9 kg，较对照咸农 4 号增产 16.0%。2006 年生产示范亩产量 280.0～562.9 kg，增产 10.0%～28.6%。主要适种区为天水市及陇南市礼县、西和海拔 1 300～1 600 m 的半山区。宜在条锈菌越夏区推广，不宜在条锈菌越冬区种植。

栽培技术要点：亩播种 35 万~40 万粒，基本苗 30 万~35 万株为宜，亩播种量可掌握在 14~18 kg。由于口松易落粒，应在籽粒蜡熟期、茎叶转黄时及早收获，以免因落粒造成损失。

169. 兰天 22

品种来源：原兰州财经大学小麦研究所和天水农业学校协作选育而成，其亲本组合为德国 2 号/兰天 11。原系号 96-96。审定编号：甘审麦 2006013。

特征特性：冬性，生育期 268.1 d。幼苗半匍匐，叶片绿色，株型中等，株高 110 cm。穗长方形，顶芒，护颖白色，籽粒红色，半角质。穗长 6.3~8.1cm，小穗数 14.5~15.5 个，穗粒数 33.3~36.8 粒，千粒重 44.1~44.3 g。含粗蛋白 15.68%，赖氨酸 0.53%，粗淀粉 70.93%，湿面筋 24.56%，沉降值 31.0 mL。叶片功能期长，成熟落黄好。抗旱，较抗倒伏。高抗条锈病，中抗白粉病。抗条锈性接种鉴定，苗期对混合菌中感，成株期对当前主要流行小种和混合菌全部免疫。

产量及适宜种植区域：2004—2006 年参加天水市半山组区域试验，平均亩产量 366.5 kg，较对照咸农 4 号增产 15.3%。生产示范中亩产量 280.0~410.0 kg，增产 10.7%~19.3%。主要适种区为天水市及陇南市礼县、西和的半山区，尤其适于土壤肥力中等及较瘠薄的地块种植。宜在条锈菌越夏区推广，不宜在条锈菌越冬区种植。

栽培技术要点：以亩播种 32 万~36 万粒，基本苗 28 万~32 万株为宜，亩播种量可掌握在 14~16 kg。由于植株较高，后期应注意防止倒伏。

170. 兰天 23

品种来源：原兰州财经大学小麦研究所和天水农业学校协作选育而成，其亲本组合为 SXAF4-7/87-121。原系号 96-86。审定编号：甘审麦 2006014。

特征特性：冬性，生育期 242.7 d。幼苗半匍匐，株型紧凑，株高 87.9 cm。穗长方形，顶芒，护颖白色，籽粒红色，半角质。穗长 6.0~8.2 cm，小穗数 13.0~19.0 个，穗粒数 28.0~54.0 粒，千粒重 41.4~48.5 g。含粗蛋白 13.64%，赖氨酸 0.42%，粗淀粉 67.43%，湿面筋 25.0%，沉降值 54.5 mL。抗寒性较强。抗倒伏。中抗白粉病。抗条锈性接种鉴定，苗期对混合菌中感，成株期对当时主要流行小种免疫，对混合菌表现近免疫至高抗。

产量及适宜种植区域：2004—2006 年参加天水市和陇南片川区组区域试验，平均亩产量 502.6 kg，较对照增产 28.9%。主要适种区为天水市及陇南市礼县、西和等地的川区。宜在条锈菌越冬区推广，不宜在条锈菌越夏区种植。

栽培技术要点：以亩播种 38 万~42 万粒和确保 34 万~36 万基本苗为宜，亩播种量可掌握在 15~17 kg。高肥力的地块生育后期应控制水肥，以防倒伏。

171. 静麦 2 号

品种来源：静宁县种子管理站 1997 年从 84-212 品系变异单株中经系统选育而来。原系号静冬 9717。审定编号：甘审麦 2006015。

特征特性：强冬性，生育期 281~292 d。幼苗半匍匐，芽鞘白色，叶片绿色，株型中等，株高 90~100 cm。穗圆锥形，无芒，护颖白色，籽粒红色、椭圆形，角质。穗长 6.5~7.0 cm，小穗数 15~17 个，穗粒数 35~47 粒，千粒重 43~48 g。容重 814.5 g/L，出粉率 86.4%，含粗蛋白 15.47%，湿面筋 35%，沉降值 37.2 mL，吸水率 63.9%，面团形成时间 3.7 min，面团稳定时间 3.0 min。成熟落黄好。抗倒伏，抗青干。抗白粉病，高抗黄矮病、根腐病。2002—2003 年经中国农业科学院植物保护研究所鉴定，慢条锈病，免疫秆锈病。

产量及适宜种植区域：2000—2003 年参加平凉市川区组区域试验，平均亩产量 341.4 kg，较对照陇原 936 增产 2.7%。适宜于静宁、庄浪、通渭、陇西、定西以及周边同类地区川水地、山台地种植。

栽培技术要点：9 月中下旬播种，亩播种量 15.0~17.5 kg，播前用 15% 的粉锈宁拌种。孕穗开花期喷施磷酸二氢钾、叶面宝等叶面肥料进行补充，防止脱肥早衰。

172. 陇中 1 号

品种来源：定西市农业科学研究院 1993 年以土耳其引进的冬小麦品种 84WR（21）-4-2 作母本，春小麦品种洛 8912 作父本杂交选育而成。审定编号：国审麦 2007023。

特征特性：强冬性，生育期 273 d。幼苗匍匐，叶片深绿色，株高 8 cm。穗长方形，长芒，护颖白色，籽粒红色、卵圆形，角质。穗长 8 cm，小穗数 14 个，穗粒数 35 粒，千粒重 47.2 g。容重 878 g/L，含粗蛋白 14.23%，赖氨酸 0.46%，湿面筋 32.4%，沉降值 30.6 mL，吸水率 61.2%，稳定时间 3.6 min。成熟落黄好。抗旱性 3 级，抗寒性强。中抗-高抗条锈病。高抗白粉病、黄矮病。

产量及适宜种植区域：2004 年参加全国北部旱地冬小麦预备试验，平均亩产量 293.3 kg，较对照西峰 20 增产 14.8%。2004—2007 年参加全国北部旱地冬小麦区域试验，平均亩产量 302.6 kg，较对照长 6878 增产 10.3%。适宜于年降水量 250~350 mm，海拔 1 700~2 300 m 的甘肃定西、白银、平凉、庆阳、临夏、武威、宁夏固源、青海贵德等地干旱、半干旱区、不保灌区冬春麦区种植。

栽培技术要点：适宜在 9 月 20—30 日（秋分前后）播种为宜，亩保苗 30 万~33 万株。起身期、孕穗期、抽穗期及时防治红蜘蛛、蚜虫和条沙叶蝉等病虫害。

173. 武都 16

品种来源：陇南市农业科学研究所 1991 年以 7930-2 作母本，以小白冬麦作父本杂交选育而成。原系号 92-6。审定编号：甘审麦 2007016。

特征特性：弱冬性，生育期 199 d。幼苗半匍匐，株型紧凑，株高 100 cm。穗长方形，顶芒，护颖白色，籽粒红色、卵圆形，半角质。穗长 8.5 cm，小穗数 24 个，穗粒数 48 粒，千粒重 43 g。含粗蛋白 13.7%，赖氨酸 0.48%，湿面筋 23.6%，沉降值 50.8 mL。抗条锈性接种鉴定，苗期对混合菌表现感病；成株期对水 4 小种表现免疫，对条中 32 号小种表现高抗，对条中 29 号、条中 31 号小种表现中抗，对洛 13-Ⅲ小种和混合菌表现感病；总体表现中抗到感病水平，但严重度和普遍率相对较低。

产量及适宜种植区域：2001—2002 年参加陇南市川区组区域试验，平均亩产量 273.0 kg，较对照绵阳 28 增产 42.2%。适宜于陇南市文县、武山、康县等地河谷川坝和半山干旱区推广种植。

栽培技术要点：陇南市半山、丘陵区（海拔 1 300~1 600 m），10 月中旬播种为宜，1 300 m 以下 10 月中下旬播种为宜。川坝河谷区亩基本苗保持在 30 万~32 万株，亩播种量 15 kg；半山、丘陵区亩基本苗保持在 35 万株左右，亩播种量 17.5 kg。

174. 陇鉴 9821

品种来源：甘肃省农业科学院植物保护研究所 1998 年以洮 153 作亲本，高粱品种"熊岳 253"作供体，通过外源 DNA 花粉管导入技术，提取高粱的总体 DNA 为供体，导入受体品种洮 157 中，经连续 7 年田间鉴定筛选而成。原系号 98 保 2-1。审定编号：甘审麦 2007017。

特征特性：冬性，生育期 257 d。幼苗半匍匐，叶片深绿色，株高 95~103 cm。穗长方形，无芒，护颖白色，穗长方形，籽粒红色，角质。穗长 7.6 cm，小穗数 15~18 个，穗粒数 32.1 粒，千粒重 41.8 g。含粗蛋白 14.54%，赖氨酸 0.43%，湿面筋 27.7%，沉降值 51.2 mL。抗条锈性接种鉴定，对条中 29 号、条中 30 号、条中 31 号、条中 32 号、洛 13-Ⅲ、洛 13-Ⅷ、水 4、水 11、水 14、HY4、HY7、HY8 等小种和混合菌均表现中抗-中感水平。

产量及适宜种植区域：2002—2004 年参加天水高山组区域试验，平均亩产量 318.2 kg，较对照中梁 22 增产 3.1%。2002—2004 年在甘谷县、秦州区及临洮县进行了生产试验和示范，较当地对照品种增产 2.1%~55.9%。适宜于陇南市的西和、礼县低海拔川水地和二阴山区及定西市的临洮县，临夏州的康乐等地部分水地种植。也可在天水市的甘谷县、武山县、麦积区、秦州区、清水县、秦安县等地半山区及二阴山区推广种植。

栽培技术要点：9 月下旬播种，播种量按亩保苗 30 万~35 万株确定。生长期间注意中耕锄草及适时收获，以确保丰收。

175. 天选 43

品种来源：天水市农业科学研究所以 8845-1-1-1-1 作母本，贵农 22 作父本杂交选育而成。原系号天 9362-10。审定编号：甘审麦 2008006。

特征特性：弱冬性。幼苗半匍匐，叶片深绿色，株高 90~95 cm。穗棍棒形，无芒，护颖白色，籽粒红色，角质。穗长 7.6 cm，小穗数 16 个，穗粒数 36 粒，千粒重 48 g，容重 790~800 g/L。抗倒伏性强。对条锈病、叶锈病免疫，轻感白粉病。

产量及适宜种植区域：2003—2005 年参加天水市川区组区域试验，平均亩产量 491.7 kg，较对照兰天 6 号增产 31.5%。适宜于天水市渭河河谷川道区及塬台机灌地，以及陇南地区的西和、礼县等西汉水上游海拔 1400 m 以下比较低暖的川台地种植。

栽培技术要点：一般亩施过磷酸钙 40~50 kg，尿素 15 kg，拔节期结合春灌追施尿素 10~15 kg。渭河川道高水肥地适当控制降低密度，亩播种量控制在 12~15 kg，亩保苗 20 万~25 万株。返青拔节期要控制肥水，注意蹲苗锻炼，以防群体过大引起倒伏。

176. 中天 1 号

品种来源：中国农业科学院作物科学研究所 1990 年用小麦品种 Fuhuko 与十倍体长穗偃麦草（R431）杂交，再用北京 837 和晋 2148 连续回交后自交选育而成，组合为"Fuhuko/R431//北京 837///晋 2148"。原系号中天 A3-5。审定编号：甘审麦 2008007。

特征特性：冬性，生育期 269 d。幼苗匍匐，叶片绿色，株型紧凑，株高 106 cm。穗纺锤形，顶芒，护颖白色，籽粒红色、卵圆形，粉质。穗长 8.0 cm，小穗数 14.1 个，穗粒数 32.9 粒，千粒重 39.5 g。容重 764 g/L，含粗蛋白 13.54%，湿面筋 24.8%，沉降值 9.2 mL，面团形成时间 1.4 min，面团稳定时间 1.0 min，拉伸面积 16 cm^2，延伸性 106 mm，最大抗延阻力 124 EU。成熟落黄好。抗寒、抗旱。抗白粉病。对条锈病免疫。田间表现抗蚜虫及黄矮病。

产量及适宜种植区域：2005—2007 年参加陇南片区域试验亩产量分别为 355.6 kg、304.1 kg，两年平均较对照品种增产 6.0%。适宜于天水市渭河流域海拔 1 500~2 000 m 的干旱及半干旱山区、二阴山区种植。

栽培技术要点：9 月下旬至 10 月初播种。高肥力的地块生育后期应预防倒伏。

177. 中梁 27

品种来源：天水市农业科学研究所中梁试验站以亚远缘八倍体中间材料中四、90293、中梁 12、保加利亚 10、咸农 4 号等 5 个亲本材料复合杂交选育而成，其组合为 90293///中梁 12/中 4//保加利亚 10/咸农 4 号。原系号 969-3-2-9-3。审定编号：甘审麦 2008008。

特征特性：冬性，生育期 265 d。幼苗匍匐，叶片绿色，株型紧凑，株高 105 cm。

穗纺锤形，顶芒，护颖，籽粒红色、卵圆形，角质。穗长 7.5 cm，小穗数 14.3 个，穗粒数 35.1 粒，千粒重 44.6 g。容重 775 g/L，含粗蛋白 13.90%，湿面筋 31.1%，干面筋 10.4%，沉降值 28.6 mL。成熟落黄好。抗寒、抗旱。中抗白粉病。抗条锈性接种鉴定，苗期对混合菌表现免役，成株期对主要流行小种条中 32 号、条中 29 号及水 14 小种均表现免役，对混合菌表现中抗-中感，对水 4 小种表现感病。

产量及适宜种植区域：2004—2006 年参加天水市半山组区域试验，平均亩产量 383.8 kg，较对照咸农 4 号增产 21.8%。适宜于天水市渭河流域海拔 1 500~2 000 m 的干旱及半干旱山区、二阴山区示范种植，亦适宜于生态条件类似的周边部分地区种植。

栽培技术要点：山旱地种植，9 月下旬播种，播种量以亩保苗 25 万株左右为宜，亩播种量控制在 12.5 kg 左右。生育期防治病虫害，成熟期及时收获。

178. 陇鉴 301

品种来源：甘肃省农业科学院旱地农业研究所以 DW803 作母本，7992 作父本杂交选育而成。原系号 89212-3-1-1。审定编号：甘审麦 2008009。

特征特性：冬性，生育期 275 d。幼苗匍匐，叶片绿色，株型紧凑，株高 103 cm。穗纺锤形，长芒，护颖白色，籽粒红色、椭圆形，角质。穗长 8.5 cm，穗粒数 27.2 粒，千粒重 34.8 g。容重 804.8 g/L，含粗蛋白 14.12%，湿面筋 30.6%，沉降值 27.8 mL，面条试验色泽评分 8.0，总评分 81.0。抗寒、抗旱、抗干热风、耐穗发芽、抗倒伏。抗条锈性接种鉴定，对条锈菌生理小种条中 29 号表现免疫，对条中 31 号、水 4、水 7 小种表现免疫到中抗水平，对条中 32 号小种和混合菌表现中抗。

产量及适宜种植区域：2002—2004 年参加陇东旱地组区域试验，平均亩产量 300.1 kg，较对照西峰 20 增产 5.2%。2004—2005 年（干旱年份）生产试验平均亩产量 219.8 kg，较对照西峰 20 增产 7.4%。适宜于陇东的环县、西峰区、正宁县、镇原县、宁县、灵台县、崆峒区等山塬地，以及中部较晚熟的通渭、漳县等同类地区种植。

栽培技术要点：9 月中下旬播种，播种量以亩保苗 25 万株左右为宜，亩播种量控制在 12.5 kg 左右。生育期防治病虫害，应及时喷药防治白粉病的发生，成熟期及时收获。

179. 陇育 1 号

品种来源：陇东学院农林科技学院以庆农 4 号作母本，90106（16）作父本杂交选育而成。原系号 9456-6-4-2。审定编号：甘审麦 2008010。

特征特性：强冬性，生育期 280 d。幼苗半匍匐，叶片深绿色，株型紧凑，株高 80 cm。穗纺锤形，长芒，护颖白色，籽粒白色、卵圆形，角质。穗长 8 cm，小穗数 14 个，穗粒数 32.4 粒，千粒重 39.6 g。容重 815.7 g/L，含粗蛋白 14.35%，湿面筋 32.6%，沉降值 23.8 mL，吸水率 60.9%，面团稳定时间 1.5 mim。成熟落黄好。抗旱、抗寒性强。抗倒伏。中抗条锈病。

产量及适宜种植区域：2003—2004 年参加陇东片旱地组区域试验，平均亩产量 288.8 kg，较对照西峰 20 增产 8.9%。2005 年生产试验平均亩产量 236.4 kg，较对照西峰 20 增产 15.1%。适宜于陇东旱塬地及其同类地区种植。

栽培技术要点：9 月上中旬播种为宜，亩播种量 11~12 kg。施足底肥，氮、磷肥配合施用。返青后亩追施尿素 7.5 kg。

180. 陇鉴 386

品种来源：甘肃省农业科学院旱地农业研究所以 1321 作母本，陇鉴 127 作父本杂交选育而成。原系号 959-5-1-2-3。审定编号：甘审麦 2009005。

特征特性：冬性，生育期 273 d。幼苗匍匐，叶片绿色，株型紧凑，株高 84 cm。穗长方形，长芒，护颖白色，籽粒白色、椭圆形，角质。穗长 8.4 cm，小穗数 19 个，穗粒数 33 粒，千粒重 42.6 g。容重 800.6 g/L，含粗蛋白 15.87%，湿面筋 37.7%，面团稳定时间 3.5 min，拉伸面积 34 cm^2，最大抗延阻力 122 EU。抗条锈性接种鉴定，苗期、成株期对混合菌及条中 29 号、条中 32 号、水 4、水 14 等小种均表现免疫。

产量及适宜种植区域：2004—2006 年参加陇东片旱地组区域试验，平均亩产量 277.5 kg，较对照西峰 20 增产 4.3%。2006—2007 年生产试验平均亩产量 254.8 kg，较对照西峰 20 增产 10.7%。适宜于庆阳市的环县、西峰区、正宁县、镇原县、宁县，平凉市的灵台县、崆峒区等地种植。

栽培技术要点：9 月中下旬播种，亩保苗 22 万株左右，亩播种量控制在 12 kg 左右。生育期防治病虫害，成熟期及时收获，以免降水危害。

181. 陇鉴 9811

品种来源：甘肃省农业科学院植物保护研究所以小麦洮 157 作亲本，玉米天玉 1 号作供体，通过外源 DNA 花粉管导入技术，提取玉米的总体 DNA 导入，经田间鉴定筛选而成。原系号 98 保 1-1。审定编号：甘审麦 2009006。

特征特性：冬性，生育期 255 d。幼苗半匍匐，叶片深绿色，株高 95~103 cm。穗长方形，无芒，护颖白色，籽粒红色，角质。穗长 8.1 cm，小穗数 15~18 个，穗粒数 34.1 粒，千粒重 41.8 g。容重 746.0 g/L，含粗蛋白 17.03%，淀粉 66.48%，湿面筋 37.73%，赖氨酸 0.54%，沉降值 48.2 mL。抗条锈性接种鉴定，苗期对混合菌、成株期对条中 29 号、条中 30 号、条中 31 号、条中 32 号、条中 33 号、洛 13-Ⅲ、洛 13-Ⅷ、水 4、水 11、HY4、HY7、HY8 等小种和混合菌均表现抗病。

产量及适宜种植区域：2004—2006 年参加天水市半山组区域试验。两年平均亩产量 374.9 kg，较对照咸农 4 号增产 14.4%。2006—2007 年生产试验，较对照增产 7.8% 以上。适宜于天水的甘谷县、武山县、麦积区、秦州区、清水县、秦安县等地的半干旱地区推广种植；定西市的临洮县，临夏州的康乐县等部分地区也可种植。

栽培技术要点：9 月下旬播种，亩保苗 30 万~35 万株。生长期间注意中耕锄草及适时收获，以确保丰收。

182. 中植 2 号

品种来源：中国农业科学院植物保护研究所和甘肃省农业科学院植物保护研究所协作，选用亲本材料陕 167、贵农 22、T. Spelta album，通过常规杂交和复合杂交，经田间鉴定筛选而成。审定编号：甘审麦 2009007。

特征特性：冬性，生育期 255 d。幼苗半匍匐，叶片深绿色，株高 78~85 cm。穗长方形，长芒，护颖白色，籽粒红色，角质。穗长 8.0 cm，小穗数 15~18 个，穗粒数 34.0 粒，千粒重 42.3 g。容重 786.2 g/L，含粗蛋白 11.57%，淀粉 67.87%，湿面筋 18.60%，赖氨酸 0.51%，沉降值 51.3 mL。抗条锈性接种鉴定，苗期对混合菌、成株期对条中 29 号、条中 30 号、条中 31 号、条中 32 号、条中 33 号、洛 13-Ⅲ、洛 13-Ⅷ、水 4、水 11、HY4、HY7、HY8 等小种和混合菌均表现抗病。

产量及适宜种植区域：2004—2006 年参加陇南片川区组区域试验，平均亩产量 466.7 kg，较对照兰天 13 增产 3.0%。2005—2007 年生产试验，较当地对照增产 4.5%~21.6%。适宜于天水的甘谷县、武山县、麦积区、秦州区、清水县、秦安县等具有灌溉能力的川道区种植；在陇南市的西和县、礼县等川道地区也可示范种植。

栽培技术要点：10 月中下旬播种，亩保苗 30 万~35 万株。生长期间注意中耕锄草及适时收获，以确保丰收。

183. 康庄 974

品种来源：临洮县康庄育种研究所 1976 年以蚰包作母本与天选 15 杂交，从 F$_3$ 中选优良单株作为母本与进化 3 号杂交；1990 年以 77-69 为母本，与蚰包/天选 15//进化 3 号的优良穗系杂交，其组合为 77-69///蚰包/天选 15//进化 3 号。审定编号：甘审麦 2009008。

特征特性：冬性，生育期 275 d，幼苗半匍匐，芽鞘白色，叶片绿色，株高 85~90 cm。穗棍棒形，顶芒，护颖白色，籽粒红色，角质。穗长 8.1 cm，小穗数 15.2 个，千粒重 45.2 g。容重 746 g/L，含粗蛋白 13.09%，赖氨酸 0.5%，湿面筋 22.3%，沉降值 34.5 mL。抗条锈性接种鉴定，对条中 32 号及 HY8 小种免疫，而对水 18、水 4、水 7 小种表现感病，但耐锈性较好。对干热风抗性一般，感白粉病。

产量及适宜种植区域：2004—2006 年参加陇中片二阴及水地区域试验，平均亩产量 392.4 kg，较对照洮 157 增产 14.8%。2006—2007 年生产试验平均亩产量 473.7 kg，较对照洮 157 增产 13.2%。适宜于定西市、临夏州的川水地、二阴山旱地种植。

栽培技术要点：9 月 25 日至 10 月 5 日播种，以冬前具备 3.1 叶至 5.1 叶为播种适期。亩播种量 15~17 kg（35 万~38 万粒）为宜。早灌返青水促进有效分蘖；控制拔节水，促进次生根向土壤纵深发展。孕穗期及早喷施粉锈灵等防锈农药，防治锈病和白粉病等。

184. 静宁 11

品种来源：静宁县农业技术推广中心以洮157作母本，75试5作父本杂交选育而成。原系号静9833。审定编号：甘审麦2009009。

特征特性：冬性，生育期280 d。幼苗半匍匐，叶片深绿色，株型中等，株高86 cm。穗长方形，顶芒，护颖白色，籽粒红色、椭圆形，角质。穗长7.6 cm，小穗数16个，穗粒数34.2粒，千粒重42.5 g。容重802.5 g/L，含粗蛋白14.1%，赖氨酸0.42%，湿面筋24.64%，沉降值30 mL。抗白粉病和红矮病。抗条锈性接种鉴定，成株期对条中29号、水3、水14、条中31号小种表现轻感，严重度和普遍率相对较低，中抗耐锈。

产量及适宜种植区域：2003—2005年参加平凉市川区组区域试验，平均亩产量373.2 kg，较对照长武134增产23.8%。2003—2007年生产试验平均亩产量481.9 kg，较对照长武134增产13.8%。适宜于静宁、庄浪及周边（县区）同类河谷川水地种植。

栽培技术要点：9月中旬播种，亩播种量18 kg为宜，亩保苗35万株左右。要求种子包衣，生育期防治病虫害。成熟期及时收获，以免降水危害。

185. 天选 44

品种来源：天水市农业科学研究所甘谷试验站以天选41作母本，天选40作父本杂交选育而成。原系号9457。审定编号：甘审麦2009010。

特征特性：冬性，生育期279 d。幼苗匍匐，芽鞘绿色，叶片深绿色，株高103 cm。穗长方形，长芒，护颖白色，籽粒红色、椭圆形，角质。穗长6.6 cm，小穗数14个，穗粒数35粒，千粒重44.7 g。容重769 g/L，含粗蛋白16.34%，赖氨酸0.49%，湿面筋24.2%，沉降值44.95 mL。中抗条锈病。

产量及适宜种植区域：2003—2004年参加天水市高山组区域试验，平均亩产量349.9 kg，较对照中梁22增产13.8%。2003—2004年生产试验平均亩产量340.5 kg，较对照中梁22增产13.6%。适宜于天水市海拔1 500~1 900 m肥力条件相对较好的半山二阴区种植。

栽培技术要点：亩播种量宜控制在16.0~17.5 kg，亩保苗30万株左右。增施底肥，早施追肥，以防贪青晚熟。抽穗后适时防蚜。

186. 天选 45

品种来源：天水市农业科学研究所甘谷试验站以15th12作母本，8845-①-①作父本杂交选育而成。原系号919R。审定编号：甘审麦2009011。

特征特性：冬性，生育期267~270 d。幼苗匍匐，芽鞘绿色，叶片深绿色，株高96 cm。穗纺锤形，无芒，护颖白色，籽粒白色、椭圆形，角质。穗长7.5~8.0 cm，小穗数 13~14 个，穗粒数 33.0 粒，千粒重 38.0~41.0 g。容重 820.0 g/L，含粗蛋白 16.97%，湿面筋 33.3%，沉降值 33.2 mL，吸水率 63.2%，面团形成时间 6.2 min，面团稳定时间 5.0 min，拉伸面积 56 cm²，延伸性 152 mm，最大抗延阻力 255 EU。抗白粉病和叶枯病。抗条锈性接种鉴定，苗期和成株期对混合菌、水 14、条中 32 号、水 4 等小种以及致病菌类型免疫。

产量及适宜种植区域：2005—2006 年参加陇南片半山组区域试验，平均亩产量 365.7 kg，较对照增产 16.3%。2006 年生产试验平均亩产量 272.2 kg，较对照增产 10.4%。适宜于渭河上游海拔 1 400~1 900 m 的山地冬麦区及肥力中等、半干旱半湿润地区种植；在浅山干旱区的地膜小麦上也可示范种植。

栽培技术要点：适宜播种期为 9 月下旬，亩播种量 10~12 kg，亩保苗 20 万~22 万株。抽穗后应及时防蚜，并喷施叶面肥促进籽粒灌浆。

187. 中梁 28

品种来源：天水市农业科学研究所以亚远缘八倍体中间材料中四、钱保德、皖 8301、绵 87-31、旱 7014-20、中梁 23 等 8 个亲本材料复合杂交选育而成。组合为中四/皖 8301//87140///中四/钱保德//8557////绵 87-31/旱 7014-20//中梁 23 号。原系号 9483-5-5-4。审定编号：甘审麦 2009012。

特征特性：冬性，生育期 269 d。幼苗匍匐，叶片浅绿色，株高 90~100 cm。穗白色，无芒，籽粒红色、卵圆形，半角质。穗长 7.5 cm，小穗数 15.9 个，穗粒数 37.0 粒，千粒重 40.6 g。容重 782.5 g/L，含粗蛋白 14.4%，赖氨酸 0.5%，湿面筋 26.4%，沉降值 69.0 mL。抗条锈性接种鉴定，苗期对混合菌表现免疫，成株期对条中 29 号、条中 31 号、条中 32 号小种及致病类型洛 13、水 4、水 14 小种表现免疫，对水 3 小种表现免疫到中抗水平，对混合菌表现中抗。

产量及适宜种植区域：2003—2004 年参加天水市半山组区域试验，平均亩产量 357.0 kg，较咸农 4 号增产 10.7%。2005 年生产试验平均亩产量 307.3 kg，较对照增产 13.1%。适宜于天水市及周边陇南、平凉、定西等部分冬麦区及渭河流域海拔 1 500~2 000 m 的干旱、半干旱山区、二阴山区、旱川地种植。

栽培技术要点：9 月下旬播种，播种量以亩保苗 25 万株左右为宜，亩播种量控制在 12.5 kg 左右。生育期注意除草，抽穗后防治病虫害，成熟期及时收获。

188. 中梁 29

品种来源：天水市农业科学研究所以 92R137 作母本，938-4 作父本杂交选育而成。原系号 X9614-8-1-2-2。审定编号：甘审麦 2009013。

特征特性：冬性，生育期 239 d。幼苗半匍匐，叶片绿色，株型紧凑，株高 97.3 cm。穗长方形，顶芒，护颖白色，籽粒红色，粉质。穗长 8.6 cm，小穗数 15.2 个，穗粒数 34.9 粒，千粒重 39.5 g。容重 773.7 g/L，含粗蛋白 12.8%，湿面筋

26.5%，沉降值 29.0 mL，面团形成时间 2.6 min，面团稳定时间 2.5 min，拉伸面积 53 cm²，最大抗延阻力 212 EU。抗条锈性，田间保持免疫到高抗，对水 14、水 7、水 4、HY8 及条中 32 号小种及混合菌免疫。抗白粉病、黄矮病。

产量及适宜种植区域：2005—2006 年参加陇南片川区组区域试验，平均亩产量 452.4 kg，较对照兰天 13 增产 4.3%。2007 年生产试验平均亩产量 467.2 kg，较对照增产 11.3%。适宜天水市及周边地区川水地种植。

栽培技术要点：播种期以 10 月上中旬，亩基本苗 20 万~25 万株为宜。及时除草及防治病虫害。

189. 兰天 24

品种来源：原兰州财经大学小麦研究所以 92R137 作母本（含抗条锈基因 Yr26），自育材料 87 - 121 作父本杂交选育而成。原系号 95 - 111 - 3。审定编号：甘审麦 2009014。

特征特性：冬性。幼苗半匍匐，株型紧凑，株高 90.3 cm。穗长方形，顶芒，护颖白色，籽粒红色、椭圆形，半角质。穗长 9.0 cm，小穗数 15.4 个，穗粒数 39.5 粒，千粒重 40.1 g。含粗蛋白 15.35%，赖氨酸 0.48%，粗淀粉 65.18%，灰分 1.64%，湿面筋 27.39%，沉降值 43.1 mL。抗条锈性接种鉴定，苗期对混合菌免疫，成株期对条中 29 号、条中 31 号、水 14、洛 13 小种和混合菌表现免疫，对水 4 小种表现中感。

产量及适宜种植区域：2005—2006 年参加陇南片川区组区域试验，平均亩产量 473.1 kg，较对照增产 19.7%。2008 年生产试验平均亩产量 361.3 kg，较对照增产 23.8%。适宜于天水市各县区和陇南市徽县、成县、西和和礼县等川水地种植。

栽培技术要点：适宜播种期为 10 月上旬至下旬。亩播种 35 万~40 万粒，保苗 28 万~35 万株。抽穗后及时喷药防治蚜虫，同时可用磷酸二氢钾进行叶面喷肥。

190. 兰天 25

品种来源：原兰州财经大学小麦研究所以自育品系 92-72 作母本，Mo（s）311 作父本杂交选育而成。原系号 98-178-3-2。审定编号：甘审麦 2009015。

特征特性：偏春性，生育期 243 d。幼苗直立，株型紧凑，株高 88.3 cm。穗长方形，顶芒，护颖白色，籽粒白色、椭圆形，角质。穗长 9.2 cm，小穗数 16.9 个，穗粒数 43.6 粒，千粒重 40.5 g。含粗蛋白 15.25%，赖氨酸 0.473%，粗淀粉 64.6%，灰分 1.59%，湿面筋 28.21%，沉降值 44.0 mL。抗条锈性接种鉴定，苗期对混合菌免疫，成株期对条中 29 号、条中 31 号、条中 32 号、水 4、水 14、水 7 小种和混合菌免疫。

产量及适宜种植区域：2005—2006 年参加天水市和陇南片川区组区域试验，平均亩产量 467.7 kg，较对照增产 20.1%。2008 年生产试验平均亩产量 383.1 kg，较对照增产 16.4%。适宜于天水市各县区和陇南市徽县、成县、西和、礼县等川水地种植。

栽培技术要点：由于冬性不强，播种期不宜过早。陇南地区可在 10 月上旬至下旬播种。亩播种 35 万~40 万粒，保苗 28 万~35 万株。抽穗后及时喷药防治蚜虫，同时可用磷酸二氢钾进行叶面喷肥。后期应控制水肥，以防倒伏。

191. 陇育 2 号

品种来源：陇东学院农林科技学院 1997 年用陇东 3 号作母本，［82（348）/9002-1-1］F₃作父本复合杂交选育而成。原系号陇育 216。审定编号：甘审麦 2009016。

特征特性：强冬性，生育期 274 d。幼苗匍匐，株型紧凑，株高 82 cm。穗纺锤形，长芒，护颖白色，籽粒白色，角质。穗长 8 cm，穗粒数 34.9 粒，千粒重 32.1 g。容重 811.4 g/L，含粗白蛋 14.38%，湿面筋 34.0%，沉降值 27.9 mL，吸水率 61.2%，面团形成时间 3.2 min，面团稳定时间 2.5 min。高抗白粉病。抗条锈性接种鉴定，苗期对混合菌表现感病，成株期对条中 32 号、水 4、水 7、HY8 小种表现免疫，对水 14 小种和混合菌表现中抗到中感水平。

产量及适宜种植区域：2005—2006 年参加陇东片旱地组区域试验，平均亩产量 275.4 kg，较对照西峰 20 增产 5.5%。2007 年生产试验平均亩产量 263.3 kg，较对照西峰 20 号增产 14.4%。适宜于陇东山、塬旱地及其他同类地区种植。

栽培技术要点：陇东地区适宜播期以 9 月上中旬为宜，亩播种量 10~11 kg，亩成穗 35 万左右。施足底肥，氮、磷肥配合施用。多雨年份注意防倒伏。

192. 兰天 26

品种来源：甘肃省农业科学院小麦研究所以引进 Flansers 作母本，兰天 10 号作父本杂交选育而成。原系号 00-30。审定编号：甘审麦 2010007。

特征特性：冬性，生育期 242 d。幼苗半匍匐，株型紧凑，株高 75~105 cm。穗长方形，无芒，护颖白色，籽粒红色、卵圆形，半角质。穗长 6.0~9.0 cm，小穗数 12.0~19.2 个，穗粒数 31.6~38.9 粒，千粒重 43.4~48.4 g。含粗蛋白 13.96%，赖氨酸 0.29%，粗淀粉 65.94%，粗脂肪 2.19%，湿面筋 24.06%，沉降值 37.8 mL。成熟落黄好。抗旱性中等，抗寒性强。高抗条锈病，中抗白粉病，感叶锈病。

产量及适宜种植区域：2006—2008 年参加陇南片山区组区域试验，平均亩产量 423.5 kg，较对照中梁 22 增产 24.9%。2008—2009 年生产试验平均亩产量 425.5 kg，较对照增产 16.1%。适宜于天水市和陇南市的高山、半山二阴区及平凉市的庄浪等地种植。

栽培技术要点：适宜播种期高山区为 9 月中旬，半山区为 9 月中下旬。亩播种 35 万~40 万粒，保苗 35 万株左右。以基肥为主，注意氮、磷肥配合施用，拔节期间按苗情趁雨追施化肥。播种时注意用三唑酮拌种以防止腥黑穗病。

193. 兰天 27

品种来源：甘肃省农业科学院小麦研究所以引进 Fr81-1 作母本，兰天 10 号作父本杂交选育而成。原系号 99-316。审定编号：甘审麦 2010008。

特征特性：冬性，生育期 243 d。幼苗半匍匐，株型中等，株高 77~104 cm。穗长方形，顶芒，护颖白色，籽粒红色、卵圆形，粉质。穗长 6.0~8.0 cm，小穗数 14.5 个，穗粒数 36.6 粒，千粒重 34.5~52.1 g。含粗蛋白 12.03%，湿面筋 27.5%，沉降值 18.4 mL，面团形成时间 1.8 min，面团稳定时间 1.1 min。叶片功能期长，抗寒性强，抗旱性中等。中抗白粉病。抗条锈性接种鉴定，苗期对混合菌免疫，成株期对条中 32 号、条中 33 号、水 4、水 7、HY8 小种及混合菌免疫。

产量及适宜种植区域：2006—2008 年参加陇南片山区组区域试验，平均亩产量 415.7 kg，较对照中梁 22 增产 22.7%。2008—2009 年生产试验平均亩产量 415.6 kg，较中梁 22 增产 13.4%。适宜于天水、陇南市的高山、二阴半山区及平凉市的庄浪、华亭等地种植。

栽培技术要点：陇南高山区适宜播种期为 9 月中旬，半山区为 9 月中下旬。施肥以基肥为主，注意氮、磷肥配合施用，拔节期间按苗情趁降雨追施化肥。

194. 中植 4 号

品种来源：甘肃省农业科学院植物保护研究所以绵优 2 号作母本，中植 1 号作父本杂交选育而成。原系号 CP02-11-1-2。审定编号：甘审麦 2010009。

特征特性：冬性，生育期 253 d。幼苗半匍匐，叶片深绿色，株高 85~93 cm。穗长方形，长芒，护颖白色，籽粒红色，角质。穗长 8.8 cm，小穗数 15~18 个，穗粒数 36.0 粒，千粒重 38.6g。含粗蛋白 13.36%，淀粉 63.24%，湿面筋 21.51%，赖氨酸 0.39%，沉降值 24.3 mL。抗条锈性接种鉴定，苗期对混合菌，成株期对主要流行小种条中 29 号、条中 31 号、条中 32 号、条中 33 号小种及致病类型水 4、水 11、HY8 小种和混合菌，均表现免疫。

产量及适宜种植区域：2007—2009 年参加陇南片川区组区域试验，平均亩产量 509.2 kg，较对照增产 19.9%。2009 年生产试验平均亩产量 507.5 kg，较对照增产 21.7%。适宜于天水市有灌溉条件的甘谷县、武山县、麦积区、秦州区、清水县、秦安县及陇南市的西和县、礼县、武都区等川地种植。

栽培技术要点：10 月中下旬播种，播量按亩保苗 30 万~35 万株确定。中耕锄草，适时收获。

195. 环冬 4 号

品种来源：环县农业技术推广中心从 83-84-1-1 分离单株系选而成。原系号 90 系选 3。审定编号：甘审麦 2010010。

特征特性：强冬性，生育期 275~289 d。幼苗匍匐，叶片深绿色，株高 82 cm。穗棍棒形，长芒，护颖白色，籽粒红色、椭圆形，角质。穗长 7.6 cm，穗粒数 29.3 粒，千粒重 32.5 g。容重 792.8 g/L，含粗蛋白 14.72%，淀粉 63.77%，湿面筋 26.38%，沉降值 40.5 mL，赖氨酸 3.82%。抗倒伏，抗青干，抗穗发芽。高抗红、黄矮病。中抗白粉病。抗条锈性接种鉴定，对主要流行小种条中 31 号、条中 32 号、条中 29 号及水 4、水 7、水 14 小种及混合菌均表现感病，但严重度相对较低。

产量及适宜种植区域：2006—2008 年参加陇东片旱地组区域试验，平均亩产量 234.8 kg，较对照西峰 27 增产 6.9%。2008—2009 年生产试验平均亩产量 240.0 kg，较对照西峰 27 增产 4.2%。适宜于庆阳市偏北部地区种植。

栽培技术要点：9 月中下旬播种，播种量以亩保苗 25 万株左右为宜，亩播种量控制在 12 kg 左右。施足底肥，返青后视苗情适量追施氮肥。生育期防治病虫害，应及时喷药防治锈病发生。

196. 临农 9555

品种来源：甘肃农业大学应用技术学院 1995 年以自育品系 4814-2 作母本，86109-8-1 作父本杂交选育而成。原系号 95D55。审定编号：甘审麦 2010011。

特征特性：冬性，生育期 265~281 d。幼苗半匍匐，叶片深绿色，株高 90~117 cm。穗棍棒形，顶芒，护颖白色，籽粒白色、卵圆形，角质。千粒重 41.4~47.2 g。含粗蛋白 10.88%，赖氨酸 0.34%，湿面筋 21.6%，沉降值 19.5 mL，吸水量 54.4%，面团形成时间 1.5 min，面团稳定时间 1.6 min，软化度 163 F.U.，评价值 31，属弱筋冬小麦品种。抗条锈性接种鉴定，苗期对混合菌表现中抗，成株期对条中 29 号、条中 31 号、水 7 小种表现免疫，对水 4、水 14、HY8、条中 32 号小种及混合菌表现中抗至中感。

产量及适宜种植区域：2005—2006 年参加陇中片区域试验，平均亩产量 433.0 kg，较对照临农 157 增产 8.3%。2007 年生产试验平均亩产量 468.3 kg，较对照临农 157 增产 11.5%。适宜于定西市的临洮、陇西、渭源、漳县和临夏州的广河、康乐、临夏、积石山、和政、永靖等地种植。

栽培技术要点：川水地适当延迟灌头水时间，或在苗期碾压一次，或拔节前喷一次矮壮素，以防止倒伏。该品种拔节早，应适时播种，不宜过早。

197. 宁麦 9 号

品种来源：罗盘（个人）1994 年以陕西省长武县选育的长武 131 作母本，以山西农业大学选育的晋麦 14 作父本杂交选育而成。审定编号：甘审麦 2010012。

特征特性：冬性，生育期 275 d。幼苗直立，叶片深绿色，株型中等，株高 87.9 cm。穗纺锤形，长芒，护颖白色，籽粒白色，角质。小穗数 14~16 个，穗粒数

36.5 粒，千粒重 36.3 g。容重 785~825 g/L，含粗蛋白 12.73%，湿面筋 25.0%，沉降值 31.5 mL，赖氨酸 0.4%。抗倒性和抗穗发芽中等。抗旱、抗寒性强。抗条锈病和白粉病。

产量及适宜种植区域：2006—2008 年参加陇东片旱地组区域试验，平均亩产量 239.1 kg，较对照西峰 27 增产 9.0%。2008—2009 年参加生产试验平均亩产量 272.5 kg，较对照西峰 27 增产 18.3%。适宜于平凉市的泾川、灵台、崆峒、庆阳市南部及子午岭林缘区种植。

栽培技术要点：陇东旱塬区 9 月下旬，川区 10 月上旬播种。亩播种量 12.5 kg，保证基本苗 28 万~30 万株为宜。冬前或开春后化学除草，孕穗至扬花期喷施磷酸二氢钾。丰水年份防止倒伏。

198. 平凉 45

品种来源：平凉市农业科学院以自育的 [82RB（62）/庆 82] F₁ 作母本，以自育的中间材料 84W（21）作父本杂交选育而成。原系号陇麦 977。审定编号：甘审麦 2010013。

特征特性：强冬性，生育期 280 d。幼苗匍匐，叶片深绿色，株型紧凑，株高 87.0~92.3 cm。穗长方形，长芒，护颖白色，籽粒白色、卵圆形，半角质。穗长 7.4 cm，小穗数 14.8 个，穗粒数 26.4 粒，千粒重 33.3~48.3 g。容重 768.5 g/L，含粗蛋白 14.67%，赖氨酸 0.54%，湿面筋 30.31%。茎叶功能期长，成熟灌浆转色快，成熟落黄好。耐瘠薄、抗冻、抗旱。高抗白粉病、条锈病。

产量及适宜种植区域：2004—2006 年参加陇东片旱地组区域试验，平均亩产量 258.3 kg，较对照西峰 20 减产 1.1%。平凉各试点区域试验平均亩产量为 280.1 kg，较对照西峰 20 增产 5.7%。适宜于平凉的山塬旱地、高寒阴湿山区和丘陵山区种植。

栽培技术要点：9 月中下旬播种，亩播种量 13.5~15.0 kg 为宜。山塬旱地最好采用沟播种植方式，以达到旱年增产，多雨年防倒伏。返青期适时适墒镇压，及时防虫治病。

199. 天选 46

品种来源：天水市农业科学研究所甘谷试验站以天 882 作母本，天选 37 作父本杂交选育而成。原系号天 9220-12。审定编号：甘审麦 2010014。

特征特性：冬性，生育期 244 d。幼苗匍匐，叶片深绿色，株高 100 cm。穗纺锤形，无芒，护颖白色，籽粒红色、椭圆形，角质。穗长 9.0 cm，小穗数 16.9 个，穗粒数 38.9 粒，千粒重 36.3 g。容重 792~819 g/L，含粗蛋白 13.66%，赖氨酸 0.43%，湿面筋 21.14%，沉降值 32.2 mL。抗寒、抗旱、抗青干。高抗条锈病。

产量及适宜种植区域：2005—2007 年参加陇南片川区组区域试验，平均亩产量 457.2 kg，较对照兰天 13 增产 0.9%。2006—2007 年生产试验平均亩产量 437.6 kg，较对照增产 12.4%。适宜于天水市渭河河谷川道区及塬台机灌地种植。

栽培技术要点：一般亩施过磷酸钙 40~50 kg，尿素 15 kg，在起身拔节期结合春灌追施尿素 10~15 kg。渭河川道高水肥地要适当控制降低密度，亩播种量 12~15 kg，亩保苗 20 万~25 万株为宜，返青拔节期要控制肥水，注意蹲苗锻炼，以防群体过大，后期引起倒伏而减产。

200. 天选 47

品种来源：天水市农业科学研究所甘谷试验站以天 94-3 作母本，中梁 22 作父本杂交选育而成。原系号 9633。审定编号：甘审麦 2010015。

特征特性：冬性，生育期 244 d。幼苗半匍匐，株高 82~95 cm。穗纺锤形，无芒，护颖白色，籽粒红色、椭圆形，角质。穗长 8.0~8.3 cm，小穗数 15 个，穗粒数 30 粒，千粒重 42~43 g。容重 760~802 g/L，含粗蛋白 12.16%，赖氨酸 0.43%，湿面筋 23.0%，沉降值 21.3 mL，面团形成时间 2.2 min，面团稳定时间 4.7 min，拉伸面积 36 cm^2，延伸性 120 mm，最大抗延阻力 214 EU。抗倒伏。抗寒、抗旱，抗青干。高抗条锈病。

产量及适宜种植区域：2006—2007 年参加陇南片山区组区域试验，平均亩产量 358.5 kg，较对照增产 11.2%。适宜于天水市海拔 1 800 m 以下肥力较高的干旱、半干旱、浅山梯田地和南北二阴山区种植。

栽培技术要点：干旱山区应底肥一次施足，二阴山区在起身拔节期视苗情追施尿素。高山二阴区在 9 月中旬播种，浅山区 9 月下旬播种为宜。亩播种量 12.5~15.0 kg，亩保苗 25 万株左右为宜，抽穗后及时防治蚜虫。

201. 中梁 30

品种来源：天水市农业科学研究所以引进 holdfast 作母本，中梁 22 作父本杂交选育而成。原系号 9996-8-1。审定编号：甘审麦 2010016。

特征特性：冬性，生育期 273 d。幼苗半匍匐，叶片深绿色，株高 105.7 cm。穗纺锤形，顶芒，护颖白色，籽粒红色、卵圆形，粉质。穗长 7.2 cm，小穗数 14.9 个，穗粒数 30.8 粒，千粒重 38.8 g。容重 779.0 g/L，含粗蛋白 13.08%，湿面筋 29.4%，沉降值 23.5 mL，吸水率 54.4%，面团形成时间 1.8 min，面团稳定时间 1.4 min，拉伸面积 28.0 cm^2，延伸性 174.0 mm。高抗条锈病及黄矮病，中抗白粉病。

产量及适宜种植区域：2006—2008 年参加陇南片山区组区域试验，平均亩产量 389.7 kg，较对照中梁 22 增产 13.9%。2008—2009 年生产试验平均亩产量 401.2 kg，较对照中梁 22 增产 9.5%。适宜于天水市渭河流域海拔 1 500~2 000 m 的半山区、二阴山区、旱川地种植。

栽培技术要点：天水市 9 月下旬播种，播种量以亩保苗 25 万株左右为宜，亩播种量控制在 12.5 kg 左右。生育期注意除草，抽穗后防治病虫害，成熟期及时收获。

202. 陇育 3 号

品种来源：陇东学院农林科技学院以 9166-1-1（900518/晋麦 30）作母本，罗马尼亚 1 号作父本杂交选育而成。原系号陇育 218。审定编号：甘审麦 2010017。

特征特性：冬性，生育期 275 d。幼苗匍匐，叶片深绿色，株高 90 cm。穗纺锤形，长芒，护颖白色，籽粒红色，角质。穗长 9.5 cm，穗粒数 35 粒，千粒重 38 g。容重 827 g/L，含粗蛋白 14.67%，湿面筋 32.3%，沉降值 29.0 mL，吸水率 61.6%，面团稳定时间 2.7 min。抗寒、抗旱，抗青干，抗倒伏。抗条锈性接种鉴定，苗期对混合菌表现中抗，成株期对条中 32 号、水 4、水 7、水 14、HY8 小种表现免疫，对混合菌表现感病。

产量及适宜种植区域：2006—2008 年参加陇东片旱地组区域试验，平均亩产量 231.3 kg，较对照西峰 27 增产 5.5%。适宜于庆阳及同类生态区的旱地种植。

栽培技术要点：适宜播种期以 9 月上中旬为宜，亩播种量 12~13 kg。施足底肥，氮、磷肥配合施用。

203. 静麦 3 号

品种来源：静宁县种子管理站以（D5003-1/RAH116）F_1 作母本，D282 作父本杂交选育而成。原系号静冬 0331。审定编号：甘审麦 2011003。

特征特性：冬性，生育期 266~278 d。幼苗半匍匐，叶片深绿色，株型中等，株高 90~105 cm。穗长方形，无芒，护颖白色，籽粒红色、椭圆形，半角质。穗长 6.5~7.0 cm，穗粒数 34~38 粒，千粒重 31~39 g。容重 808 g/L，含粗蛋白 15.68%，湿面筋 33.5%，沉降值 23.0 mL，面团形成时间 3.2 min，面团稳定时间 1.4 min。条锈病免疫，中抗叶锈病和白粉病。

产量及适宜种植区域：2008—2010 年参加陇中片旱地组区域试验，平均亩产量 288.1 kg，较对照陇中 1 号增产 3.8%。2009—2010 年参加生产试验平均亩产量 280.1 kg，较对照陇中 1 号增产 1.2%。适宜于静宁、庄浪及通渭、陇西、渭源、安定等地种植。

栽培技术要点：播前用 15%粉锈宁拌种预防锈病和白粉病发生。

204. 灵台 3 号

品种来源：灵台县鑫丰种业有限责任公司从山东省烟台市农业科学研究院引进的烟 D27 冬小麦变异单株中选育而成。原系号灵选 3 号。审定编号：甘审麦 2011004。

特征特性：强冬性，生育期 280 d。幼苗半匍匐，叶片绿色，株型紧凑，株高 90 cm。穗纺锤形，长芒，护颖白色，籽粒白色、长圆形，角质。穗长 6.8 cm，小穗数 16 个，穗粒数 33 粒，千粒重 36.0 g。容重 811 g/L，含粗蛋白 11.85%，湿面筋

19.0%，赖氨酸 0.46%，沉降值 35.4 mL，面团稳定时间 3.5 min。抗条锈性接种鉴定，苗期对混合菌表现感病，成株期对条中 29 号小种表现轻度感病，对条中 32 号、条中 31 号、水 4、水 7、水 14 小种及混合菌均表现抗病。

产量及适宜种植区域：2004—2006 年参加陇东片旱地组区域试验，平均亩产量 291.6 kg，较对照西峰 20 增产 6.6%。2005—2007 年生产试验平均亩产量 347.0 kg，较对照增产 15.6%。适宜于灵台、泾川、静宁、崆峒等地种植。

栽培技术要点：抢墒 9 月 20—25 日播种，亩播种量 12.5~15 kg，亩保苗 27 万株。

205. 陇育 4 号

品种来源：陇东学院农林科技学院以西峰 20 作母本，中 210 作父本杂交选育而成。原系号陇育 220。审定编号：甘审麦 2011005。

特征特性：强冬性，生育期 270~274 d。幼苗匍匐，叶片淡绿色，株高 80~90 cm。穗纺锤形，长芒，护颖白色，籽粒白色、卵圆形，角质。穗粒数 32~38 粒，千粒重 33.2~40.5 g。容重 813~833 g/L，含粗蛋白 13.62%，湿面筋 31.0%，面团稳定时间 3.8 min。抗条锈性接种鉴定，苗期对混合菌表现感病，成株期对条中 32 号、条中 33 号、水 7 小种表现抗病，对水 4、HY8 小种及混合菌表现感病。

产量及适宜种植区域：2008—2009 参加陇东片旱地组区域试验，平均亩产量 261.5 kg，较对照增产 12.0%。2010 年生产试验平均亩产量 314.87 kg，较对照西峰 27 号增产 15.2%。适宜于庆阳、平凉等地种植。

栽培技术要点：适宜播种期为 9 月中下旬，亩播种量 10~11 kg，亩保证基本苗 25 万株左右。

206. 陇鉴 101

品种来源：甘肃省农业科学院旱地农业研究所以 85（1）F_3 选（2）-4/8968 作母本，陕旱 85-173-12-2 作父本杂交选育而成。审定编号：甘审麦 2011006。

特征特性：冬性，生育期 269~277 d。幼苗半匍匐，叶片绿色，株型紧凑，株高 82~95 cm。穗纺锤形，长芒，护颖白色，籽粒红色、椭圆形，角质。穗长 7.6 cm，小穗数 18 个，穗粒数 22~34 粒，千粒重 27~38 g。容重 790~837 g/L，含粗蛋白 13.88%，湿面筋 34.6%，面团稳定时间 2.9 min，面条评分 85.0。成熟落黄好。抗条锈性接种鉴定，苗期对混合菌感病，成株期对条中 32 号、水 4、HY8 小种及混合菌免疫，对条中 33 号小种表现中抗。

产量及适宜种植区域：2006—2008 年参加陇东片旱地组区域试验，平均亩产量 238.7 kg，较对照西峰 27 增产 8.9%。2008—2009 年生产试验平均亩产量 253.7 kg，较对照西峰 27 增产 10.1%。适宜于甘肃省旱地冬小麦类型区种植。

栽培技术要点：9 月中下旬播种，适当晚播，亩保苗 23 万~25 万株。

207. 兰天 28

品种来源：甘肃省农业科学院小麦研究所和庆城县种子管理站协作，以西峰 20 作母本，宝丰 6 号作父本杂交选育而成。原系号陇原 061。审定编号：甘审麦 2011007。

特征特性：冬性，生育期 272~279 d。幼苗直立，叶片浅绿色，株高 78~96 cm。穗长方形，长芒，护颖白色，籽粒红色、卵圆形，半角质。小穗数 15~19 个，穗粒数 31~46 粒，千粒重 24~33 g。含粗蛋白 14.43%，湿面筋 24.07%，沉降值 44.1 mL，赖氨酸 0.352%。中抗白粉病。抗条锈性接种鉴定，成株期对条中 31 号、条中 32 号、水 4、水 5、水 7、水 14 小种及混合菌全部免疫。

产量及适宜种植区域：2006—2008 年参加陇东片旱地组区域试验，平均亩产量 233.6 kg，较对照西峰 20 增产 6.5%。2010 年生产试验平均亩产量 297.8 kg，较对照西峰 27 增产 6.3%。适宜于崆峒、泾川及庆城、镇原等旱塬地种植。

栽培技术要点：亩保苗 25 万~30 万株，成穗 40 万~50 万个。

208. 陇中 2 号

品种来源：定西市农业科学研究院以 88113-28-4 作母本，陇原 935 作父本杂交选育而成。原系号 9767-1-1-2-1。审定编号：甘审麦 2011008。

特征特性：强冬性，生育期 246~277 d。幼苗匍匐，叶片深绿色，株型紧凑，株高 70~90 cm。穗长方形，长芒，护颖白色，籽粒白色、长卵圆形，角质。穗长 8 cm，小穗数 15 个，穗粒数 33 粒，千粒重 36.5~44.0 g。容重 709~745 g/L，含粗蛋白 13.29%~17.10%，赖氨酸 0.47%~0.51%，湿面筋 21.38%~24.21%，沉降值 34.2~41.0 mL。抗条锈性接种鉴定，苗期、成株期对 HY8、水 4 小种及混合菌表现免疫至高抗，对条中 32 号、条中 33 号、水 7 小种表现免疫。

产量及适宜种植区域：2008—2010 年参加陇中片旱地组区域试验，平均亩产量 296.0 kg，较对照陇中 1 号增产 6.7%。2010 年生产试验平均亩产量 289.0 kg，较对照陇中 1 号增产 4.4%。适宜于定西、白银、平凉等地的干旱、半干旱区、不保灌区冬春麦区种植。

栽培技术要点：9 月中下旬播种为宜，亩保苗 30 万~33 万株。起身期、孕穗期、抽穗期及时防治红蜘蛛、蚜虫和条沙叶蝉等病虫害。

209. 中梁 31

品种来源：天水市科业科学研究所中梁试验站以 [洮 157/82（348）] F₁ 作母本，（AT8118 号/洮 157）F₁ 作父本杂交选育而成。原系号 9589。审定编号：甘审麦 2011009。

特征特性：冬性，生育期 259 d。幼苗匍匐，叶片绿色，株高 92.2 cm。穗纺锤形，顶芒，护颖白色，籽粒红色、椭圆形，角质。穗长 7.5 cm，穗粒数 39.3 粒，千粒重 42.5 g。容重 752.0 g/L，含粗蛋白 13.17%，湿面筋 30.6%，沉降值 28.5 mL。抗条锈性接种鉴定，苗期对混合菌表现中抗，成株期对条中 31 号、水 4、条中 32 号、条中 33 号小种表现免疫，对水 7 小种及混合菌表现中抗。

产量及适宜种植区域：2007—2009 年参加陇南片山区组区域试验，平均亩产量 417.5 kg，较对照增产 7.2%。2010 年生产试验平均亩产量 352.4 kg，较对照增产 3.0%。适宜于天水市渭河流域海拔 1 500 ~ 2 000 m 的干旱及半山区、二阴山区及旱川地种植。

栽培技术要点：山旱地播种期为 9 月下旬至 10 月上旬，露地种植亩播种量 22 万 ~ 25 万粒为宜。

210. 天选 48

品种来源：天水市农业科学研究所甘谷试验站以 9362-13-4-4 作母本，天 94-3 作父本杂交选育而成。原系号 98101-6-3-2。审定编号：甘审麦 2011010。

特征特性：冬性，生育期 251 d。幼苗半匍匐，株高 97.5 cm。穗为纺锤形，无芒，护颖白色，籽粒红色、椭圆形，角质。穗长 8.3 cm，穗粒数 37.4 粒，千粒重 40.5 g。含粗蛋白 12.16%，湿面筋 23.0%。抗条锈性接种鉴定，苗期对混合菌表现高抗，成株期对条中 29 号、水 4、条中 32 号、条中 33 号、HY8 小种及混合菌表现免疫。

产量及适宜种植区域：2007—2009 年参加陇南片山区组区域试验，平均亩产量 407.6 kg，较对照增产 3.8%。2010 年生产试验平均亩产量 356.5 kg，较对照增产 4.1%。适宜于天水市海拔 1 800 m 以下肥力较高的干旱、半干旱和二阴山区种植。

栽培技术要点：高山二阴区在 9 月中旬播种，浅山区 9 月下旬播种为宜。亩播种量 12.5 ~ 15.0 kg，亩保苗 25 万株。抽穗后应及时防蚜，并喷施磷酸二氢钾增加粒重。

211. 天选 49

品种来源：天水市农业科学研究所甘谷试验站以兰天 8 号作母本，中梁 22 作父本杂交选育而成。原系号天 96104。审定编号：甘审麦 2011011。

特征特性：冬性，生育期 243 d。幼苗半匍匐，株高 96 cm。穗棍棒形，无芒，护颖白色，籽粒红色、椭圆形，角质。穗长 6.6 cm，穗粒数 37.9 粒，千粒重 44.9 g。容重 813 g/L，含粗蛋白 13.66%，赖氨酸 0.429%，湿面筋 21.14%，沉降值 32.2 mL。抗条锈性接种鉴定，苗期对混合菌免疫，成株期对条中 29 号、水 4、条中 32 号、条中 33 号、HY8 小种及混合菌免疫。

产量及适宜种植区域：2007—2009 年参加陇南片川区组区域试验，平均亩产量 491.2 kg，较对照增产 8.7%。2010 年生产试验平均亩产量 407.7 kg，较对照增产 6.2%。适宜于天水市渭河河谷川水地，陇南地区海拔 1 400 m 以下比较低暖的川台地种植。

栽培技术要点：亩播种量 12~15 kg，保苗 20 万~25 万株。施肥以基肥为主，注意氮、磷肥配合施用，拔节期间按苗情趁雨追施化肥。

212. 兰航选 01

品种来源：甘肃省农业科学院小麦研究所和天水神舟绿鹏农业科技有限公司协作，以冬小麦品系 92-47 为原始群体经航天诱变选育而成。审定编号：甘审麦 2012005。

特征特性：半冬性，生育期 223~272 d。幼苗直立，株高 93 cm。穗长方形，无芒，护颖白色，有假黑颖现象，籽粒白色、卵圆形，半角质。穗长 8.15 cm，小穗数 14.0~20.0 个，穗粒数 18.2~41.2 粒，千粒重 43.2 g。容重 826 g/L，含粗蛋白 15.08%，湿面筋 29.50%，沉降值 27.5 mL，面团形成时间 2.2 min，面团稳定时间 1.8 min，弱化度 178 F.U.，粉质指数 36 mm，评价值 34。抗条锈性接种鉴定，苗期对混合菌表现感病，成株期对条中 32 号、条中 33 号、水 4、水 7、HY8 小种及混合菌均为免疫。

产量及适宜种植区域：2008—2010 年参加陇南片川区组区域试验，平均亩产量 431.3 kg，较对照兰天 17 增产 9.9%。2010—2011 年生产试验平均亩产量 392.3 kg，较对照兰天 17 增产 11.9%。适宜于天水市海拔 1 500 m 以下的川区、陇南市的浅山区种植。

栽培技术要点：天水市川区适宜播期为 10 月上中旬，陇南各地为 10 月中下旬。亩播种量 15 kg，保苗 35 万株。预防倒春寒，成熟期及时收获脱粒。

213. 兰天 29

品种来源：甘肃省农业科学院小麦研究所以 82F-37 作母本，83-44-20 作父本单交，再与天 8380 经复合杂交选育而成。原系号 94t-143。审定编号：甘审麦 2012006。

特征特性：冬性，生育期 259 d。幼苗半匍匐，株高 93.5 cm。穗长方形，顶芒，护颖白色，籽粒红色、卵圆形，半角质。穗长 5.8 cm，小穗数 14.5 个，穗粒数 36.1 粒，千粒重 43.5 g。含粗蛋白 17.14%，湿面筋 31.68%，沉降值 38.0 mL，赖氨酸 4.28%。抗条锈性接种鉴定，苗期对混合菌表现中抗，成株期对条中 32 号、条中 33 号、水 4、水 7、HY8 小种均为免疫，对混合菌表现中抗。

产量及适宜种植区域：2008—2010 年参加陇南片山区组区域试验，平均亩产量 399.1 kg，较对照兰天 19 增产 1.8%。2010—2011 年生产试验平均产亩 357.7 kg，较对照兰天 19 增产 5.7%。适宜于天水及陇南市的高海拔山区种植。

栽培技术要点：陇南适宜播种期为 9 月中下旬。亩播种量 15.0~17.5 kg，亩保苗 35 万株左右。施肥以基肥为主，注意氮、磷肥配合施用，拔节期间按苗情趁雨追施化肥。

214. 天选 50

品种来源：天水市农业科学研究所甘谷试验站以天 94-3 作父本，FUNDLEA900 作母本杂交选育而成。原系号 9524-1-2-2-1。审定编号：甘审麦 2012007。

特征特性：冬性，生育期 259 d。幼苗半匍匐，株高 96.0 cm。穗纺锤形，无芒，护颖白色，籽粒红色、椭圆形，角质。穗长 7.1 cm，小穗数 14.0 个，穗粒数 36.4 粒，千粒重 44.5 g。含粗蛋白 14.85%，湿面筋 29.5%，沉降值 43.2 mL，吸水量 60.5%，面团形成时间 7.0 min，面团稳定时间 8.1 min，粉质仪分析评价值 65，最大抗延阻力 562 EU，延伸性 134 mm，能量 102.5 cm^2。抗条锈性接种鉴定，苗期对混合菌表现免疫，成株期对条中 32 号、条中 33 号、水 4、水 5、CH42、HY8 小种及混合菌均表现免疫。

产量及适宜种植区域：2008—2009 年参加陇南片山区组区域试验，平均亩产量 410.4 5 kg，较对照兰天 19 增产 5.2%。2010 年生产试验平均亩产量 361.7 kg，较对照兰天 19 增产 6.9%。适宜于天水、陇南地区海拔 1 800 m 以下肥力较高的干旱、半干旱浅山梯田地和南北二阴区种植。

栽培技术要点：高山二阴区在 9 月中旬播种，浅山区 9 月下旬播种为宜。亩播种量 12.5~15.0 kg，亩保苗 25 万株左右。干旱山区底肥一次施足，二阴山区在起身拔节期视苗情追施尿素 10~12 kg。抽穗后应及时防蚜，并喷施磷酸二氢钾增加粒重。

215. 天选 51

品种来源：天水市农业科学研究所甘谷试验站以 9362-13-3-4 作母本，兰天 1 号作父本杂交选育而成。原系号 9896-1-1-1-3-1。审定编号：甘审麦 2012008。

特征特性：冬性，生育期 248 d。幼苗半匍匐，株高 90.4 cm。穗棍棒形，无芒，护颖白色，籽粒红色、椭圆形，半角质。穗长 7.1 cm，小穗数 15.0 个，穗粒数 38.1 粒，千粒重 43.9 g。容重 834.1 g/L，含粗蛋白 13.59%，赖氨酸 0.29%，湿面筋 23.60%，沉降值 41.75 mL，粗淀粉 68.20%。抗条锈性接种鉴定，苗期对混合菌表现免疫，成株期对条中 32 号、条中 33 号、水 4、水 5、CH42、HY8E 小种及混合菌也均表现免疫。

产量及适宜种植区域：2008—2010 年参加陇南片川区组区域试验，平均亩产量 440.0 kg，较对照增产 7.3%。2010—2011 年生产试验平均亩产量 401.7 kg，较对照兰天 17 增产 14.6%。适宜于天水市、陇南地区河谷川道区、塬台机灌地、山旱地种植。

栽培技术要点：亩播种量应控制在 12~15 kg，亩保苗 25 万~30 万株。

216. 张冬 30

品种来源：张掖市农业科学研究院以太原 89 作母本，yw243 作父本单交，再与太原89回交选育而成。原系号CB031。审定编号：甘审麦2012009。

特征特性：冬性，生育期280 d。幼苗半匍匐，芽鞘绿色，株高81.3 cm。穗长方形，长芒，籽粒白色、椭圆形，角质。穗粒数31.5粒，千粒重40.7 g。容重780~833 g/L，含粗蛋白13.89%，湿面筋30.24%，沉降值44.2 mL，赖氨酸0.27%，灰分0.19%。抗条锈性接种鉴定，苗期对混合菌表现感病，成株期对水4、水5小种表现免疫，对条中31号、条中32号、水7小种及混合菌表现感病。

产量及适宜种植区域：2009—2011年参加河西灌区冬小麦多点试验，平均亩产量522.6 kg，较对照增产17.2%。2010—2011年参加生产试验平均亩产量461.5 kg，较对照增产13.6%。适宜于张掖、武威水地及同类地区种植。

栽培技术要点：河西地区冬小麦最佳播种期在9月下旬至10月上旬，播种过早或过晚都不宜于越冬保苗。播前小麦种子用25%多菌灵或15%粉锈宁拌种，主要防治小麦腥黑穗病、白粉病等。亩播种量25~30 kg，亩保苗20万~25万株。

217. 中麦175

品种来源：甘肃省农业科学院小麦研究所从中国农业科学院作物科学研究所引进，杂交组合BPM27/京411。原系号冬03-27。审定编号：甘审麦2012010。

特征特性：弱冬性，生育期275 d。幼苗半匍匐，叶片灰绿色，株型紧凑，株高75 cm。穗纺锤形，长芒，护颖白色，籽粒白色、长圆形，半角质。穗长6.0 cm，小穗数14个，穗粒数30.7粒，千粒重38.2 g。2009年、2010年测定容重分别为：807 g/L、790 g/L，含粗蛋白12.98%、14.11%，湿面筋28.6%、29.2%，沉降值23.3、26.0 mL，吸水率53.8%、53.0%，面团稳定时间1.7 min、1.9 min。抗条锈性接种鉴定，苗期对混合菌表现感病，成株期对水4、条中32号小种表现免疫至中抗，对水7、HY8、条中33号小种及混合菌表现中抗。

产量及适宜种植区域：2009—2011年参河西灌区冬小麦多点试验，平均亩产量525.6 kg，较对照宁冬9361增产18.1%。2010—2011年生产试验平均亩产量468.6 kg，较对照宁冬9361增产15.3%。适宜于河西张掖、武威等地种植。

栽培技术要点：适期播种，河西灌区亩播种量30~35 kg。注意扬花前后防治吸浆虫。

218. 泾麦1号

品种来源：泾川县农业技术推广中心以长武134作母本，兰天10号作父本杂交选育而成。原系号99SX-1。审定编号：甘审麦2012011。

特征特性：强冬性，生育期264.5 d。幼苗匍匐，叶片深绿色，株型中等，株高73.5~77.5 cm。穗纺锤形，长芒，护颖白色，籽粒白色，角质。穗长7.3~7.5 cm，小穗数13.2~13.5个，穗粒数32.3粒，千粒重42.4 g。容重805.0 g/L，含粗蛋白14.25%，赖氨酸0.49%，湿面筋24.47%，粗淀粉68.6%，沉降值37.4 mL。抗条锈性接种鉴定，苗期对混合菌表现中感，成株期对水 4、水 5 小种表现免疫，对条中 29 号、条中 32 号、条中 33 号小种及混合菌表现中抗、中感。

产量及适宜种植区域：2008—2010 年参加陇中片区域试验，平均亩产量 426.5 kg，较对照临农 7230 增产 6.3%。适宜于平凉市及周边同类河谷川水地及阴湿地区和旱塬区高肥地种植。

栽培技术要点：9 月下旬播种，亩播种量 15.0~17.6 kg，山塬旱地最好采用条播种植方式。

219. 陇育 5 号

品种来源：陇东学院以西峰 20 作母本，庆农 4 号作父本杂交选育而成。原系号陇育 217。审定编号：甘审麦 2012012、国审麦 20170026。

特征特性：冬性，生育期 280 d。幼苗匍匐，叶片浅绿色，株高 73.0~105.3 cm。穗纺锤形，长芒，护颖白色，籽粒红色，角质。穗粒数 23.7~36.0 粒，千粒重 33.9~45.4 g。容重 803~820 g/L，含粗蛋白 12.41%，湿面筋 26.9%，沉降值 55.5 mL，面团稳定时间 10.5 min。成熟落黄好。抗寒、抗旱。抗条锈性接种鉴定，苗期对混合菌中感，成株期对混合菌表现免疫。

产量及适宜种植区域：2009—2010 年参加陇东片旱地组区域试验，平均亩产量 281.4 kg，较对照西峰 27 增产 7.7%。2011 年生产试验平均亩产量 350.4 kg，较对照西峰 27 增产 13.6%。2012—2013 年参加国家北部冬麦区旱地组区域试验，平均亩产 249.7 kg，较对照长 6878 增产 7.0%；2013—2014 年续试平均亩产 387.5 kg，较长 6878 增产 6.9%。2014—2015 年生产试验平均亩产 419.0 kg，较长 6878 增产 5.6%。适宜于北部冬麦区的甘肃陇东、宁夏固原、山西长治等旱地种植。

栽培技术要点：亩播种量 10~11 kg，适宜播种期 9 月中下旬。

220. 陇鉴 103

品种来源：甘肃省农业科学院旱地农业研究所以陇鉴 127 作母本，Mo（W）697 作父本杂交选育而成。原系号 A105-2-2。审定编号：甘审麦 2013006。

特征特性：冬性，生育期 268~277 d。幼苗半匍匐，叶片绿色，株型紧凑，株高 93.3 cm。穗圆锥形，长芒，护颖白色，籽粒红色、椭圆形、半角质。穗长 8.0 cm，小穗数 17 个，穗粒数 32 粒，千粒重 35 g。容重 804 g/L，含粗蛋白 15.81%，湿面筋 31.95%，沉降值 28.0 mL。成熟落黄好。抗旱，抗青干。抗白粉病。抗条锈性接种鉴定，苗期感混合菌；成株期对条中 32 号、条中 33 号小种及混合菌表现免疫，对条中 29 号、Hy8、水 4 小种表现中抗。

产量及适宜种植区域：2008—2010 年参加陇东片旱地组区域试验，平均亩产量 270.1 kg，较对照西峰 27 增产 5.8%。2011 年生产试验平均亩产量 334.5 kg，较对照西峰 27 增产 8.4%。适宜于镇原、西峰、灵台、泾川、崆峒区等地种植。

栽培技术要点：9月中下旬播种，亩播种量 12.5 kg 左右。

221. 兰天 30

品种来源：甘肃省农业科学院小麦研究所以 95-111-3 作母本，陕 167 作父本杂交选育而成。原系号 01-409。审定编号：甘审麦 2013007。

特征特性：冬性，生育期 241 d。幼苗半匍匐，株高 76.2 cm。穗长方形，顶芒，护颖白色，籽粒白色。穗长 8.0 cm，小穗数 17.0 个，穗粒数 43.8 粒，千粒重 40.3 g。含粗蛋白 12.93%，赖氨酸 0.356%，粗淀粉 62.93%，湿面筋 24.08%，沉降值 37.6 mL。叶功能期长，落黄好。抗条锈性接种鉴定，苗期对混合菌免疫，成株期对水4、Hy8、条中 29 号、条中 32 号、条中 33 号、水 35 小种及混合菌均表现免疫。

产量及适宜种植区域：2009—2011 年参加陇南片川区组区域试验，平均亩产量 411.6 kg，较对照兰天 17 增产 7.7%。2011—2012 年生产试验平均亩产量 495.8 kg，较对照兰天 17 增产 11.2%。适宜于甘谷、清水、麦积区及徽县种植。

栽培技术要点：亩播种量 15～20 kg。

222. 兰天 31

品种来源：甘肃省农业科学院小麦研究所和天水农业学校协作，以 Long Bow 作母本，兰天 10 号作父本杂交选育而成。系谱号 99-5-10-2-2-2-2，代号兰天 99-5。审定编号：甘审麦 2013008。

特征特性：冬性，生育期 232～280 d。幼苗半匍匐，株高 62～95 cm。穗长方形，顶芒，护颖白色，籽粒白色、卵圆形，角质。穗长 6.0～7.8 cm，小穗数 14.0～16.6 个，穗粒数 30.5～38.0 粒，千粒重 44.0～53.3 g。含粗蛋白 13.23%，淀粉 64.36%，湿面筋 25.46%，沉降值 39.0 mL，赖氨酸 4.21%。叶片功能期长，落黄好。抗条锈性接种鉴定，苗期感混合菌，成株期对条中 32 号、条中 33 号、水 4、水 35 小种及混合菌均免疫。

产量及适宜种植区域：2009—2011 年参加陇南片区域试验，平均亩产量 369.8 kg，较对照兰天 19 增产 6.5%。2012 年生产试验平均亩产量 458.0 kg，较对照兰天 19 增产 6.8%。适宜于秦州区、秦安、成县等地种植。

栽培技术要点：9月中下旬播种，亩播种量 15～17 kg。

223. 武都 17

品种来源：陇南市农业科学研究所以绵阳 87-43 作母本，8358-14173 作父本杂交选育而成。原系号 9351-3-3-2-4-5。审定编号：甘审麦 2013009。

特征特性：半冬性，生育期 247 d。幼苗半匍匐，株型中等，株高 102 cm。穗长方形，长芒，护颖白色，籽粒椭圆形，角质。穗长 6～9 cm，穗粒数 40 粒，千粒重

44.1 g。含粗蛋白 14.39%，粗淀粉 6.72%，湿面筋 22.31%，沉降值 24.3 mL，赖氨酸 0.627%。抗条锈性接种鉴定，苗期对混合菌表现中抗，成株期对条中 29 号、HY8、条中 33 号小种及混合菌表现免疫，对水 4 小种表现中抗，对条中 30 号小种表现感病。

产量及适宜种植区域：2008—2010 年参加陇南片川区组区域试验，平均亩产量 406.2 kg，较对照兰天 17 增产 0.8%。2009—2010 年生产试验平均亩产量 368.2 kg，较对照兰天 17 增产 5.2%。适宜于武都区、徽县及麦积区川水地种植。

栽培技术要点：10 月中下旬播种，亩播种量 15 kg 左右。

224. 陇中 3 号

品种来源：定西市农业科学研究院以 D5815-5 作母本，60077-6-0 作父本杂交选育而成。原系号 9873-2。审定编号：甘审麦 2014008。

特征特性：强冬性，生育期 280 d。幼苗匍匐，叶片深绿色，株型紧凑，株高 85～120 cm。穗棍棒形，无芒，护颖白色，籽粒白色、长卵圆形，角质。穗长 6.3～8.0 cm，小穗数 15 个，穗粒数 40～45 粒，千粒重 43.0～47.5 g。容重 807.6 g/L，含粗蛋白 16.56%，湿面筋 37.90%，赖氨酸 0.415%，沉降值 37.0 mL。抗寒、抗旱性强。抗条锈性接种鉴定，苗期对混合菌表现免疫至高抗，成株期对 HY8、水 4、条中 32 号、水 14、水 7 小种表现免疫至高抗，总体表现高抗条锈病。

产量及适宜种植区域：2010—2012 年参加陇中片旱地组区域试验，平均亩产量 231.3 kg，较对照陇中 1 号增产 17.4%。2012—2013 年生产试验平均亩产量 299.7 kg，较对照陇中 1 号增产 12.6%。适宜于定西、平凉等地年降水量 250～400 mm，海拔 1 700～2 300 m 的干旱半干旱区种植。

栽培技术要点：9 月中下旬播种，亩保苗 30 万～33 万株。注意及时防治红蜘蛛、蚜虫和条沙叶蝉等虫害。

225. 中植 3 号

品种来源：中国农业科学院植物保护研究所和甘肃省农业科学院植物保护研究所协作，以中植 1 号作母本，CP98-29-1 作父本杂交选育而成。原系号 CP20-30-1。审定编号：甘审麦 2014009。

特征特性：冬性，生育期 255 d。幼苗半匍匐，叶片深绿色，株高 83～93 cm。穗长方形，长芒，护颖白色，籽粒红色，角质。穗长 8.4 cm，小穗数 15～18 个，穗粒数 37.0 粒，千粒重 41.3 g。容重 780.8 g/L，含粗蛋白 13.32%，湿面筋 21.21%，赖氨酸 0.365%，沉降值 35.4 mL。抗条锈性接种鉴定，苗期对混合菌表现免疫，成株期对条中 29 号、条中 31 号、条中 32 号、条中 33 号、水 4、水 7、HY4、HY8、贵 22-9、贵 22-14 小种表现免疫，对混合菌表现高抗，总体抗条锈性优异。

产量及适宜种植区域：2010—2012 年参加陇南片川区组区域试验，平均亩产量 438.2 kg，较对照兰天 17 增产 11.1%。2012—2013 年生产试验平均亩产量 400.2 kg，较兰天 17 增产 6.1%。适宜于甘谷、武山、麦积区、清水及徽县川道地种植。

栽培技术要点：10 月中下旬播种，亩播种量 12.5~15.0 kg。

226. 天选 52

品种来源：天水市农业科学研究所以 92R-137-4-4-2-1 作母本，D475 作父本杂交选育而成。原系号天 S98530。审定编号：甘审麦 2014010。

特征特性：冬性，生育期 257 d。幼苗直立，叶片深绿色，株型紧凑，株高 98.5 cm。穗长方形，顶芒，护颖白色，籽粒红色，半角质。穗长 6.9 cm，小穗数 14.5 个，穗粒数 36.5 粒，千粒重 48.4 g。容重 777.2 g/L，含粗蛋白 14.13%，湿面筋 24.18%，沉降值 40.3 mL，赖氨酸 0.43%。抗条锈性接种鉴定，苗期对混合菌表现免疫，成株期对主要生理小种均表现免疫，对混合菌表现高抗。

产量及适宜种植区域：2010—2012 年参加陇南片山区组区域试验，平均亩产量 405.5 kg，较对照兰天 19 增产 6.4%。2012—2013 年生产试验平均亩产量 346.8 kg，较兰天 19 增产 7.9%。适宜于天水、陇南海拔 1 800 m 以下的干旱半干旱区种植。

栽培技术要点：9 月中下旬播种，亩播种量 12.5~15.0 kg。二阴山区在拔节期视苗情亩追施尿素 10~12 kg。

227. 天选 53

品种来源：天水市农业科学研究所以中 94177 作母本，92R-178 作父本杂交选育而成。原系号天 S98351。审定编号：甘审麦 2014011。

特征特性：冬性，生育期 240 d。幼苗半匍匐，株高 90 cm。穗棍棒形，无芒，护颖白色，籽粒红色，半角质。穗长 8.5 cm，小穗数 16.5 个，穗粒数 42.3 粒，千粒重 41.3 g。容重 779.2 g/L，含粗蛋白 14.35%，湿面筋 22.51%，沉降值 40.2 mL，赖氨酸 0.43%。田间表现高抗白粉、叶锈病和叶枯病。抗条锈性接种鉴定，苗期和成株期对条中 32 号、条中 33 号、条中 29 号、HY8、水 4、水 5 小种及混合菌均表现免疫，总体抗条锈性表现优异。

产量及适宜种植区域：2010—2012 年参加陇南片川区组区域试验，平均亩产量 416.8 kg，较对照兰天 17 增产 5.3%。2012—2013 年生产试验平均亩产量 407.3 kg，较兰天 17 增产 5.0%。适宜于天水、陇南河谷川道及塬台机灌地种植。

栽培技术要点：亩播种量 12~15 kg，保苗 25 万~30 万株。

228. 陇紫麦 1 号

品种来源：甘肃省农业科学院旱地农业研究所以漯珍 1 号/陇鉴 127//陇鉴 127 作母本，陇鉴 127 作父本杂交选育而成。原系号陇黑 2 号。审定编号：甘审麦 2014012。

特征特性：冬性，生育期 275 d。幼苗半匍匐，叶片绿色，株型紧凑，株高 92 cm。

穗纺锤形，长芒，护颖紫色，籽粒紫色、椭圆形，半角质。穗长 7.6 cm，小穗数 18 个，穗粒数 34 粒，千粒重 42 g。容重 774 g/L，含粗蛋白 16.58%，湿面筋 33.08%，沉降值 45.5 mL，铁 5.39 mg/100g，硒 0.41 mg/100g，17 种必需氨基酸总量 13.83%。根系发达，抗旱性突出。抗条锈性接种鉴定，苗期对混合菌表现中抗，成株期对条中 29 号、条中 30 号、条中 33 号、水 4、水 14、HY8 小种及混合菌表现免疫，总体表现抗条锈性优异。

产量及适宜种植区域：2012—2013 年参加陇中片旱地组区域试验，平均亩产量 292.1 kg，较对照陇中 1 号增产 7.6%。适宜于庄浪、静宁及陇西等同类地区旱地种植。

栽培技术要点：9 月中下旬播种，亩播种量 12.5 kg 左右。

229. 陇育 6 号

品种来源：陇东学院农林科技学院以西峰 27 作母本，89-235-11-2-1 作父本杂交选育而成。原系号陇育 0024。审定编号：甘审麦 2014013。

特征特性：冬性，生育期 267~271 d。幼苗半匍匐，株高 76~97 cm。穗纺锤形，护颖白色，籽粒红色、卵圆形，角质。穗粒数 24.6~35 粒，千粒重 41.5~46.9 g。容重 764 g/L，含粗蛋白 15.25%，湿面筋 32.4%，沉降值 29.2 mL。抗寒、抗旱、抗青干。抗条锈性接种鉴定，苗期对混合菌表现感病，成株期对贵 22-14 和水 4 小种表现免疫，对贵 22-9 小种表现中抗，对条中 32 号、条中 33 号、水 5 小种及混合菌表现感病，总体具有慢条锈特性。

产量及适宜种植区域：2011—2012 年参加陇东片旱地组区域试验，平均亩产量 347.3 kg，较对照西峰 27 增产 6.3%。2013 年生产试验平均亩产量 228.1 kg，较对照西峰 27 增产 6.0%。适宜于西峰、正宁、灵台和泾川等地种植。

栽培技术要点：9 月上中旬播种，播种量以亩保苗 22 万~25 万株折算。

230. 兰天 32

品种来源：甘肃省农业科学院小麦研究所以兰天 16 作母本，陇原 031 作父本杂交选育而成。系谱号 04-277-2-2，原系号陇原 101。审定编号：甘审麦 2014014。

特征特性：冬性，生育期 265~270 d。幼苗直立，叶片浅绿色，株高 70~95 cm。穗长方形，长芒，护颖白色，籽粒红色、卵圆形，半角质。穗粒数 27.4~35.7 粒，千粒重 36.9~40.1 g。容重 761~795 g/L，含粗蛋白 18.59%，湿面筋 31.31%，沉降值 51.2 mL，赖氨酸 0.52%。中抗白粉病。抗条锈性接种鉴定，苗期对混合菌表现中感，成株期对水 4 小种表现免疫，对条中 32 号、条中 33 号、贵 22-9、贵 22-14 小种表现中抗，对混合菌中抗-中感，总体表现中抗条锈病。

产量及适宜种植区域：2011—2012 年参加陇东片旱地组区域试验，平均亩产量 358.5 kg，较对照西峰 27 增产 8.8%。2013 年生产试验平均亩产量 201.3 kg，较对照西峰 27 减产 6.4%。适宜于泾川、灵台、崆峒及正宁等地种植。

栽培技术要点：亩播种量 12~15 kg，亩保苗 25 万~30 万株。

231. 西平 1 号

品种来源：平凉市农业科学院、西北农林科技大学黄土高原乾县试验站协作，以西农 104-3-3-1（Y8402-10/长武 131）作母本，Y93120（京农 79-13/P60-412）作父本杂交选育而成。原系号 X0432-4-3。审定编号：甘审麦 2015006。

特征特性：冬性，生育期 276~285 d。幼苗半匍匐，叶片深绿色，株型紧凑，株高 89~95 cm。穗纺锤形，长芒，护颖白色，籽粒白色、长圆形，角质。穗长 7.4 cm，小穗数 14.8 个，穗粒数 37.5 粒，千粒重 43.2 g。容重 780~800 g/L，含粗蛋白 11.79%，赖氨酸 0.377%，湿面筋 23.3%，沉淀值 36.0 mL，面团稳定时间 2.2 min。成熟落黄好。抗倒伏性强。较抗寒、抗旱。抗条锈性接种鉴定，苗期对混合菌中感，成株期对水 4、贵 22-4、贵 22-9、条中 32 号小种免疫，对条中 33 号小种及混合菌中感，总体表现具有慢条锈特性。

产量及适宜种植区域：2011—2013 年参加陇东片旱地组区域试验，平均亩产量 328.9 kg，较对照西峰 27 增产 9.3%。2013—2014 年生产试验平均亩产量 348.9 kg，较对照西峰 27 增产 12.8%。适宜于平凉市山塬旱地、高寒阴湿山区和丘陵干旱山区种植。

栽培技术要点：陇东旱地抢墒 9 月中下旬适期早播，亩播种量 13.5~15.0 kg。山塬旱地采用沟播种植方式，以达到旱年集雨保墒增产的目的。

232. 兰天 33

品种来源：甘肃省农业科学院小麦研究所和天水农业学校协作，以兰天 23 作母本，周 92031 作父本杂交选育而成。原系号兰天 093。审定编号：甘审麦 2015007。

特征特性：弱冬性，生育期 246 d。幼苗直立，叶片绿色，株型紧凑，株高 74.3 cm。穗长方形，顶芒，护颖白色，籽粒白色、卵圆形，角质。穗长 7.6 cm，小穗数 15.7 个，穗粒数 36.7 粒，千粒重 42.7 g。容重 764.5 g/L，含粗蛋白 17.09%，湿面筋 26.48%，沉降值 51.2 mL，赖氨酸 0.49%。叶功能期长，落黄好。抗倒伏性强。抗条锈性接种鉴定，苗期和成株期对供试菌系均表现免疫，总体抗条锈性表现优异。

产量及适宜种植区域：2012—2013 年参加陇南片川区组区域试验，平均亩产量 437.5 kg，较对照兰天 17 增产 7.7%。2014 年生产试验平均亩产量 402.3 kg，较对照兰天 25 增产 6.4%。适宜于陇南、天水川水地种植。

栽培技术要点：9 月上旬至 10 月中旬播种，亩播种量 15~20 kg。

233. 兰天 34

品种来源：甘肃省农业科学院小麦研究所和天水农业学校协作，以兰天 23 作母本，周 92031 作父本杂交选育而成。原系号兰天 094。审定编号：甘审麦 2015008。

特征特性：弱冬性，生育期 246 d。幼苗直立，株型紧凑，株高 76.4 cm。穗长方形，长芒，护颖白色，籽粒白色、卵圆形，角质。穗长 7.4 cm，小穗数 15.8 个，穗粒数 37.0 粒，千粒重 41.4 g。容重 749.0 g/L，含粗蛋白 16.22%，湿面筋 26.59%，沉降值 51.3 mL，赖氨酸 0.45%，粗淀粉 1.51%。叶功能期长，落黄好。抗倒伏性强。抗条锈性接种鉴定，苗期和成株期对供试菌系均表现免疫，抗性表现优异。

产量及适宜种植区域：2012—2013 年参加陇南片川区组区域试验，平均亩产量 431.3 kg，较对照兰天 17 增产 6.0%。2014 年生产试验平均亩产量 405.7 kg，较对照兰天 25 增产 7.3%。适宜于天水、徽县等地川水地种植。

栽培技术要点：9 月上旬至 10 月中旬播种，亩播种量 15~20 kg。

234. 陇鉴 108

品种来源：甘肃省农业科学院旱地农业研究所以长武 134 作母本，临远 3158 作父本杂交选育而成。原系号 B23。审定编号：甘审麦 2015009。

特征特性：冬性，生育期 276 d。幼苗半匍匐，叶片绿色，株型紧凑，株高 92 cm。穗纺锤形，长芒，护颖白色，籽粒红色、长圆形，角质。穗长 7.9 cm，小穗数 18 个，穗粒数 36 粒，千粒重 40.6 g。容重 801.3 g/L，含粗蛋白 15.66%，湿面筋 33.0%，面团形成时间 3.5 min，面团稳定时间 1.9 min。成熟落黄好。抗寒、抗旱、抗青干。感白粉病。抗条锈性接种鉴定，苗期和成株期均对条锈病表现免疫。

产量及适宜种植区域：2011—2013 年参加陇东片旱地组区域试验，平均亩产量 337.3 kg，较对照西峰 27 增产 12.1%。2013—2014 年生产试验平均亩产量 351.0 kg，较对照西峰 27 增产 13.5%。适宜于正宁、镇原、庆城、华池、西峰、灵台、崆峒、泾川等地种植。

栽培技术要点：9 月下旬播种，亩播种量 12.5 kg 左右。

235. 静麦 4 号

品种来源：静宁县种子管理站以（D5003-1/RAH122）F_1 作母本，D282 作父本杂交选育而成。原系号静冬 0941。审定编号：甘审麦 2015010。

特征特性：强冬性，生育期 279~283 d。幼苗匍匐，叶片深绿色，株型紧凑，株高 90~105 cm。穗长方形，无芒，护颖白色，籽粒红色、长卵圆形，角质。穗长 6.8~8.0 cm，小穗数 15 个，穗粒数 40~45 粒，千粒重 43.0~47.5 g。容重 759.0 g/L，含粗蛋白 15.06%，湿面筋 27.20%，赖氨酸 0.457%，沉降值 31.8 mL。成熟落期黄好。抗旱性强，抗倒伏。抗条锈性接种鉴定，苗期和成株期对供试菌系均表现免疫，抗性表现优异。

产量及适宜种植区域：2012—2013 年参加陇中片旱地组区域试验，平均亩产量 310.6 kg，较对照陇中 1 号增产 14.1%。2014 年生产试验平均亩产量 325.1 kg，较对照陇中 1 号增产 15.7%。适宜于静宁、庄浪、陇西、渭源等地旱地种植。

栽培技术要点：9 月 26 日至 10 月 5 日播种，亩保苗 30 万~32 万株。

236. 庄浪 12

品种来源：庄浪县农业技术推广中心以旱大穗作母本，92 品 18 作父本杂交选育而成。原系号南鉴 8。审定编号：甘审麦 2015011。

特征特性：强冬性，生育期 272~285 d。幼苗匍匐，叶片深绿色，株型紧凑，株高 90~120 cm。穗纺锤形，顶芒，护颖白色，籽粒红色、长卵形、角质。穗长 6.5~8.2 cm，小穗数 15~18 个，穗粒数 32.5~52 粒，千粒重 35.0~48.0 g。容重 763.8 g/L，含粗蛋白 12.82%，赖氨酸 0.377%，湿面筋 25.07%，沉降值 30.5 mL。成熟落黄好。抗旱、抗寒性强。抗条锈性接种鉴定，苗期对混合菌中感，成株期对条锈病表现免疫-中抗。

产量及适宜种植区域：2011—2013 年参加陇中片旱地组区域试验，平均亩产量 291.5 kg，较对照陇中 1 号增产 7.1%。2014 年生产试验平均亩产量 324.1 kg，较对照陇中 1 号增产 15.3%。适宜于平凉、定西等年降水量 200~500 mm，海拔 2 600 m 以下的干旱半干旱地区种植。

栽培技术要点：9 月中下旬播种，亩保苗 25 万~28 万株。起身期、孕穗期、抽穗期及时防治红蜘蛛和蚜虫等虫害。

237. 天选 54

品种来源：天水市农业科学研究所以温麦 8 号作母本，9157-3-2-2-1 作父本杂交选育而成。原系号天 02-204-1。审定编号：甘审麦 2015012。

特征特性：冬性，生育期 246 d。幼苗半直立，叶片深绿色，株型紧凑，株高 68~93 cm。穗棍棒形，顶芒，护颖白色，籽粒红色，半角质。穗长 7.9 cm，小穗数 16.5 个，穗粒数 42.5 粒，千粒重 46.3 g。容重 756.2 g/L，含粗蛋白 14.12%，湿面筋 26.72%，沉降值 26.5 mL，赖氨酸 0.392%。高抗白粉病和叶枯病。抗条锈性接种鉴定，苗期对混合菌表现中抗，成株期对水 4、贵 22-4、贵 22-9、条中 32 号、条中 33 号小种及混合菌均表现免疫。

产量及适宜种植区域：2010—2013 年参加陇南片川区组区域试验，平均亩产量 427.6 kg，较对照兰天 17 增产 5.2%。2013—2014 年生产试验平均亩产量 408.0 kg，较对照兰天 25 增产 7.9%。适宜于天水、陇南灌溉地种植。

栽培技术要点：适时播种，亩播种量 12~15 kg，亩保苗 25 万~30 万侏。

238. 天选 55

品种来源：天水市农业科学研究所以 9589-8-1-2-1 作母本，95-111 作父本杂交选育而成。原系号天 03-142-3-1-1。审定编号：甘审麦 2015013。

特征特性：冬性，生育期 279～287 d。幼苗直立，叶片深绿色，株型紧凑，株高 93～100 cm。穗纺锤形，无芒，护颖白色，籽粒白色，角质。穗长 8.8 cm，小穗数 14.5 个，穗粒数 36～38 粒，千粒重 49 g。容重 812 g/L，含粗蛋白 14.72%，湿面筋 26.46%，沉降值 25.5 mL，赖氨酸 0.428%。高抗白粉病和叶枯病。抗条锈性接种鉴定，苗期对混合菌表现中抗，成株期对水 4、贵 22-4、贵 22-9、条中 32 号、条中 33 号小种及混合菌均表现免疫。

产量及适宜种植区域：2010—2013 年陇中片旱地组区域试验，平均亩产量 280.5 kg，较对照陇中 1 号增产 5.4%。2013—2014 年生产试验平均亩产量 311.2 kg，较对照陇中 1 号增产 10.8%。适宜于渭源、陇西、静宁、庄浪等地海拔 1 800 m 以下地区种植。

栽培技术要点：9 月中下旬播种，亩播种量 12.5～15.0 kg，亩保苗 27 万株左右。二阴山区在起身拔节期视苗情追施尿素 10～12 kg。

239. 陇育 7 号

品种来源：陇东学院农林科技学院以庆农 5 号作母本，8710-16 作父本选育而成。原系号陇育 9945。审定编号：甘审麦 2015014。

特征特性：冬性，生育期 266～276 d。幼苗半匍匐，叶片深绿色，株型紧凑，株高 100 cm。穗纺锤形，长芒，护颖白色，籽粒白色，角质。穗长 6.8 cm，小穗数 16 个，穗粒数 33.7 粒，千粒重 41.2 g。容重 784～800.9 g/L，含粗蛋白 14.25%，湿面筋 30.4%，沉降值 31.8 mL，面团形成时间 2.9 min，面团稳定时间 2.6 min。抗寒、抗旱、抗青干。抗条锈病性接种鉴定，苗期对混合菌表现免疫，成株期对条中 32 号、条中 33 号、贵 22-9、贵 22-14、水 4、水 5 小种及混合菌等均表现免疫，总体抗性表现优异。

产量及适宜种植区域：2011—2013 年参加陇东片旱地组区域试验，平均亩产量 335.1 kg，较对照西峰 27 增产 11.4%，2013—2014 年生产试验平均亩产量 340.8 kg，较对照西峰 27 增产 10.2%。适宜于庆阳旱塬区及平凉北部塬区种植。

栽培技术要点：9 月上中旬播种，亩播种量 10～11 kg。施足底肥，氮、磷肥配合施用。返青后亩追施尿素 7.5 kg。

240. 灵台 4 号

品种来源：灵台县鑫丰种业有限责任公司以兰天 10 号作母本，95-3-5 作父本杂交选育而成。原系号灵选 4 号。审定编号：甘审麦 2015015。

特征特性：强冬性，生育期 275～280 d。幼苗半匍匐，叶片深绿色，株型紧凑，株高 85 cm。穗纺锤形，长芒，护颖白色，籽粒红色、长圆形，半角质。穗长 7.6～9.6 cm，小穗数 17～20 个，穗粒数 33～38 粒，千粒重 42～47 g。容重 762～787 g/L，含粗蛋白 13.50%，湿面筋 20.92%，沉降值 19.7 mL，淀粉 65.63%。抗倒伏。抗寒、抗旱性强。抗干热风。抗白粉病。抗条锈性接种鉴定，苗期对混合菌表现中感，成株期对条中 32 号、条中 33 号、贵 22-9、贵 22-14、水 4、水 5 小种及混合菌等均表现免疫，总体抗病性表现较好。

产量及适宜种植区域：2011—2013 年参加陇东片旱地组区域试验，平均亩产量 323.1 kg，较对照西峰 27 增产 7.4%。2014 年生产试验平均亩产量 370.6 kg，较对照西峰 27 增产 14.9%。适宜于平凉、庆阳山塬旱地种植。

栽培技术要点：陇东旱肥地于 9 月 20 日左右抢墒播种，亩播种量 12.5~15.0 kg 为宜，地膜覆盖种植亩播种量以 10.0~12.5 kg 为宜。依土壤状况配方平衡施肥，以基肥为主，追肥为辅。

241. 陇中 4 号

品种来源：定西市农业科学研究院以 [（苏引 10 号/9715-2-2-1）F_2//9767-1-1-2-1] F_2 为受体，通过花粉管导入偃麦草外源 DNA 选育而成。原系号 200707-3。审定编号：甘审麦 2016005。

特征特性：强冬性，生育期 246~282 d。幼苗匍匐，叶片浅绿色，株型紧凑，株高 70.0~93.5 cm。穗长方形，长芒，护颖白色，籽粒白色，角质。穗长 7.0~8.0 cm，小穗数 13~18 个，穗粒数 39~53 粒，千粒重 40.5~48.5 g。容重 765 g/L，含粗蛋白 14.12%，湿面筋 35.2%，面团稳定时间 2.4 min。成熟落黄好。抗条锈性接种鉴定，苗期对混合菌表现免疫至高抗，成株期对供试菌系水 4、贵 22-14、贵 22-9 小种及混合菌表现免疫至高抗，对条中 33 号、条中 32 号小种表现高抗。

产量及适宜种植区域：2012—2014 年参加陇东片旱地组区域试验，平均亩产量 306.1 kg，较对照陇中 1 号增产 7.3%。2015 年生产试验平均亩产量 336.0 kg，较对照陇中 1 号增产 11.0%。适宜于通渭、陇西、渭源、临洮、庄浪、静宁等降水量 350~400 mm、海拔 2 300 m 以下干旱、半干旱地区种植。

栽培技术要点：9 月中下旬播种，亩保苗 30 万~33 万株。

242. 陇选 1 号

品种来源：陇西县种子管理站从中梁 9589 品系变异单株中选育而成。原系号 9589-4。审定编号：甘审麦 2016006。

特征特性：半冬性，生育期 281~288 d。幼苗半匍匐，叶片深绿色，株型紧凑，株高 100~113 cm。穗长方形，顶芒，护颖白色，籽粒白色，半角质。穗长 7~8 cm，穗粒数 52~55 粒，千粒重 37.8~53.3 g。容重 788 g/L，含粗蛋白 11.6%，赖氨酸 0.435%，沉降值 37 mL。抗条锈性接种鉴定，苗期对混合菌表现免疫，成株期对条中 32 号、条中 33 号、中 4-1、G22-14 小种及混合菌均表现中抗。

产量及适宜种植区域：2012—2014 年参加陇中片旱地组区域试验，平均亩产量 316.4 kg，较对照陇中 1 号增产 10.9%。2014—2015 年生产试验平均亩产量 340.7 kg，较对照陇中 1 号增产 12.6%。适宜于陇西、渭源、临洮、庄浪、静宁等降水量 250~

400 mm、海拔 1 700~2 200 m 的干旱半干旱山区、二阴区及旱川地种植。

栽培技术要点：9 月 14 日至 10 月 5 日之间播种，亩播种量 12~15 kg，亩保苗 30 万~35 万株。

243. 陇麦 079

品种来源：平凉市农业科学院以鲁麦 1 号作母本，TW98-829-1 作父本杂交选育而成。审定编号：甘审麦 2016007。

特征特性：冬性，生育期 268 d。幼苗半匍匐，叶片深绿色，株型中等，株高 93.3~106.8 cm。穗长方形，长芒，护颖白色，籽粒白色、椭圆形，半角质。穗长 6.5 cm，小穗数 16 个，穗粒数 37.2 粒，千粒重 40.8 g。容重 785.0 g/L，含粗蛋白 12.17%，赖氨酸 0.407%，湿面筋 20.24%，沉降值 27.1 mL。抗条锈性接种鉴定，苗期对混合菌表现免疫，成株期对供试菌系表现免疫，对混合菌表现中度感病。

产量及适宜种植区域：2011—2013 年参加陇东片旱地组区域试验，平均亩产量 328.7 kg，较对照西峰 27 增产 9.2%。2014—2015 年生产试验平均亩产量 330.3 kg，较对照陇育 4 号增产 6.6%。适宜于陇东广大山塬旱地、丘陵干旱山区和阴湿山区，以及陕西长武、陇县、宁夏固原等周边类似地区种植。

栽培技术要点：陇东旱地 9 月中下旬适期抢墒早播，亩播种量 13.5~15.0 kg，山塬旱地采用沟播种植。早春视苗情、春旱状况亩追施尿素 5.0 kg。灌浆期搞好"一喷三防"。中耕锄草，中后期加强田间管理，促控结合，及时防虫治病。

244. 普冰 151

品种来源：西北农林科技大学、中国农业科学院作物科学研究所、平凉市农业科学院等 3 家单位协作，以长武 134 作母本，Q8879-4 作父本杂交选育而成。审定编号：甘审麦 2016008、陕审麦 2017010。

特征特性：冬性，生育期 268 d。幼苗半匍匐，叶片灰绿色，株型紧凑，株高 80~85 cm。穗纺锤形，长芒，护颖白色，籽粒白色、长圆形，角质。穗长 7.6 cm，小穗数 16 个，穗粒数 37.2 粒，千粒重 40.1 g。容重 794 g/L，含粗蛋白 14.36%，湿面筋 31.4%，沉降值 34.2 mL，面团稳定时间 3.0 min。成熟落黄好。中抗白粉病和赤霉病。抗条锈性接种鉴定，苗期对混合菌表现感病，成株期对条中 32 号、条中 33 号和贵 22-9 小种表现免疫，成株期对水 4、贵 22-14 小种及混合菌表现感病，但相应严重度在 20%以下。

产量及适宜种植区域：2013—2015 年参加陇东片旱地组区域试验，平均亩产量 330.8 kg，较对照陇育 4 号增产 10.7%。2014—2015 年生产试验平均亩产量 344.1 kg，较对照陇育 4 号增产 8.98%。适宜于崆峒、灵台、泾川、西峰、镇原等同类生态区种植。

栽培技术要点：陇东旱地抢墒 9 月下旬适期晚播，亩播种量 12.5~15.0 kg；地膜种植于 9 月下旬至 10 月上旬播种，亩播种量 10~13 kg。

245. 陇鉴 9851

品种来源：甘肃省农业科学院植物保护研究所以中梁 22 为受体，高粱 DNA 为供体，通过外源 DNA 花粉管导入技术，以系谱法为选育手段，经过连续多年的系统选育而成。原系号 05 保 1-1。审定编号：甘审麦 2016009。

特征特性：冬性，生育期 262 d。幼苗半匍匐，叶片深绿色，株高 115 cm。穗长方形，无芒，护颖白色，籽粒红色，角质。穗长 8.2 cm，小穗数 13~16 个，穗粒数 41 粒，千粒重 38.5 g。容重 744 g/L，含粗蛋白 14.46%，湿面筋 28.5%，赖氨酸 0.39%，沉降值 44 mL，粗灰分 1.60%。抗条锈性接种鉴定，苗期对混合菌表现感病，成株期对水 4、贵 22-14、贵 22-9、条中 32 号、条中 33 号小种表现免疫，成株期对混合菌表现感病，但相应严重度在 20% 以下。

产量及适宜种植区域：2012—2014 年参加陇南片区域试验，平均亩产量 390.0 kg，较对照兰天 19 增产 5.1%。2014—2015 年生产试验平均亩产量 427.9 kg，较对照兰天 19 增产 6.9%。适宜于秦州、秦安、清水、甘谷、张川、成县等地的山地种植。

栽培技术要点：9 月中下旬播种，亩播种量 12.5~15.0 kg。

246. 中植 6 号

品种来源：中国农业科学院植物保护研究所和甘肃省农业科学院植物保护研究所协作，以中植 1 号作母本，豫麦 58 作父本杂交选育而成。原系号 CP04-46-2。审定编号：甘审麦 2016010。

特征特性：冬性，生育期 255 d。幼苗半匍匐，株高 86 cm。穗长方形，长芒，护颖白色，籽粒红色，角质。穗长 7.6 cm，小穗数 15~18 个，穗粒数 39 粒，千粒重 43.2 g。容重 808 g/L，含粗蛋白 13.74%，湿面筋 23.8%，赖氨酸 0.39%，沉降值 31 mL，粗灰分 1.74%。抗条锈性接种鉴定，苗期对混合菌表现感病，成株期对水 4、贵 22-14、贵 22-9、条中 32 号、条中 33 号小种及混合菌表现免疫。

产量及适宜种植区域：2012—2014 年参加陇南片川区组区域试验，平均亩产量 426.2 kg，较对照兰天 25 增产 6.7%。2014—2015 年生产试验平均亩产量 453.0 kg，较对照兰天 25 增产 9.4%。适宜于麦积、清水、甘谷、武都、徽县灌溉地及同类生态区种植。

栽培技术要点：10 月中下旬播种，亩播种量 12.5~15.0 kg。

247. 陇鉴 107

品种来源：甘肃省农业科学院旱地农业研究所以 C65（9665/8584//临远 991）作母本，西峰 20 作父本杂交选育而成。原系号 E85。审定编号：甘审麦 2016011。

特征特性：冬性，生育期 268 d。幼苗直立，叶片绿色，株型紧凑，株高 103.4 cm。穗纺锤形，长芒，籽粒白色、长圆形，角质。穗长 6.8 cm，小穗数 17 个，穗粒数 36 粒，千粒重 36.4 g。容重 811.7 g/L，含粗蛋白 15.77%，湿面筋 33.2%，沉降值 30.8 mL。抗条锈性接种鉴定，苗期对混合菌表现感病，成株期对供试菌也表现感病，总体抗病性表现感病，但对优势小种条中 32 号、条中 33 号的严重度在 20% 以下。

产量及适宜种植区域：2011—2013 年参加陇东片旱地组区域试验，平均亩产量 326.5 kg，较对照西峰 27 增产 8.5%。2014—2015 年生产试验平均亩产量 351.2 kg，较对照西峰 27 增产 13.3%。适宜于崆峒、泾川、西峰、正宁、镇原、庆城等同类生态区种植。

栽培技术要点：9 月下旬播种，播种量以亩保苗 23 万株左右为宜。

248. 静宁 12

品种来源：静宁县农业技术推广中心以 2001-8（TK82-2/日本 2 号）作母本，山农 BD166 作父本杂交选育而成。原系号静 2010-8。审定编号：甘审麦 2016012。

特征特性：强冬性，生育期 270~298 d。幼苗匍匐，叶片深绿色，株型紧凑，株高 100~105 cm。穗棍棒形，无芒，护颖白色，籽粒红色、长卵形，角质。穗长 6.6~8.4 cm，小穗数 15~18 个，穗粒数 42~50 粒，千粒重 45.0~48.0 g。容重 784 g/L，含粗蛋白 14.00%，赖氨酸 0.39%，湿面筋 22.2%，沉降值 25 mL，灰分 1.83%。抗条锈性接种鉴定，对混合菌表现感病，但对主要小种及新致病类型表现中抗至中感，但严重度较低。

产量及适宜种植区域：2012—2014 年参加陇中片旱地组区域试验，平均亩产量 303.5 kg，较对照陇中 1 号增产 6.4%。2015 年生产试验平均亩产量 324.8 kg，较对照陇中 1 号增产 7.3%。适宜于陇西、渭源、临洮、庄浪、静宁等降水量 200~500 mm，海拔 1 300~2 600 m 的干旱、半干旱地区种植。

栽培技术要点：9 月中下旬播种，亩保苗 25 万~28 万株。

249. 静麦 5 号

品种来源：静宁县种子管理站以（D5003-1/RAH116）F_1 作母本，D282 作父本杂交选育而成。原系号静冬 0318。审定编号：甘审麦 2016013。

特征特性：强冬性，生育期 276~280 d。幼苗半匍匐，叶片深绿色，株型紧凑，株高 80~90 cm。穗形长方形，无芒，护颖白色，籽粒红粒、长卵形，角质。穗长 7.3~8.4 cm，小穗数 15 个，穗粒数 43~48 粒，千粒重 42~46 g。容重 806 g/L，含粗蛋白 13.4%，湿面筋 24.7%，赖氨酸 0.49%，沉降值 50 mL。抗条锈性接种鉴定，苗期对混合菌表现感病，但成株期对供试菌系均表现免疫。

产量及适宜种植区域：2012—2014 年参加陇中片旱地组区域试验，平均亩产量 315.6 kg，较对照陇中 1 号增产 9.9%。2014—2015 年生产试验平均亩产量 354.2 kg，较对照陇中1号增产17.0%。适宜于渭源、通渭、陇西、临洮、静宁、庄浪等干旱、半干旱地区种植。

栽培技术要点：9月26日至10月5日播种，亩保苗30万~35万株。

250. 兰天35

品种来源：甘肃省农业科学院小麦研究所和天水农业学校协作，以兰天25作母本，周麦11作父本杂交选育而成。原系号兰天05-9-4。审定编号：甘审麦2016014。

特征特性：弱冬性，生育期245 d。幼苗直立，株型紧凑，株高86.3 cm。穗长方形，无芒，护颖白色，籽粒白色、卵圆形，角质。穗长8.6 cm，小穗数16.8个，穗粒数38.3粒，千粒重44.0 g。容重756.0 g/L，含粗蛋白15.41%，湿面筋23.89%，沉降值62.2mL，赖氨酸0.395%，粗灰分1.49%。抗条锈性接种鉴定，对混合菌及条中32号小种表现感病，但对条锈菌主要小种及致病类型条中33号、贵22-9和贵22-14小种表现抗病。

产量及适宜种植区域：2013—2014年参加陇南片川区组区域试验，平均亩产量429.6 kg，较对照兰天25增产7.5%。2015年生产试验平均亩产量453.8 kg，较对照兰天25增产9.5%。适宜于麦积、甘谷、清水、武都、徽县川区和浅山区种植。

栽培技术要点：亩播种量15 kg。亩施15~20 kg尿素和50 kg左右过磷酸钙作基肥，返青后至拔节期趁雨或结合灌水亩追施5~10 kg尿素。

251. 陇育8号

品种来源：陇东学院农林科技学院以陇育1号作母本，西农1043作父本杂交选育而成。原系号陇育0456。审定编号：甘审麦2016015。

特征特性：强冬性，生育期263~283 d。幼苗匍匐，叶片浅绿色，株型紧凑，株高86~126 cm。穗纺锤形，长芒，护颖白色，籽粒白色，角质。穗长6.5~8.5 cm，小穗数15~18个，穗粒数31.9~36.3粒，千粒重30.9~35.6 g。容重767.7~817.5 g/L，含粗蛋白13.39%，湿面筋29.2%，沉降值23.2 mL。中感条锈病、白粉病和黄矮病。高感叶锈病。

产量及适宜种植区域：2013—2014参加陇东片旱地组区域试验，平均亩产量289.7 kg，较对照陇育4号增产6.1%。2015年生产试验平均亩产量336.2 kg，较对照陇育4号增产8.5%。适宜于西峰、镇原、崆峒、泾川等同类生态区种植。

栽培技术要点：9月上中旬播种，亩播种量11~12 kg。

252. 武都18

品种来源：陇南市农业科学研究所以85-88作母本，多头麦作父本杂交选育而成。原系号2000-8-2-1-3-1。审定编号：甘审麦20170007。

特征特性：弱冬性，生育期 232 d。幼苗半匍匐，叶片深绿色，株型中等，株高 92 cm。穗纺锤形，长芒，护颖白色，籽粒白色、椭圆形，半角质。穗长 8.4 cm，小穗数 16.5 个，穗粒数 41.2 粒，千粒重 42 g。容重 766 g/L，含粗蛋白 11.66%，湿面筋 20.51%，沉降值 36.7 mL。抗条锈性接种鉴定，苗期对混合菌表现感病，成株期对条中 32 号、条中 33 号、贵 22-14、贵 22-9、水 4 小种及混合菌表现免疫。

产量及适宜种植区域：2012—2014 年参加陇南片山区组区域试验，平均亩产量 418.1 kg，较对照兰天 17 增产 6.2%。2014—2015 年度生产试验平均亩产量 434.8 kg，较对照兰天 17 增产 5.62%。适宜于陇南山地冬麦品种类型区种植。

栽培技术要点：海拔 1 100 m 以下冬麦区 10 月下旬至 11 月上旬播种，海拔 1 200～1 750 m 冬麦区 10 月上旬播种；亩播种量 20 万～30 万粒。

253. 中梁 32

品种来源：天水市农业科学研究所中梁试验站以新抗 12 作母本，中 04304 作父本杂交选育而成。审定编号：甘审麦 20170008。

特征特性：冬性，生育期 255 d。幼苗半匍匐，株高 104.6 cm。穗纺锤形，无芒，护颖白色，籽粒红色、椭圆形，角质。穗长 8.4 cm，小穗数 18.0 个，穗粒数 41.2 粒，千粒重 42.7 g。容重 802 g/L，含粗蛋白 13.57%，湿面筋 25.1%，赖氨酸 0.35%，沉降值 35 mL。抗条锈性接种鉴定，苗期对混合菌表现抗病，成株期对条中 33 号、条中 34 号、贵农 22-14、贵农其他小种和混合菌表现免疫。

产量及适宜种植区域：2013—2015 年参加陇南片山区组区域试验，平均亩产量 462.9 kg，较对照兰天 19 增产 6.8%。2015—2016 年度生产试验平均亩产量 371.2 kg，较对照兰天 19 增产 4.0%。适宜于陇南山地冬麦品种类型区种植。

栽培技术要点：高山二阴区 9 月中旬播种，浅山区 9 月下旬播种为宜。亩播种量 12.5～15.0 kg，亩保苗 27 万株左右。

254. 天选 57

品种来源：天水市农业科学研究所甘谷试验站以（RAH122/94//天 882）F_1 作母本，（绵 89-41/89-181）F_1 作父本杂交选育而成。审定编号：甘审麦 20170009。

特征特性：冬性，生育期 256～260 d。幼苗匍匐，株高 98.0～100.0 cm。穗纺锤形，顶芒，护颖白色，籽粒红色、长圆形，半角质。穗长 7.2～8.7 cm，小穗数 16～18 个，穗粒数 37～43 粒，千粒重 40.6～41.2 g。容重 789 g/L，含粗蛋白 14.21%，湿面筋 26.1%，赖氨酸 0.34%，沉降值 43 mL。抗条锈性接种鉴定，苗期对混合菌表现抗病，成株期对条中 32 号、条中 33 号、条中 34 号、贵 22-14 小种及混合菌表现免疫。

产量及适宜种植区域：2013—2015 年参加陇南片山区组区域试验，平均亩产量 473.5 kg，较对照兰天 19 增产 9.2%。2015—2016 年生产试验平均亩产量 374.3 kg，较对照兰天 19 增产 4.9%。适宜于陇南山地冬麦品种类型区种植。

栽培技术要点：高山二阴区 9 月中旬播种，浅山区 9 月下旬播种，机灌地 10 月初播种。亩播种量 12.5~15.0 kg，机灌地 12.5 kg。

255. 天选 58

品种来源：天水市农业科学研究所甘谷试验站以天 817 作母本，天选 40 作父本杂交选育而成。审定编号：甘审麦 20170010。

特征特性：弱冬性，生育期 245 d。幼苗半匍匐，株高 100 cm。穗棍棒形，顶芒，护颖白色，籽粒红色，角质。穗长 8.5 cm，小穗数 16.4 个，穗粒数 40.3 粒，千粒重 44 g。容重 790 g/L，含粗蛋白 12.87%，湿面筋 22.7%，赖氨酸 0.36%，沉降值 45 mL。抗条锈性接种鉴定，苗期对混合菌表现抗病，成株期对条中 32 号、条中 33 号、条中 34 号及贵 22-14 小种表现抗病。

产量及适宜种植区域：2013—2015 年参加陇南片川区组区域试验，平均亩产量 441.3 kg，较对照兰天 25 增产 7.2%。2015—2016 年生产试验平均亩产量 372.2 kg，较对照兰天 25 增产 4%。适宜于陇南川地冬麦品种类型区种植。

栽培技术要点：亩播种量 12~15 kg，亩保苗 25 万~30 万株。亩施过磷酸钙 40~50 kg（或二铵 15 kg），尿素 20 kg，起身拔节期结合春灌追施尿素 10~12 kg。

256. 天选 59

品种来源：天水市农业科学研究所甘谷试验站以 912-1-2-2 作母本，三属麦 1 号作父本杂交选育而成。审定编号：甘审麦 20170011。

特征特性：冬性，生育期 244 d。幼苗半匍匐，株高 84 cm。穗棍棒形，无芒，护颖白色。穗长 8.1 cm，小穗数 16.7 个，穗粒数 42.7 粒，千粒重 40.8 g。容重 736 g/L，含粗蛋白 13.57%，湿面筋 23.9%，赖氨酸 0.4%，沉降值 38 mL。抗条锈性接种鉴定，苗期对混合菌表现抗病，成株期对条中 33 号和贵 22-14 小种表现免疫。

产量及适宜种植区域：2013—2015 年参加陇南片川区组区域试验，平均亩产量 445.5 kg，较对照兰天 25 增产 8.1%。2015—2016 年生产试验平均亩产量 394.7 kg，较对照兰天 25 增产 10.3%。适宜于陇南川地冬麦品种类型区种植。

栽培技术要点：亩播种量 12~15 kg，亩保苗 25 万~30 万株。亩施过磷酸钙 40~50 kg（或二铵 20 kg），尿素 20 kg，在起身拔节期结合春灌追施尿素 10 kg。抽穗后及时防治蚜虫。

257. 陇鉴 111

品种来源：甘肃省农业科学院旱地农业研究所以 1R-1 作母本，兰天 10 号作父本杂交选育而成。审定编号：甘审麦 20170012。

特征特性：强冬性，生育期 270 d。幼苗半匍匐，叶片绿色，株型紧凑，株高

95 cm。穗纺锤形，长芒，护颖白色，籽粒红色、椭圆形，角质。穗长 8.6 cm，穗粒数 36 粒，千粒重 35.5 g。容重 798 g/L，含粗蛋白 15.82%，湿面筋 33.2%，沉降值 41.8 mL。抗条锈性接种鉴定，苗期对混合菌表现感病，成株期对条中 32 号、条中 33 号、条中 34 号、贵 22-14、水 4 小种及混合菌表现免疫。

产量及适宜种植区域：2013—2015 年参加陇东片旱地组区域试验，平均亩产量 314.3 kg，较对照陇育 4 号增产 5.2%。2015—2016 年生产试验平均亩产量 360.2 kg，较对照陇育 4 号增产 8.2%。适宜于陇东冬麦旱地品种类型区种植。

栽培技术要点：9 月下旬播种，播种量以亩保苗 22 万株为宜。

258. 兰航选 122

品种来源：甘肃省农业科学院小麦研究所和天水神舟绿鹏农业科技有限公司协作，以兰天 10 号为原始群体经航天诱变选育而成。审定编号：甘审麦 20170013。

特征特性：冬性，生育期 273 d。幼苗半匍匐，株高 79~122 cm。穗长方形，长芒，护颖白色，籽粒白色、卵圆形，半角质。穗长 7.2~8.8 cm，小穗数 15.0~21 个，穗粒数 23~56 粒，千粒重 32.0~47.0 g。容重 774 g/L，含粗蛋白 13.83%，湿面筋 28.6%，赖氨酸 0.44%，沉降值 30 mL。抗条锈性接种鉴定，苗期对混合菌表现感病，成株期对条中 32 号、条中 33 号、条中 34 号、贵 22-14、中四小种及混合菌均表现免疫。

产量及适宜种植区域：2013—2015 年参加陇东片旱地组区域试验，平均亩产量 319.3 kg，较对照陇育 4 号增产 6.9%。2016 年生产试验平均亩产量 367.1 kg，较对照陇育 4 号增产 10.3%。适宜于陇东冬麦旱地品种类型区种植。

栽培技术要点：塬区 9 月中下旬播种，亩保苗 25 万株。施肥以基肥为主，氮、磷肥配合施用，全生育期氮磷配比 1：（0.6~0.75）。

259. 兰天 131

品种来源：甘肃省农业科学院小麦研究所和天水农业学校协作，以 Dippes Triumph 作母本，兰天 10 号作父本杂交选育而成。审定编号：甘审麦 20170014。

特征特性：冬性，生育期 260 d。幼苗半匍匐，株高 93~120 cm。穗长方形，无芒，护颖白色，籽粒白色、卵圆形，半角质。穗长 7.0~8.8 cm，小穗数 14.0~20.4 个，穗粒数 28.0~46.0 粒，千粒重 39.0~47.5 g。容重 796 g/L，含粗蛋白 16.6%，湿面筋 34.8%，沉降值 31.0 mL。抗条锈性接种鉴定，苗期对混合菌表现感病，成株期对条中 32 号、条中 33 号、条中 34 号（原贵 22-9）、贵 22-14、中四小种及混合菌均表现免疫。

产量及适宜种植区域：2014—2015 年参加陇南片山区组区域试验，平均亩产量 452.1 kg，较对照兰天 19 增产 5.3%。2016 年生产试验平均亩产量 369.6 kg，较对照兰天 19 增产 3.6%。适宜于陇南山地冬麦品种类型区种植。

栽培技术要点：9 月中下旬播种，亩播种量 15 kg 左右。施肥注意氮、磷肥配合施用。

260. 陇育 9 号

品种来源：陇东学院农林科技学院以 9419-8-3 号作母本，晋太 170 作父本杂交选育而成。原系号陇育 0526。审定编号：甘审麦 20180004。

特征特性：冬性，生育期 263~283 d。幼苗直立，叶片浅绿色，株型紧凑，株高 78~129 cm。穗纺锤形，长芒，护颖白色，籽粒白色，角质。穗长 7.0~8.5 cm，小穗数 15~18 个，穗粒数 37.6 粒，千粒重 36.0 g。容重 831 g/L，含粗蛋白 12.96%，湿面筋 26.5%，吸水量 60.9%，稳定时间 1.8 min，最大抗延阻力 126.0 EU，延伸性伸 157.0 mm。成熟落黄好。抗旱、抗寒，抗青干，落黄好。抗条锈性接种鉴定，苗期、成株期对供试菌系表现中度感病，但具有慢条锈特性。

产量及适宜种植区域：2013—2015 年参加陇东片旱地组区域试验，平均亩产量 308.2 kg，较对照陇育 4 号增产 3.2%。2017 年生产试验平均亩产量 202.7 kg，较对照陇育 4 号增产 7.6%。适宜于陇东冬麦旱地品种类型区种植。

栽培技术要点：亩播种量 20 万~25 万粒，9 月中下旬播种，施足底肥、合理追肥，注意防治蚜虫、条锈病，后期多雨年份注意防倒伏。

261. 陇育 10 号

品种来源：陇东学院农林科技学院以宁麦 9 号作母本，太 13907 作父本杂交选育而成。审定编号：国审麦 20190048。

特征特性：冬性，生育期 268 d。幼苗匍匐，叶片深绿色，株型紧凑，株高 90~100 cm。穗纺锤形，长芒，护颖白色，籽粒白色，角质。穗长 8.0~8.5 cm，穗粒数 33 粒，千粒重 35.7 g。国家区域试验两年测试：容重 815、822 g/L，含粗蛋白 13.95%、15.47%，湿面筋 33.1%、34.4%，面团稳定时间 1.7 min、2.1 min。成熟落黄好。抗旱、抗寒，抗青干。抗病性鉴定，高感条锈病、叶锈病、白粉病和黄矮病。

产量及适宜种植区域：2015—2016 年参加国家北部冬麦区旱地组区域试验，平均亩产 333.9 kg，较对照长 6878 增产 7.5%；2016—2017 年度续试平均亩产 294.8 kg，较对照长 6878 增产 3.5%。2017—2018 年生产试验平均亩产 321.7 kg，较对照增产 7.8%。适宜于北部冬麦区的山西省中部地区、甘肃陇东部分地区、宁夏固原地区旱地种植。

栽培技术要点：适宜播种期 9 月中下旬，每亩适宜基本苗 22 万~25 万株。注意防治蚜虫、白粉病、条锈病、叶锈病和黄矮病等病虫害。

262. 陇育 11

品种来源：陇东学院农林科技学院以陇育 5 号作母本，太 13907 作父本杂交选育而成。原系号0914-3。审定编号：甘审麦20180005。

特征特性：冬性，生育期264~280 d。幼苗匍匐，叶片深绿色，株型较紧凑，株高93~109 cm。穗圆锥形，长芒，护颖白色，籽粒白色，角质。穗长7.5 cm，穗粒数31.5粒，千粒重37.0 g。容重831 g/L，含粗蛋白12.21%，湿面筋25.8%，沉淀值23.5 mL，吸水量61.1%，面团形成时间2.4 min，面团稳定时间1.7 min，软化度214 F.U.，粉质质量指数36 mm，最大延阻力121 EU，延伸性148 mm。成熟落黄好。抗寒、抗旱、抗青干。高抗黄矮病，中抗白粉病。抗条锈接种鉴定，苗期对混合菌中度感病，成株期对供试菌系G22-9小种免疫，对其余菌系及混合菌免疫到中抗水平，总体抗病性表现较好。

产量及适宜种植区域：2015—2016年参加陇东片旱地组区域试验，平均亩产量317.4 kg，较对照陇育4号增产2.9%。2017年生产试验平均亩产量238.2 kg，较对照陇育4号增产10.7%。适宜于陇东冬麦旱地品种类型区种植。

栽培技术要点：亩播种量20万~25万粒，9月中下旬播种，施足底肥、合理追肥，注意防治蚜虫，后期多雨年份注意防倒伏。

263. 武都19

品种来源：陇南市农业科学研究所以97-4-6-2-1-2作母本，98SF531-1-4-1作父本杂交选育而成。原系号2007-9-1-2-2。审定编号：甘审麦20180006。

特征特性：弱冬性，生育期247 d。幼苗半匍匐，叶片深绿色，株型紧凑，株高103.6 cm。穗长方形，无芒，护颖白色。穗长9.1 cm，穗粒数45.2个，千粒重42.2 g。容重805.5 g/L，含粗蛋白15.27%，湿面筋28.75%，沉降值43.5 mL。抗条锈病。

产量及适宜种植区域：2013—2015年参加陇南片川区组区域试验，平均亩产量451.1 kg，较对照兰天25增产9.4%。2015—2016年生产试验平均亩产量376.9 kg，较对照兰天25增产5.3%。适宜于陇南市、徽成盆地及低半山河谷川水地种植。

栽培技术要点：亩适宜播种量20万~35万粒，海拔1 100 m以下的陇南冬麦区宜在10月下旬至11月上旬（霜降）播种，海拔1 200~1 750 m的冬麦区宜在10月上旬播种。

264. 陇中5号

品种来源：定西市农业科学研究院、中国农业科学院作物科学研究所协作，2007年以F_2代杂交组合200616［F_2代200510（苏引10号/9715-2-2-1）］/［9767-1-1-2-1（88113-28-4/陇原935）］为受体进行回交，以外源偃麦草DNA为供体通过花粉管通道法人工导入，经过多年"多代集团混合选择技术"和异地穿梭选育、异地交替选择等技术手段选育而成。审定编号：甘审麦20180007。

品种特性：冬性，生育期290.5 d。幼苗半匍匐，叶片深绿色，株型紧凑，株高73.5~80.1 cm。穗长方形，长芒，护颖白色，籽粒白色、长卵形，角质。穗长6.4~

8.0 cm，小穗数 15~18 个，穗粒数 38~51 粒，千粒重 37.2~48.5 g。容重 781 g/L，含粗蛋白 14.5%，湿面筋 31.6%，赖氨酸 0.48%，沉降值 31 mL，面团稳定时间 1.3 min。高抗条锈病。

产量及适宜种植区域：2014—2016 年参加陇中片旱地组区域试验，平均亩产量 345.9 kg，较对照陇中 1 号增产 6.5%。2016—2017 年生产试验平均亩产量 283.1 kg，较对照陇中 1 号增产 23.8%。适宜于甘肃省中部冬麦品种类型区种植。

栽培技术要点：9 月中下旬播种，亩播种量 20~25 kg。

265. 天选 60

品种来源：天水市农业科学研究所甘谷试验站以周麦 11 作母本，9362-10-1 作父本杂交选育而成。原系号天 01-30-5-1-3-1-1。审定编号：甘审麦 20180008。

特征特性：冬性，生育期 246 d。幼苗半匍匐，株高 81 cm。穗棍棒形，顶芒，护颖白色，籽粒白色，角质。穗长 9.2 cm，小穗数 17.4 个，穗粒数 42.3 粒，千粒重 42.8 g。容重 822 g/L，含粗蛋白 11.20%，湿面筋 22.80%，沉降值 40 mL。抗条锈病。

产量及适宜种植区域：2014—2016 年参加陇南片川区组区域试验，平均亩产量 435.4 kg，较对照兰天 25 增产 12.3%。2016—2017 年生产试验平均亩产量 458.2 kg，较对照兰天 33 增产 4.0%。适宜于陇南川地冬麦品种类型区种植。

栽培技术要点：亩播种量 12~15 kg，亩保苗 25 万~30 万株。

266. 天选 62

品种来源：天水市农业科学研究所 1999 年以小黑麦 RAH122/94 与天 882 的杂交后代作母本，绵 89-41 与 89-181 的杂交后代作父本杂交选育而成。原系号天 9931-1-1-4-2-2-2-2-1-1-3。审定编号：甘审麦 20180009。

特征特性：冬性，生育期 256 d。幼苗匍匐，叶片深绿色，株型紧凑，株高 102 cm。穗纺锤形，长芒，护颖白色，籽粒红色、长圆形，角质。穗长 6.9 cm，小穗数 15.5 个，穗粒数 34.2 粒，千粒重 53.9 g。容重 787 g/L，含粗蛋白 13.0%，湿面筋 27.90%，沉降值 35 mL。中抗条锈病。

产量及适宜种植区域：2014—2016 年参加陇南片山区组区域试验，平均亩产量 429.2 kg，较对照兰天 19 增产 6.1%。2016—2017 年生产试验平均亩产量 352.7 kg，较对照兰天 19 增产 4.5%。适宜于陇南山旱地冬麦品种类型区种植。

栽培技术要点：高山二阴区 9 月中旬播种，浅山区 9 月下旬播种，机灌地 10 月初播种。亩播种量 12.5~15.0 kg，机灌地 12.5 kg。

267. 天选 63

品种来源：天水市农业科学研究所甘谷试验站以周麦 11 作母本，9595-3-1 作父本杂交选育而成。原系号 02-221-3-2-3-2-2-1。审定编号：甘审麦 20180010。

特征特性：冬性，生育期 246 d。幼苗半匍匐，株高 80.3 cm。穗棍棒形，顶芒，护颖白色。穗粒数 45.8 粒，千粒重 44.3 g。容重 789 g/L，含粗蛋白 12.30%，湿面筋 21.10%，沉降值 36 mL。中抗条锈病。

产量及适宜种植区域：2014—2016 年参加陇南片川区组区域试验，平均亩产量 446.9 kg，较对照兰天 25 增产 14.9%。2016—2017 年生产试验平均亩产量 462.5 kg，较对照兰天 33 增产 5.0%。适宜于陇南川地冬麦品种类型区种植。

栽培技术要点：亩播种量 12~15 kg，亩保苗 25 万~30 万株。

268. 陇鉴 110

品种来源：甘肃省农业科学院旱地农业研究所以陇鉴 127 作母本，94t143-1-3-2 作父本杂交选育而成。原系号 B69。审定编号：甘审麦 20180011。

特征特性：冬性，生育期 270 d。幼苗半匍匐，叶片绿色，株型紧凑，株高 95 cm。穗纺锤形，长芒，籽粒白色、长圆形，角质。穗长 8.3 cm，小穗数 18 个，穗粒数 37 粒，千粒重 34 g。容重 812 g/L，含粗蛋白 15.22%，湿面筋 39.3%，面团稳定时间 4.3 min。抗条锈性接种鉴定，苗期对混合菌表现免疫，成株期对供试小种条中 32 号、条中 33 号表现感病，对条中 34 号小种及其他致病类型和混合菌表现免疫。

产量及适宜种植区域：2013—2015 年参加陇东片旱地组区域试验，平均亩产量 318.9 kg，较对照陇育 4 号增产 6.7%。2015—2016 年生产试验平均亩产量 362.8 kg，较对照陇育 4 号增产 9.0%。适宜于甘肃省旱地冬麦品种类型区种植。

栽培技术要点：9 月下旬播种，亩保苗 20 万株为宜。

269. 兰天 132

品种来源：甘肃省农业科学院小麦研究所以兰天 26 作母本，兰天 15 作父本杂交选育而成。原系号 07-344-11-2-2。审定编号：甘审麦 20180012。

特征特性：冬性，生育期 258 d。幼苗匍匐，株高 97 cm。穗长方形，无芒，护颖白色，籽粒红色、卵圆形，粉质。穗长 8.0 cm，小穗数 18 个，穗粒数 44.5 粒，千粒重 47.1 g。容重 790 g/L，含粗蛋白 11.6%，湿面筋 18.1%，沉降值 33 mL。高抗条锈病。

产量及适宜种植区域：2015—2016 年参加陇南片山区组区域试验，平均亩产量 422.0 kg，较对照兰天 19 增产 5.9%。2017 年生产试验平均亩产量 365.3 kg，较对照兰天 19 增产 8.3%。适宜于陇南山地冬麦品种类型区种植。

栽培技术要点：9 月中下旬种植，亩播种量 15.0~17.5 kg。施肥注意氮、磷肥配合施用，拔节期间按苗情趁雨追施化肥，成熟后及时收获。

270. 兰天 134

品种来源：甘肃省农业科学院小麦研究所以陇原 932 作母本，兰天 15 作父本杂交选育而成。原系号 04-284-11-1-3-4-3-1。审定编号：甘审麦 20180013。

特征特性：冬性，生育期 271 d。幼苗半匍匐，株高 93 cm。穗长方形，长芒，护颖白色。穗粒数 35.7 个，千粒重 46.6 g。容重 776 g/L，含粗蛋白 12.9%，湿面筋 19.9%，沉降值 39.0 mL，赖氨酸 0.39%。成株期对条锈病混合菌免疫。

产量及适宜种植区域：2015—2016 年参加陇东片旱地组区域试验，平均亩产量 332.8 kg，较对照陇育 4 号增产 7.9%。2017 年生产试验平均亩产量 222.2kg，较对照陇育 4 号增产 12.2%。适宜于陇东冬麦旱地品种类型区种植。

栽培技术要点：9 月中旬播种，亩播种量 12.5~15.0 kg。施肥注意氮、磷肥配合。

271. 陇紫麦 2 号

品种来源：平凉市农业科学院和陕西秦丰农业营销网络有限公司协作，以外引黑小麦品种漯珍 1 号（偃师 86117 中黑粒变异材料）作母本，平凉 40 作父本杂交选育而成。审定编号：甘审麦 20180014。

特征特性：特用黑小麦，强冬性，生育期 273 d。幼苗半匍匐，叶片绿紫色，株型中等，株高 95.7 cm。穗纺锤形，长芒，护颖红色，籽粒黑紫色、椭圆形，半角质。穗长 7.5 cm，小穗数 16.4 个，穗粒数 34.7 粒，千粒重 37.7 g。容重 747.3 g/L，含粗蛋白 14.03%，湿面筋 32.1%，沉降值 24.2 mL，吸水量 61.0%，面团形成时间 2.4 min，面团稳定时间 3.0 min。17 种氨基酸总量 140.1 g/kg，含铁（Fe）46.1 mg/kg、锌（Zn）24.6 mg/kg、钙（Ca）631 mg/kg。高抗条锈病，抗叶锈病和白粉病。

产量及适宜种植区域：2014—2016 年参加陇东片旱地组区域试验，平均亩产量 304.8 kg，较对照陇育 4 号减产 1.2%。2016—2017 年生产试验平均亩产量 270.6 kg，较对照陇育 4 号增产 7.0%。适宜于陇东山塬旱地、丘陵干旱山区和阴湿山区，以及陕西长武、陇县，宁夏固原等周边类似地区种植。

栽培技术要点：陇东旱地抢墒 9 月中下旬播种，亩播种量 13.5~15.0 kg，山塬旱地沟播种植。灌浆期搞好"一喷三防"。

272. 中植 7 号

品种来源：中国农业科学院植物保护研究所和甘肃省农业科学院植物保护研究所协作，以温麦 8 号/遗选作母本，中植 1 号作父本杂交选育而成。审定编号：甘审麦 20180015。

特征特性：冬性，生育期 255 d。幼苗半匍匐，叶片深绿色，株高 82 cm。穗长方形，长芒，护颖白色，籽粒红色，角质。穗长 8.2 cm，小穗数 13~16 个，穗粒数 43.2

粒，千粒重 45.5 g。容重 840 g/L，含粗蛋白 14.46%，湿面筋 24.1%，沉降值 37 mL，赖氨酸 0.42%。中抗条锈病。

产量及适宜种植区域：2014—2016 年参加陇南片川区组冬小麦区域试验，平均亩产量 445.0 kg，较对照兰天 25 增产 14.6%。2016—2017 年生产试验平均亩产量 488.8 kg，较对照兰天 33 增产 11.1%。适宜于陇南川地冬麦品种类型区种植。

栽培技术要点：10 月中下旬播种，亩播种量 12.5~15.0 kg。

273. 兰天 36

品种来源：甘肃省农业科学院小麦研究所和天水农业学校协作，以周麦 17 作母本，兰天 23 作父本杂交选育而成。原系号兰天 06-129。审定编号：甘审麦 20180016。

特征特性：冬性，生育期 245 d。幼苗直立，株型紧凑，株高 70.2 cm。穗长方形，无芒，护颖白色，籽粒白色、卵圆形，角质。穗长 8.5 cm，小穗数 17.0 个，穗粒数 40.7 个，千粒重 41.8 g。容重 740 g/L，含粗蛋白 14.1%，湿面筋 27.1%，沉降值 45mL。叶功能期长，成熟落黄好。抗倒伏性强。抗条锈性接种鉴定，苗期对混合菌表现感病，成株期对供试菌系表现免疫。

产量及适宜种植区域：2014—2016 年参加陇南片川区组区域试验，平均亩产量 437.6 kg，较对照兰天 25 增产 13.6%。2016—2017 年生产试验平均亩产量 485.7 kg，较对照兰天 25 增产 9.8%。适宜于陇南川地冬麦品种类型区种植。

栽培技术要点：9 月上旬至 10 月中旬播种，亩保苗 40 万~45 万株。

274. 长 7080

品种来源：山西省农业科学院谷子研究所以抗旱多穗中间材料 03-6838 作母本，节水高产品种核丰 4 号作父本选育而成。原系号 11-7080。审定编号：甘审麦 20180017。

特征特性：冬性，生育期 269 d。幼苗半匍匐，叶片绿色，株型中等，株高 80 cm。穗纺锤形，长芒，护颖白色，籽粒白色，角质。穗长 7 cm，穗粒数 33 粒，千粒重 40 g。容重 840 g/L，含粗蛋白 12.18%，湿面筋 27.6%，面团稳定时间 1.3 min。抗病性接种鉴定，对秆锈病免疫、慢条锈病、高感叶锈病、中感白粉病。抗寒、抗旱性好。

产量及适宜种植区域：2016—2017 年参加陇东片旱地组区域试验，平均亩产量 305.2 kg，较对照陇育 4 号增产 10.5%。2017 年生产试验平均亩产量 222.7 kg，较对照陇育 4 号增产 12.4%。适宜于陇东冬麦旱地品种类型区种植。

栽培技术要点：9 月下旬播种，亩保苗 20 万~23 万株为宜，施足底肥，增施有机肥，培育冬前壮苗，注意防治蚜虫、叶锈病和白粉病等病虫害。

275. 庄浪 13

品种来源：庄浪县农业技术推广中心、甘肃省农业科学院小麦研究所协作，以兰天 15 作母本，豫麦 53 作父本杂交选育而成。原系号 02-116。审定编号：甘审麦 20180018。

特征特性：强冬性，生育期 278~298 d。幼苗葡匐，叶片深绿色，株型紧凑，株高 72.5 cm。穗纺锤形，无芒，护颖白色，籽粒白色、长卵形，角质。穗长 6.5~7 cm，小穗数 16~20 个，穗粒数 23.6~45.2 粒，千粒重 436.2~56.3 g。容重 764 g/L，含粗蛋白 11.0%，赖氨酸 0.42%，湿面筋 24.2%，沉降值 35 mL。成熟落黄好。抗寒、抗旱性强。抗条锈性接种鉴定，苗期对混合菌表现中感，成株期对供试菌系及混合菌表现免疫。

产量及适宜种植区域：2014—2016 年参加陇中片旱地组区域试验，平均亩产量 364.1 kg，较对照陇中 1 号增产 12.1%。2017 年生产试验平均亩产量 278.9 kg，较对照陇中 1 号增产 22%。适宜于甘肃省中部冬麦品种类型区种植。

栽培技术要点：9 月下旬播种，亩保苗 24 万~28 万株。在起身期、孕穗期、抽穗期及时防治红蜘蛛和蚜虫。

276. 铜麦 6 号

品种来源：陕西大唐种业股份有限公司以西农 1403（Q104）作母本，R92（6）作父本杂交选育而成。原系号 T02（83）。审定编号：甘审麦 20190007。

特征特性：冬性，生育期 273 d。幼苗葡匐，叶片深绿色，株型紧凑，株高 77 cm。穗纺锤形，长芒，护颖白色，籽粒白色、卵圆形，角质。穗粒数 32~35 粒，千粒重 40.0 g。容重 791 g/L，含粗蛋白 16.0%，湿面筋 34.8%。高抗叶锈病，慢条锈病，中感白粉病，高感黄矮病。

产量及适宜种植区域：2015—2017 年参加陇东片旱地组区域试验，平均亩产量 309.6 kg，较对照陇育 4 号增产 12.1%。2017—2018 年生产试验平均亩产量 323.5 kg，较对照陇育 4 号增产 23.8%。适宜于陇东冬麦旱地品种类型区种植。

栽培技术要点：9 月下旬播种，亩播种量 9~15 kg，施足底肥，增施有机肥，注意防治锈病、蚜虫。

277. 陇育 13

品种来源：陇东学院农林科技学院以 9917-2-2-1-1 作母本，临旱 51241 作父本杂交选育而成。原系号陇育 0825。审定编号：甘审麦 20190008。

特征特性：冬性，生育期 275 d。幼苗半葡匐，叶片淡绿色，株型紧凑，株高 90 cm。穗圆锥形，长芒，护颖白色，籽粒白色，角质。穗长 8.0 cm，穗粒数 32 粒，千粒重 43 g。容重 799 g/L，含粗蛋白 13.38%，湿面筋 31.6%，沉降值 30.8 mL，吸水量 62.5%。抗条锈性接种鉴定，苗期对混合菌表现中度感病，成株期对供试菌系水 4 小种及混合菌表现免疫到中抗水平，对条中 33 号小种表现中度感病，总体表现中抗 - 中感。

产量及适宜种植区域：2015—2017 年参加陇东片旱地组区域试验，平均亩产量 299.8 kg，较对照陇育 4 号增产 8.6%。2017—2018 年生产试验平均亩产量 295.1 kg，较对照陇育 4 号增产 13.0%。适宜于陇东冬麦旱地品种类型区种植。

栽培技术要点：9 月上中旬播种，亩播种量 9~11 kg。

278. 天选 65

品种来源：天水市农业科学研究所甘谷试验站以温麦 8 号作母本，96c1-1 作父本杂交选育而成。原系号 02-195-7-4-3-5-1c1-4-3。审定编号：甘审麦 20190009。

特征特性：冬性，生育期 246 d。幼苗半匍匐，叶片深绿色，株高 74.8 cm。穗长方形，无芒，护颖白色，籽粒红色、卵圆形，角质。穗长 8.2 cm，穗粒数 38 粒，千粒重 43.9 g。容重 810 g/L，含粗蛋白 12.4%，降落数值 212 s，湿面筋 26.3%，吸水量 57.1%。抗条锈性接种鉴定，苗期对混合菌表现免疫，成株期对条中 32 号、条中 33 号、条中 34 号及中 4-1、G22-14、G22 及其他小种和混合菌表现免疫。

产量及适宜种植区域：2015—2017 年参加陇南片川区组区域试验，平均亩产量 430.2 kg，较对照兰天 25 增产 6.3%。2017—2018 年生产试验平均亩产量 445.5 kg，较对照兰天 33 增产 3.1%。适宜于陇南川地冬麦品种类型区种植。

栽培技术要点：亩播种量 12~15 kg。施肥以基肥为主，重施农家肥，氮、磷肥配合施用，拔节期间结合灌水增施化肥，抽穗期间酌情考虑是否灌溉和施肥。

279. 天选 66

品种来源：天水市农业科学研究所甘谷试验站以 S98514-1-2 作母本，贵 35 选 19 作父本杂交选育而成。原系号 02-167-1-1-4-1-2-1。审定编号：甘审麦 20190010。

特征特性：冬性，生育期 248 d。幼苗半匍匐，叶片深绿色，株高 88.6 cm。穗长方形，无芒，护颖白色，籽粒白色、卵圆形，角质。穗长 8.6 cm，穗粒数 38.9 粒，千粒重 42.8 g。容重 811 g/L，含粗蛋白 13.26%，降落数值 233 s，湿面筋 28.6%，吸水量 63.4 mL/100g。抗条锈性接种鉴定，苗期对混合菌表现中抗，成株期对条中 34 号小种表现中抗，对条中 32 号、条中 33 号及中 4-1、G22-14、G22 及其他小种和混合菌表现免疫。

产量及适宜种植区域：2015—2017 年参加陇南片川区组区域试验，平均亩产量 419.2 kg，较对照兰天 33 增产 3.3%。2017—2018 年生产试验平均亩产量 457.6 kg，较对照兰天 33 增产 5.9%。适宜于陇南川地冬麦品种类型区种植。

栽培技术要点：亩播种量 12~15 kg。拔节期间结合灌水增施化肥，抽穗期间酌情考虑是否灌溉和施肥。

280. 中梁34

品种来源：天水市农业科学研究所以兰天19作母本，07709（04H668-3-9-2/兰天19）作父本杂交选育而成。原系号08257。审定编号：甘审麦20190011。

特征特性：冬性，生育期258 d。幼苗匍匐，叶片深绿色，株高101 cm。穗纺锤形，顶芒，护颖白色，籽粒白色、椭圆形，半角质。穗粒数35.1粒，千粒重48.7 g。容重782 g/L，含粗蛋白12.55%，湿面筋28.6%，降落数值287 s，吸水量61.6 mL/100g。抗条锈性接种鉴定，苗期对混合菌表现中感，成株期对条中32号、条中33号、条中34号、中4-1、G22-14、G22及其他小种及混合菌表现免疫。

产量及适宜种植区域：2015—2017年参加陇南片山区组区域试验，平均亩产量392.9 kg，较对照兰天19增产3.4%。2017—2018年生产试验平均亩产量408.3 kg，较对照兰天19增产4.0%。适宜于陇南山地冬麦品种类型区种植。

栽培技术要点：9月下旬播种，亩播种量12~14 kg。起身期、孕穗期、抽穗期及时防治红蜘蛛和蚜虫。成熟时须及时收获脱粒，以防遇雨发芽。

281. 中梁35

品种来源：天水市农业科学研究所以（中294-250/08T021）F_1作母本，兰天27作父本杂交选育而成。原系号08264。审定编号：甘审麦20190012。

特征特性：冬性，生育期257 d。幼苗匍匐，叶片深绿色，株高105 cm。穗纺锤形，顶芒，护颖白色，籽粒红色、椭圆形，角质。穗粒数31.6粒，千粒重37.9 g。容重817 g/L，含粗蛋白12.73%，湿面筋29.2%，降落数值330 s，吸水量63.2 mL/100g。抗条锈性接种鉴定，苗期对混合菌表现中感，成株期对条中32号、条中33号、中4-1、G22-14、G22及其他小种表现免疫，对条中34号小种和混合菌表现中抗。

产量及适宜种植区域：2015—2017年参加陇南片山区组区域试验，平均亩产量402.8 kg，较对照兰天19增产6.1%。2017—2018年生产试验平均亩产量421.6 kg，较对照兰天19增产7.3%。适宜于陇南山地冬麦品种类型区种植。

栽培技术要点：9月下旬播种，亩播种量9~11 kg。起身期、孕穗期、抽穗期及时防治红蜘蛛和蚜虫。

282. 成丰2号

品种来源：成县种子管理站以N斯特拉姆潘列作母本，"9517"作父本杂交选育而成。原系号062-1。审定编号：甘审麦20190013。

特征特性：冬性，生育期224 d。幼苗匍匐，叶片深绿色，株高100 cm。穗长方形，长芒，护颖白色，籽粒红色、椭圆形，角质。穗粒数36.2粒，千粒重44.3 g。容重 766 g/L，含粗蛋白 14.0%，湿面筋 33.6%，沉降值 24.2 mL，吸水量 56.9 mL/100g。抗条锈性接种鉴定，苗期对混合菌表现中感，成株期对条中 33 号小种表现中感，对条中 34 号小种及混合菌表现中抗，对其余供试小种（菌系）表现免疫。

产量及适宜种植区域：2015—2017 年参加陇南片山地组区域试验，平均亩产量 396.8 kg，较对照兰天 19 增产 4.5%。2017—2018 年生产试验平均亩产量 404.8 kg，较对照兰天 19 增产 3.1%。适宜于陇南山地冬麦品种类型区种植。

栽培技术要点：高山区在 9 月下旬、浅山丘陵区在 10 月上旬播种。亩播种量 10.0~12.5 kg。

283. 陇中 6 号

品种来源：定西市农业科学研究院以 9767-1-1-3 作受体，米高粱 DNA 为供体组配的常规种。原系号 200707-2-2。审定编号：甘审麦 20190014。

特征特性：强冬性，生育期 283 d。幼苗半匍匐，株型紧凑，株高 74.6 cm。穗长方形，长芒，护颖白色，籽粒白色，角质。穗长 6.0 cm，穗粒数 42 粒，千粒重 37.6 g。容重 784 g/L，含粗蛋白 8.35%，湿面筋 23.2%，赖氨酸 0.34%，沉降值 24 mL。成熟落黄好。抗条锈性接种鉴定，苗期对混合菌表现中感，成株期对条中 34 号及贵 22-14 小种表现免疫，对条中 32 号、条中 33 号、中 4-1 小种及混合菌表现中抗。

产量及适宜种植区域：2015—2017 年参加陇中片旱地组区域试验，平均亩产量 297.9 kg，较对照陇中 1 号增产 12.2%。2017—2018 年生产试验平均亩产量 311.1 kg，较对照陇中 1 号增产 12.1%。适宜于甘肃省中部旱地冬麦品种类型区种植。

栽培技术要点：9 月中下旬播种，亩播种量 15~20 kg。越冬期应及时镇压保墒防寒，抽穗后期防治蚜虫。

284. 兰天 538

品种来源：甘肃省农业科学院小麦研究所以 T. Spelta Ablum/陇原 935//陇原 935 作母本，兰天 20 作父本杂交选育而成。原系号 06-538-5-3-1-1。审定编号：甘审麦 20190015。

特征特性：冬性，生育期 257 d。幼苗匍匐，株高 97.9 cm。穗长方形，顶芒，护颖白色，籽粒红色、卵圆形，粉质。穗长 7.4 cm，穗粒数 36.7 粒，千粒重 45.3 g。含粗蛋白 9.6%，赖氨酸 0.33%，湿面筋 20.6%，沉降值 24.5 mL，吸水量 60.3%，出粉率 67.0%。抗条锈性接种鉴定，苗期对混合菌、成株期对供试小种及混合菌均表现免疫。

产量及适宜种植区域：2015—2017 年参加陇南片山地组区域试验，平均亩产量 401.9 kg，较对照兰天 19 增产 5.8%。2017—2018 年生产试验平均亩产量 436.1 kg，较对照兰天 19 增产 11.0%。适宜于陇南山地冬麦品种类型区种植。

栽培技术要点：高寒山区 9 月中旬播种，海拔较低的二阴山区为 9 月下旬。亩播种量 15~18 kg。亩施 15~20 kg 二铵或 15 kg 尿素加 25 kg 磷肥为底肥，拔节后趁雨追施尿素 5 kg，扬花后可结合灭蚜适当叶面喷施尿素+磷酸二氢钾。

285. 临农 3D17

品种来源：甘肃农业大学应用技术学院以（94C34/临丰 518）F₁（2D27）作母本，S015 作父本杂交选育而成。原系号 3D17△4.7.6.3.5.4。审定编号：甘审麦 20190016。

特征特性：冬性，生育期 281 d。幼苗半匍匐，叶片绿色，株高 95.5 cm。穗棍棒形，顶芒，护颖白色，籽粒白色、卵圆、角质。穗长 9.3 cm，穗粒数 44 粒，千粒重 43.7 g。容重 822 g/L，含粗蛋白 12.4%，湿面筋 25.2%，沉降值 41 mL，赖氨酸 0.37%。抗条锈性接种鉴定，苗期及成株期对条中 32 号、条中 33 号、条中 34 号、中 4-1、贵 22-14、贵农其他小种和混合菌均表现免疫。

产量及适宜种植区域：2014—2016 年参加陇中片旱地组区域试验，平均亩产量 355.2 kg，较对照陇中 1 号增产 9.3%。2016—2017 年生产试验平均亩产量 278.4 kg，较对照陇中 1 号增产 21.8%。适宜于甘肃省中部冬麦品种类型区种植。

栽培技术要点：适时播种，亩播种量应不少于 20 kg，施足底肥，及时防治虫害和白粉病。

286. 静麦 6 号

品种来源：静宁县种子管理站以（D5003-1/RAH116）F₁ 作母本，D282 作父本杂交选育而成。原系号静冬 0321。审定编号：甘审麦 20190017。

特征特性：冬性，生育期 286 d。幼苗半匍匐，株高 74.4 cm。穗长方形，无芒，籽粒红色。穗粒数 36.5 粒，千粒重 44.6 g。容重 778 g/L，含粗蛋白 12.3%，湿面筋 29.2%，赖氨酸 0.41%，沉降值 33%。抗条锈性接种鉴定，苗期对混合菌表现感病，成株期除对供试菌系条中 33 号小种表现感病，对其他供试菌系及混合菌均表现免疫。

产量及适宜种植区域：2014—2016 年参加陇中片旱地组区域试验，平均亩产量 372.1 kg，较对照陇中 1 号增产 14.5%。2016—2017 年生产试验平均亩产量 260.4 kg，较对照陇中 1 号增产 13.9%。适宜于甘肃省中部冬麦品种类型区种植。

栽培技术要点：9 月中下旬播种，亩播种量 13 kg。

287. 陇鉴 114

品种来源：甘肃省农业科学院旱地农业研究所以陇鉴 386 作母本，陇原 932 作父本杂交选育而成。原系号 E44。审定编号：甘审麦 20190018。

特征特性：冬性，生育期 274 d。幼苗半匍匐，叶片绿色，株型紧凑，株高 92 cm。穗纺锤形，长芒，籽粒白色、椭圆形、半角质。穗长 9.2 cm，小穗数 17 个，穗粒数 35 粒，千粒重 32 g。容重 796.6 g/L，含粗蛋白 13.37%，湿面筋 33%，降落数值 384 s，面团稳定时间 3.6 min。成熟落黄好。抗条锈性接种鉴定，苗期对混合菌表现中度抗病，成株期对供试小种条中 33 号、34 号及混合菌表现中抗，对其他供试菌系表现免疫。

产量及适宜种植区域：2015—2017 年参加陇东片旱地组区域试验，平均亩产量 285.6 kg，较对照陇育 4 号增产 3.4%。2017—2018 年生产试验平均亩产量 297.4 kg，较对照陇育 4 号增产 13.9%。适宜于陇东冬麦旱地品种类型区种植。

栽培技术要点：9 月下旬播种，亩播种量 10~12 kg。

288. 兰天 39

品种来源：甘肃省农业科学院小麦研究所和天水农业学校协作，以兰天 33 作母本，济麦 22 作父本杂交选育而成。原系号兰天 10-76。审定编号：甘审麦 20190019。

特征特性：冬性，生育期 244 d。幼苗半匍匐，株高 78.4 cm。穗长方形，无芒，护颖白色、籽粒白色、椭圆形，角质。穗长 8.2 cm，穗粒数 41.0 粒，千粒重 44.5 g。容重 762 g/L，含粗蛋白 14.1%，湿面筋 33.4%，沉降值 36 mL，赖氨酸 0.36%。抗条锈性接种鉴定，苗期对混合菌表现免疫，成株期对供试菌系条中 32 号、条中 33 号、条中 34 号、中 4-1、G22-14、G22 其他小种表现免疫，对混合菌表现高抗。

产量及适宜种植区域：2015—2017 年参加陇南片川区组区域试验，平均亩产量 461.3 kg，较对照兰天 33 增产 17.4%。2017—2018 年生产试验平均亩产量 480.1 kg，较对照兰天 33 增产 11.1%。适宜于陇南川地冬麦品种类型区种植。

栽培技术要点：亩播种量 15 kg，在播种前亩施 10 kg 纯氮和 8 kg 纯磷，返青后趁雨或结合灌水追施 5 kg 尿素。

春小麦品种

289. 碧玉麦

品种来源：原名 Florence，又名 Quality，原产美国。1924 年由澳大利亚引进我国，1941 年由四川引入甘肃，1950 年开始在宜种地区推广。在甘肃又名玉皮麦、白玉皮、灰兰麦等。

特征特性：春性，生育期 115 d。幼苗直立，芽鞘绿色，叶片浅绿色，株高 110～120 cm。穗纺锤形，顶芒，护颖白色，籽粒白色、卵圆形，角质。穗长 7 cm，小穗数 10～15 个，穗粒数 15～25 粒，千粒重 40 g。茎秆粗硬有弹性，耐肥水，抗倒伏性强。对肥水条件反应较敏感，水肥条件好时，增产显著；瘠薄土地上则生长不良，减产幅度较大。耐寒性弱，但早春受冻害后恢复力较强。推广时期高抗条锈病；感秆锈病、叶锈病。高抗腥黑穗、散黑穗和秆黑粉病。不抗小麦吸浆虫。种子休眠期短，成熟时遇阴雨穗部易发芽。口较紧不易落粒。

产量及适宜种植区域：碧玉麦是一个曾在全国 14 个省、区广为种植的品种。20 世纪 50 年代中、后期及 60 年代初也是甘肃省春麦区的主要推广良种之一，过去曾多次作为区域试验的对照品种。大田生产一般亩产量 200 kg，高水肥条件可达 300 kg。1959 年种植面积约 180 万亩。

栽培技术要点：适宜于甘肃省中部川水地、二阴地及河西走廊东部灌区种植。该品种分蘖力较弱，籽粒较大，应适当增加播种量。播前施足基肥，苗期适量追肥。成熟时须及时收获脱粒，以防遇雨发芽。

290. 武功 774

品种来源：产自美国，原名明斯特（Minster）。1943 年由西北农林科技大学引入甘肃省。

特征特性：春性，生育期 120～129 d。幼苗直立，芽鞘绿色，株高 100～120 cm。穗棍棒形，肥力差时呈纺锤形，顶芒，护颖白色，籽粒白色、椭圆形，粉质。穗长 8～9 cm，小穗数 15～20 个，穗粒数 35 粒，千粒重 35 g。茎秆粗壮，耐水肥，不易倒伏。抗大气干旱能力差，在大气干旱情况下，穗顶部不实小穗增多，易发生青秕。抗碱性强。抗条锈病，感叶锈病、秆锈病，特别是秆锈发病严重。较抗腥黑穗病和小麦吸浆虫；感散黑穗病和根腐病。口紧不易落粒。

产量及适宜种植区域：1947 年后在河西灌区推广，主要分布于河西走廊东部和中部的川水地区，丰产性和抗倒伏能力超过甘肃 96 和碧玉麦，是当时甘肃省春麦区的主要推广品种之一，曾作为对照品种多次参加试验。1957 年西北区域试验中，兰州点亩产量 303.7 kg，较甘肃 96 增产 9.0%；临夏点亩产量 289.4 kg，较甘肃 96 增产 8.7%；永宁、张掖两点亩产量分别为 307.3 kg 和 254.9 kg，分别较碧玉麦增产 14.0% 和 26.2%。1959 年武威县黄羊镇、清源、金羊 3 个点试验的产量为 270.5～356 kg，较甘肃 96 增产 1.5%～27.6%，较阿勃减产 1.4%～11.8%。种植面积曾达 42 万亩。

栽培技术要点：适宜于河西走廊张掖以东的川水灌区种植，分蘖较少，需适当增加播种量，施足底肥，防止倒伏。

291. 甘肃 96

品种来源：原系号为 C.Ⅰ.12203。系美国用 Merit 作母本，Thatcher 作父本杂交选育而成。1944 引入我国，1945 年由四川引进甘肃，1952 开始推广，1954 年经东北春麦良种适应区域审查会议命名为"甘肃 96"。

特征特性：偏春性，生育期在兰州、武威等地约 120d，古浪、永昌地势稍高地区约 135 d。幼苗半匍匐，芽鞘绿色，叶片深绿色，植株 110～130 cm。穗纺锤形，顶芒，护颖白色，籽粒红色、椭圆形，半角质或角质。穗长 7 cm，小穗数 10～15 个，穗粒数 25 粒，千粒重 32～36 g，容重 725～800 g/L。拔节前生长势缓慢，抽穗后生长发育较快。根系发达，茎秆较硬，不易倒伏。抗霜冻。较耐盐碱。抗大气干旱稍差。抗条、秆锈病及吸浆虫，感叶锈病、赤霉病和散黑穗病，严重感根腐病、颖枯病和叶枯病。易遭受麦秆蝇为害。口紧不易落粒。种子休眠期中等。

产量及适宜种植区域：一般较当地品种增产 10%～30%，条锈病为害严重的年份增产可达一倍左右。20 世纪 50 年代曾作为各项比较试验的对照品种。除张掖以西外，甘肃省春麦区的川水地和二阴地都有种植。1959 年种植面积达 149 万亩。

栽培技术要点：要求适期早播。对水肥条件反应敏感，应当增施肥料。

292. 定西老芒麦

品种来源：定西地区当地农家品种，栽培历史不详。

特征特性：春性，生育期 110 d。幼苗直立，芽鞘分绿色、紫色两种，株高 85～103.8 cm。穗纺锤形，长芒，护颖有白、红两种，籽粒红色、卵圆形，角质。穗长 6 cm，小穗数 15.4 个，穗粒数 18.9～26.6 粒，千粒重 31.6～36.8 g。落粒性中等。不抗倒伏，感条锈病、秆锈病，但较耐锈，感黑穗病和白粉病。抗旱、耐瘠性强。

产量及适宜种植区域：一般年份亩产量 50～100 kg，丰收年亩产量 150 kg 左右。主要分布在甘肃省中部干旱及二阴地区种植。新中国成立前是这类地区主栽品种之一，至 1979 年尚播种 10.35 万亩。

293. 皋兰半截芒

品种来源：原产皋兰县，是甘肃省中部地区长期栽培的地方品种之一。

特征特性：弱冬性，生育期 110 d。幼苗直立，芽鞘紫色，叶片深绿色，株高 95 cm。穗纺锤形，短芒，护颖白色，籽粒红色、椭圆形，角质。穗长 7 cm，小穗数 13 个，穗粒数 25~30 粒，千粒重 32 g。不耐水肥，秆软易倒伏。耐瘠薄，抗旱和抗碱性强。较抗条锈病和秆锈病，严重感腥黑穗病。口较紧不易落粒。

产量及适宜种植区域：20 世纪 50 年代以前主要在甘肃省中部的兰州、永登、靖远、榆中等干旱地区种植。

栽培技术要点：适宜于甘肃省中部干旱、瘠薄的土壤上种植。

294. 酒泉白大头

品种来源：原产酒泉。种植历史悠久，是甘肃省河西走廊西部灌区的主要春小麦地方良种。又名白木桃板。

特征特性：春性，生育期在兰州为 120~125 d，酒泉为 136 d。幼苗直立，芽鞘绿色，叶片深绿色，株高 100~115 cm。穗椭圆形，长芒，护颖白色，籽粒白色、卵圆形，粉质。穗长 4 cm，小穗数 15 个，穗粒数 30 粒，千粒重 35 g。茎秆粗壮，抗倒伏性强。耐春寒，耐盐碱，抗大气干旱，产量稳定。中感条锈病，严重感秆锈病，较抗病毒病，轻度感腥黑穗病。口紧不易落粒。

产量及适宜种植区域：一般亩产量 200 kg 左右，高产可达 350 kg 左右。主要分布在酒泉、玉门、安西、敦煌、高台、张掖、永昌等地。20 世纪 50 年代末栽培面积近 50 万亩。

栽培技术要点：品种分蘖力强，播种量需适当减少。播前施足底肥，苗期适量追肥，防止倒伏减产。

295. 和尚头

品种来源：甘肃省中部干旱地区 20 世纪 50 年代末 60 年代初主要春小麦地方品种之一。又名秃头麦、大和尚头。

特征特性：春性，生育期 115 d。幼苗直立，叶片浅绿色，株高 70~90 cm。穗纺锤形，无芒，护颖红色，籽粒红色、椭圆形，角质。穗长 8 cm，小穗排列较稀，每小穗着粒数 2~3 粒，千粒重 32~38 g。茎秆细软易倒伏。耐瘠性强。根系发达，高度耐土壤干旱。口紧不易落粒。耐条锈病、叶锈病。感秆锈病较重。易感腥黑穗病。

产量及适宜种植区域：一般亩产量 100 kg 左右，高的达 200 kg 以上。主要分布在兰州、白银、靖远、榆中、定西、会宁等地的旱地种植。是 20 世纪 50 年代甘肃省中部种植面积较大的品种。1979 年种植面积达 45.54 万亩。

栽培技术要点：适宜于中等以下肥力条件种植。注意冬春耙松、镇压，以利蓄水保墒。

296. 榆中红

品种来源：甘肃省榆中县古老的地方品种。又名榆中红芒，红志芒麦。

特征特性：春性，生育期 99~105 d。幼苗直立，茎秆细软，株高 106~110 cm。穗纺锤形，长芒，护颖红色，籽粒红色，千粒重 40 g。抗旱性强，耐瘠薄。干旱年份，叶功能期长，产量稳定，耐锈，不抗倒伏。

产量及适宜种植区域：适宜于甘肃省中部的会宁、定西、通渭、榆中等地的干旱地区种植。20 世纪 50 年代为当地的主要品种，一般亩产量 60~150 kg，高的达 200 kg 以上。1979 年还种植 3 万余亩。

栽培技术要点：注意秋施肥。冬春碾压保墒。播种量应较定西老芒麦高。

297. 红光头

品种来源：甘肃省武威地区栽培历史悠久的地方品种，又名红光光、红光葫芦、红秃头。

特征特性：春性，生育期 110 d。幼苗直立，叶片浅绿色，株高 10 cm。穗纺锤形，无芒，护颖红色，籽粒红色、卵圆形。穗长 7 cm，小穗排列较稀，每小穗结实 2~3 粒，千粒重 35~40 g，含粗蛋白 14.96%，赖氨酸 0.22%。秆细，易倒伏。口紧不易落粒。抗旱性强，耐瘠薄。抗干热风，成熟落黄好。易感条锈病和腥黑穗病。

产量及适宜种植区域：一般亩产量 150~250 kg，高的达 300 kg 以上。适宜于甘肃省河西东、中部的武威、古浪、永昌、民勤等地高寒地带及中等水肥条件的山水灌区种植。20 世纪 60 年代曾是该地区的主要当家品种之一，截至 1979 年种植面积尚有 23.7 万亩，是比较优良的地方品种。甘肃省农业科学院作物研究所曾用红光头作亲本与阿勃杂交，培育出品质优良、抗旱性强、产量比红光头高的新品种阿勃红，曾在靖远、景泰、永昌等地推广种植。

栽培技术要点：播前种子需进行药剂拌种，防治腥黑穗病，在较好肥力条件下种植，要防止倒伏，分蘖力较强，播种量不宜过多。

298. 阿　勃

品种来源：原产意大利，原名 Abbondanza，1956 年自阿尔巴尼亚引入我国，1957 年春从原中央农业部引进甘肃，当年在原兰州农试场进行春播鉴定试验，表现较好。1958 年分发春麦各区农试站试验，均表现突出，于 1959 年春从阿尔巴尼亚调进一批原种，开始在甘肃省春麦区示范推广。从 1960 年起，由天水市农业科学研究所主持，在渭河及嘉陵江上游的甘谷、天水、成县、武都等地进行秋播试验和生产试验，同样表现良好，确定在陇南冬麦区也推广。

特征特性：偏春性。甘谷川水地 10 月中旬播种，7 月中旬收获，生育期 270 d 左右。幼苗半匍匐，芽鞘白色，叶片深绿色。株高引进时在川水地种植约 100 cm，山阴旱地种植约 75 cm，若干年后提高到 110~120 cm。穗纺锤形或长方形，顶芒，护颖白色，籽粒红色，椭圆形或卵圆形，初引来时籽粒为粉质，因受高原气候的影响，在春麦区变为半角质。穗长 8~10 cm，小穗数 12~17 个，穗粒数 38~40 粒，千粒重 40 g。中国农业科学院测试中心化验，籽粒含粗蛋白 11.6%，赖氨酸 0.37%。抗倒伏和抗旱性较强，适应性广。推广时期高抗条锈病及散黑穗病，中感秆锈病。耐水肥。易落粒。灌浆速度较快，成熟时一般不易早衰。但种子休眠期短，吸湿性又强，容易在穗上发芽或霉变。

产量及适宜种植区域：甘肃省春播地区较当地推广品种增产 25.9%~36.7%；秋播地区平均亩产量 207 kg，较对照南大 2419 增产 32.9%。20 世纪 60 年代初阿勃很快取代了甘肃 96、碧玉麦、武功 774、南大 2419 等品种，成为甘肃省春麦区和陇南部分冬麦区的主体品种，不仅川水地普遍种植，山旱地和二阴地也有种植。全省最大种植面积曾达 500 余万亩，1979 年种植面积还有 30 余万亩。该品种是一个适应性较广的丰产品种，春麦区河西除酒泉地区及民勤县的中部和北部不宜种植外，凡灌溉方便之地均普遍种植；洮岷春麦区及中部干旱地区的大部灌区和二阴旱地，也均大量种植，而以兰州、临洮、临夏、岷县面积最大。冬麦区，渭河沿岸的川水地和嘉陵江流域 1 600 m 以下的浅山区和川区，绝大部分地区均推广种植。

栽培技术要点：品种籽粒大，分蘖力弱，应适当增加播种量；因幼苗顶土力稍弱，不宜播种过深。春播宜早，晚了宜延迟春化阶段通过的时间，导致减产；秋播应适当晚些，防止冬前旺长或拔节，遭受冻害。因口松易落粒，种子休眠期短，吸水性强，注意适时收割。

299. 阿 夫

品种来源：原名 Funo。原产意大利，1956 年从阿尔巴尼亚引入我国，1957 年引入甘肃。1959 年从阿尔巴尼亚调进一批原种，开始在临夏、张掖等地试验、示范。

特征特性：偏春性，生育期在兰州为 107 d，临夏山阴地区为 133 d。幼苗近直立，芽鞘绿色，叶片绿色，株高 80~95 cm。穗纺锤形，长芒，护颖白色，籽粒红色、椭圆形，粉质。穗长 6~7 cm。临夏川水地区小穗数 13.6 个，穗粒数 19.2 粒；山阴地区小穗数 13.6 个，穗粒数 30.5 粒。兰州小穗数 11.7 个，穗粒数 28.9 粒；河西走廊张掖一带，穗粒数为 30.9 粒。千粒重 33.2 g。含粗蛋白 11.9%，赖氨酸 0.40%。茎秆粗壮，耐肥水，抗倒伏。高抗条锈病，中抗叶锈病，轻感秆锈病。1980 年中国农业科学院植物保护研究所鉴定，对条中 24 号小种表现免疫或高抗，对条中 25 号小种感病；1982 年苗期鉴定，对条中 17 号、条中 18 号、条中 21 号、条中 22 号小种免疫，对 23 号小种中抗，对条中 20 号、条中 25 号小种感病。耐旱性较差。较易落粒。

产量及适宜种植区域：1958—1960 年兰州水地种植，3 年平均亩产量 360.6 kg，较对照甘肃 96 增产 29.8%；1959—1963 年临夏西川水地试验，5 年平均亩产量 376 kg，较对照碧玉麦增产 18.9%。主要分布在甘肃省中部及临夏州的川水和山阴地区种植。

栽培技术要点：因分蘖力弱，叶片较短，茎秆粗壮，为充分利用阳光，发挥其增产潜力，可适当密植。最好种在水肥条件好的地块上。抗旱力不及阿勃，故在干燥地区水源不足的灌既地上不宜过多种植。

300. 蜀万 8 号

品种来源：系原四川省万县市农科所 1951 年用合场 519 作母本，南大 2419 作父本杂交选育而成。1958 年甘肃省农场自四川引入。

特征特性：弱冬性，生育期 100 d。幼苗半匍匐，芽鞘绿色，叶片深绿色，株高 95 cm。穗棍棒形，长芒，护颖白色，籽粒白色、卵圆形，半角质。穗长 8~10 cm，小穗数 15~18 个，穗粒数 25.8~26.5 粒，千粒重 37~40 g。含粗蛋白 13.02%，赖氨酸 0.43%。该品种前期生长慢，有利于形成较多的小穗和小花；后期生长快，可以减轻或躲避干旱、干热风和秆锈病等不良条件的影响，由于茎秆第 1、2 节间短，茎秆粗壮，抗倒伏性较强。高抗条锈病。中国农业科学院植物保护研究所 1964 年鉴定，对致病力强的条中 8 号、条中 13 号小种表现免疫；1982 年苗期鉴定对条中 17 号小种免疫，感条中 18 号、条中 20 号、条中 21 号、条中 22 号、条中 23 号、条中 25 号小种。不抗秆锈病。口松易落粒。

产量及适宜种植区域：1959—1960 年兰州试验，平均亩产量 383.7 kg，较甘肃 96 增产 21.5%。1960 年临洮、和政、康乐等地均表现增产，亩产量 299.1~270.9 kg，较对照增产 16.9%~37.8%；张掖亩产量 183.8 kg，较武功 774 增产 20%。1964 年永昌、武威、古浪等地试验，亩产量 105~225.5 kg，较对照增产 5.2%~45.8%，该品种产量低于阿勃，在河西灌区的张掖以东及甘肃省中部、临夏等地的川水地作为搭配品种种植。

栽培技术要点：因抗倒伏，可选择肥地适当密植，以发挥其增产潜力。成熟时适时收获，防止落粒。

301. 华东 5 号

品种来源：系江苏省农业科学院以骊英 1 号/p225 作母本，骊英 1 号/中农 28 作父本复合杂交选育而成。1958 年引入甘肃。

形态特征：弱冬性，生育期 96~98 d。幼苗半匍匐，芽鞘紫色，株高 115 cm。穗纺锤形，顶芒，护颖白色，籽粒红色、椭圆形，半角质。穗长 6~8 cm，小穗数 9~15 个，穗粒数 26~30 粒，千粒重 40 g 以上。感条锈病，反应型为 2~4 型，由于早熟，对产量影响不大。高抗秆锈病。口松易落粒。抗旱性较差。

产量及适宜种植区域：1961—1963 年定西连续 3 年试验，平均亩产量 259.1 kg，较对照增产 16.8%；兰州 1958 年、1960 年、1963 年 3 年试验，平均亩产量 311.2 kg，较对照增产 21.9%。1964 年临洮、定西、岷县继续试验，亩产量分别为 162 kg、175.2 kg、217 kg，较对照甘肃 96 依次增产 32.2%、32.9%、4.8%。同年参加北方七省（区）联合区域试验，呼和浩特、大同、永宁和陕坝亩产量分别为 215 kg、142.6 kg、369 kg、278.8 kg，分别较对照增产 10.2%、9.27%、29.1% 及 27.3%。甘肃省主要在中部川水地区及洮岷高寒水区搭配种植。

栽培技术要点：由于植株偏高，成穗数多，不宜密植，并在中水肥条件下种植，否则易倒伏；口松易粒性，成熟时应及时收获，以免落粒。

302. 甘麦 1 号

品种来源：原甘肃省张掖地区农业试验站于 1956 年从地方品种高台白桩麦中选出的变异单株，经 3 年系统选育而成。原名张掖 1084。

特征特性：春性，生育期 110 d。幼苗直立，芽鞘浅绿色，叶片浅绿色，株高 100~110 cm。穗椭圆形，长芒，护颖白色，籽粒白色、卵圆形，半角质。穗长 4 cm，小穗数 13~17 个，穗粒数 30~40 粒，千粒重 30~35 g。成熟落黄好。耐旱、耐瘠性较强，且适宜粗放耕作，幼苗芽鞘顶土力强。抗倒伏，抗干热风，后期耐高温。但感条锈病、秆锈病，轻感黑穗病。成熟时上部茎秆易折断，口紧不易落粒。种子休眠期短。

产量及适宜种植区域：1958—1963 年 23 个点上试验示范，亩产量 68.5~294 kg，较对照品种增产 9.7%~15.8%，大田生产一般亩产量为 179~200 kg，较当时推广的其他密穗小麦增产 19.5%。20 世纪 60 年代前期，河西川区普遍推广种植。

栽培技术要点：适宜于一般水肥条件下种植，在水源不足耕作粗放条件下，更能发挥其特点。要求适当早播。川区一般可在 3 月上旬播种，籽粒偏小，亩播种量以 15 kg 左右为宜。感黄矮病，生长期间做好防蚜工作。

303. 甘麦 6 号

品种来源：甘肃省农业科学院于 1958 年利用系统选择法，从冬小麦 611 中选择春性单株培育而成。原系号 58-2，1964 年定名甘麦 6 号推广。

特征特性：弱冬性，生育期 106~112 d。幼苗半匍匐，芽鞘绿色，生长势强，水地种植株高 115~130 cm。穗纺锤形，种在肥地有时呈长方形，长芒，护颖白色，籽粒白色、卵圆形，半角质。穗长 8~9 cm，小穗排列较密，穗粒数 30 粒，千粒重 32 g。含粗蛋白 14.9%，赖氨酸 0.45%。茎秆较粗，弹性好，有一定的抗倒伏能力。耐瘠薄，较抗干旱。感条锈病、秆锈病。1982 年苗期鉴定对条中 17 号、条中 18 号、条中 20 号、条中 21 号、条中 22 号、条中 23 号、条中 25 号小种均感病。但耐病性较好。抗吸浆虫。口较紧不易落粒。种子休眠期长，对小麦腥黑穗病和黄矮病轻度感病。

产量及适宜种植区域：1963—1964 年兰州市试验，平均亩产量 292 kg，较甘肃 96 增产 40%。1964 年景泰县良种场试验，亩产量 345 kg，较推广良种阿勃略高，较当地耐旱农家品种齐头麦和半截芒增产 30% 以上。1965 年民勤县进行生产示范，亩产量

220 kg，较农家品种兰州红增产 32%。20 世纪 60 年代中期在兰州市及临夏、定西、武威、张掖等地区推广种植，特别是在中部的干旱地区及河西大气特别干旱的地带种植，增产比较显著，受到广大群众欢迎，但到 60 年代末因有一批较甘麦 6 号更加高产、抗锈、抗旱的新品种培育成功，该品种播种面积逐渐缩小。

栽培技术要点：适宜于中等肥水条件的旱沙地和降雨量较多的旱地种植。该品种幼苗顶土力较弱，播种不宜过深。应适当加大播种量，播前用农药拌种，以防腥黑穗病。

304. 甘麦 7 号

品种来源：甘肃省农业科学院作物研究所于 1958 年用南大 2419 作母本，阿勃作父本杂交选育而成。原系号 581-6-6-2-2。

特征特性：春性，生育期 103 d。幼苗直立，芽鞘绿色，叶片绿色，株高 100~110 cm。穗纺锤形，长芒，护颖红色，籽粒红色、椭圆形，半角质。穗长 9 cm，小穗数 13~17 个，千粒重 41.8~48.8 g，含粗蛋白 13.9%，赖氨酸 0.45%。较抗倒伏。较抗旱。田间自然发病情况下，对条锈病反应型为 3 型，秆锈病为 1 型；经人工接种鉴定结果，感条中 13 号小种，对条中 1 号、条中 10 号小种免疫。落粒性中等。

产量及适宜种植区域：1965 年参加甘肃省联合区域试验，兰州亩产量 448.5 kg，较阿勃增产 4.2%；定西亩产量 337.2 kg，较阿勃增产 30.5%；两地均位居第二。1966 年以后开始示范推广。一般亩产量 200~300 kg。1979 年前种植面积 5 万余亩。主要分布在干旱及二阴地区种植，在川水地可作为搭配品种种植。

栽培技术要点：要求中等肥力地块种植。因籽粒大，应适当增加播种量。因早熟，要适当早浇头水。

305. 玉门 1 号

品种来源：原玉门白杨河四队科学试验小组 1965 年利用阿夫变异单株系选而成。

特征特性：春性，生育期 103~109 d。幼苗半匍匐，叶片绿色，株高 90~115 cm。穗棍棒形，长芒，护颖白色，籽粒红色、椭圆形，粉质或半角质。穗长 7 cm，小穗数 14 个，穗粒数 40 粒，千粒重 40~50 g。茎秆粗壮，喜水耐肥，抗倒伏性较强。较抗条锈、叶锈、秆锈 3 种锈病，不抗病毒病，感根腐病和黑穗病。较抗大气干旱，口较松易落粒。

产量及适宜种植区域：该品种较抗大气干旱，不易倒伏。20 世纪 60 年代末 70 年代初曾在河西走廊灌区有较大面积种植。一般表现产量较高。1969 年白杨河四队试种，平均亩产量 400 kg；1971 年该队种植 32 亩，平均亩产量 512.5 kg。1970 年清泉公社种植，亩产量 425 kg。高水肥条件下亩产可达 500 kg。

栽培技术要点：适宜于甘肃省河西走廊水肥条件较好的地方种植。亩播种量 20~25 kg。成熟时须及时收获，以防落粒减产。

306. 青芒麦

品种来源：甘肃省会宁县头寨公社李家河湾生产队种植的地方品种，20世纪60年代初期，经原会宁县农试站引进鉴定，表现综合性状优良，较主要地方品种老芒麦增产，并得到推广，是最早取代老芒麦的品种。

特征特性：春性，生育期107 d。幼苗匍匐，芽鞘浅绿色，株高80~100 cm。穗纺锤形，长芒，护颖白色，籽粒红色、椭圆形，半角质。穗长7~9 cm，小穗数12个，穗粒数24粒，千粒重33~41 g。含粗蛋白13.7%，赖氨酸0.39%。成熟落黄好。抗寒性较强，并具有老芒麦耐旱、耐瘠薄、适应性强、稳产等特点。对条锈病、秆锈病轻度感病，但耐病性好，在条锈病严重流行之年，对产量无明显影响。1982年苗期鉴定，高抗条中18号小种；中抗条中25号小种；感条中17号、条中20号、条中21号、条中22号、条中23号小种。口紧不易落粒。

产量及适宜种植区域：1963—1965年试验亩产量74.0~140.5 kg，较老芒麦增产7.2%~13.8%。1965年推广以后，成为会宁县部分山、塬地区的主栽品种。1968年种植面积达20多万亩，仅次于老芒麦。与会宁县毗邻的定西、西吉等地，也有种植。

栽培技术要点：适于干旱地区的山、塬区种植。因其晚熟，应适期早播。

307. 甘麦8号

品种来源：甘肃省农业科学院作物研究所1958年以四川五一麦与阿勃杂交，1961年在武威县黄羊镇继续培育选择，1962—1963年先后在黄羊镇、兰州两地鉴定。原系号587-3-2-6-1。

特征特性：弱冬性，生育期在兰州为106 d，武威为94 d。幼苗半匍匐，芽鞘绿色，叶片绿色，株高在推广初期为100~105 cm，以后植株逐渐变高，一般110 cm以上。穗长方形，高水肥条件下出现棍棒形，顶芒，护颖白色，籽粒红色、椭圆形。穗长7~9 cm，小穗数15~17个，千粒重40 g以上。含粗蛋白14.2%，赖氨酸0.46%。条锈病原为高抗，1975年开始严重感病。甘肃省农业科学院植物保护研究所1976年接种鉴定，成株期抗条中1号、条中10号、条中13号小种，感条中17号、条中18号、条中19号及条中21号小种。1982年苗期鉴定对条中17号小种近免疫，感条中18号、条中20号、条中21号、条中22号、条中26号、条中25号小种。该品种苗期发育缓慢，抽穗后灌浆速度快，适应性较强，既耐水肥，又抗旱性好。较抗黄矮病。口较松易落粒。秆高易倒伏。

产量及适宜种植区域：1965年开始参加甘肃省联合区域试验，张掖试点亩产量371 kg，较阿勃增产7.5%；岷县试点亩产量251.5 kg；临夏试点亩产量478 kg。除继续在甘肃省春麦区进行多点示范外，又扩大到省内陇南温润冬麦区作冬麦试种，亩产量250~300 kg，高的达500 kg左右。分布在甘肃省中部川水地区、河西灌区、高寒阴湿地区、陇南温润冬麦区以及部分旱地。1975年甘肃省最大种植面积达420万亩。青海省 1979 年种植面积为 14 万余亩。1974 年福建省种植 2.8 万余亩。宁夏回族自治区及四川、云南等省也有种植。1975 年前后全国种植面积近 1 000 万亩。此后因感条锈病种植面积逐年压缩，但 1981 年全省种植面积仍有 230 余万亩。

栽培技术要点：弱冬性品种，在甘肃省春麦区春种，播种时间宜早，而陇南地区秋播，应较其他品种适当晚种，以免冬前生长过旺造成越冬死亡。重施基肥，适当晚浇拔节水，防止倒伏。成熟时适时早收，减少落粒损失，确保丰产丰收。

308. 公佳

品种来源：原名公佳 500-1365。1961 年从东北公主岭原东北农业研究所引入。

特征特性：春性，生育期 105～121 d。幼苗直立，芽鞘绿色，叶片深绿色，株高 81.1～104 cm。穗纺锤形，长芒，护颖白色，籽粒红色、卵圆形，角质。穗长 6.1～7.6 cm，小穗数 13.2 个，穗粒数 26.7～31.5 粒，千粒重 37～40 g。感条锈病，较抗倒伏。口紧不易落粒。

产量及适宜种植区域：1964 年定西、榆中、陇西、靖远、临洮、渭源 6 个县 8 个点试验示范，亩产量 106.7～220 kg，除临洮和靖远两个点较阿勃和阿夫减产外，其余 6 点较甘肃 96 增产 15.6%～99.6%。1965 年确定作为定西地区灌溉区的搭配品种。20 世纪 60 年代中期又扩展到二阴区和干旱区推广。1970 年推广 2 万亩。

309. 甘麦 33

品种来源：甘肃省农业科学院作物研究所在兰州农业试验场于 1958 年用阿勃作母本，甘肃 96 作父本杂交选育而成。原系谱号 5814-1-5-19。

特征特性：弱冬性，生育期 110 d。幼苗半匍匐，芽鞘绿色，叶片绿色，株型中等，株高 112 cm。穗纺锤形，顶芒，护颖白色，籽粒红色、椭圆形。穗长 8 cm，小穗数 15～18 个，中部小穗着粒数 3～4 粒，小穗排列疏密中等，千粒重 40～46 g。含粗蛋白 13.15%，赖氨酸 0.29%。茎秆韧性大，较抗倒伏。高抗条锈病和秆锈病，历年抗条锈性较稳定；易感黑穗病。耐旱、抗青干。适应性强，稳产。口紧不易落粒。

产量及适宜种植区域：1961 年河西走廊进行多点试验，普遍表现增产，古浪、景泰、武威等地一般亩产量 250～300 kg，较当地栽培种增产 4.4%～32.5%。因口紧、抗病、抗倒伏、适应性强、稳产，在河西中等肥水条件下推广较快，20 世纪 70 年代种植面积最大达 20 万余亩。

栽培技术要点：河西走廊可与甘麦 8 号、甘麦 23 搭配种植，特别是在一般肥力的山水灌区适宜种植，播前种子用药剂拌种，以防腥黑穗病。

310. 59-196

品种来源：张掖市农业科学研究院从春小麦武功 774 田中选出的天然变异单株。

特征特性：春性，生育期 113 d。幼苗直立，芽鞘绿色，叶片浅绿色，株型松散，株高 101~113.2 cm。穗长方形或棍棒形，无芒，护颖白色，籽粒白色、椭圆形，粉质。穗长 6.3~7.1 cm，小穗数 12.3~15 个，穗粒数 35.6 粒，千粒重 34.4~45.7 g。抗倒伏 2 级。口松易落粒。种子休眠期短，遇连阴雨穗部易发芽。耐湿及耐盐碱性较强，耐瘠薄性中等。抗干热风中等。不抗条锈病。

产量及适宜种植区域：1964 年参加张掖地区区域试验，亩产量 274 kg，较白金塔增产 75.6%；1965 年亩产量 352 kg，较阿勃增产 10.2%。1968 年永昌县种植 11.6 亩，平均单产 111.9 kg，较阿勃增产 96.6%，较白大头增产 93.9%。张掖全地区曾推广 11 万余亩。

栽培技术要点：该品种由于植株繁茂，在肥料方面，要求以重施底肥为主，避免或减少追肥，以免造成徒长倒伏。灌水注意迟灌二水，蹲苗促壮，以利防倒，因其晚熟，后期要注意灌好麦黄水。

311. 肯　耶

品种来源：原产智利。1962 年从中国农业科学院引入定西。

特征特性：春性，生育期 110 d 左右。幼苗直立，芽鞘绿色，叶片深绿色，株高 100 cm。穗纺锤形，顶芒，护颖白色，籽粒白色、椭圆形，角质。穗长 7 cm，小穗数 17.6 个，穗粒数 40 粒，千粒重 40 g。较抗旱，感条、秆锈病。

产量及适宜种植区域：1966—1970 年定西地区 17 个生产队试验，较老芒麦增产 8.5%~87.5%。1969 年临洮县种植 12 亩，平均亩产量 215 kg，较阿勃增产 70%；1971 年定西水地种植 100 亩，平均亩产量 302.5 kg，较华东 5 号增产 24.7%。适宜于定西地区二阴区及一般干旱区和中等肥力的水地种植。

312. 欧　柔

品种来源：原名 Orofen，原产智利，1959 年从罗马尼亚引入我国，1963 年引入甘肃。

特征特性：偏春性，生育期 100 d。幼苗半匍匐，芽鞘绿色，叶片深绿色，株型紧凑，株高 100 cm。穗长方形，种在水肥条件好的地块，穗头稍略大呈棍棒形，长芒，护颖红色，籽粒红色、卵圆形，粉质。穗长 7~10 cm，小穗数 15~20 个，穗粒数 30 粒以上，千粒重 35 g。抗倒状，生长后期常有青干现象。抗秆锈病；初引入种植时对条锈病免疫，80 年代初期抗条锈性衰退。陕西省农业科学院植保所 1982 年苗期鉴定，对条中 21 号小种免疫或近免疫，对条中 17 号小种高抗，对条中 20 号、条中 22 号、条中 23 号小种中抗，对条中 18 号、条中 25 号小种感病。感叶锈病和散黑穗病。甘肃省农业科学院育成的陇春 1 号、陇春 2 号、陇春 3 号、陇春 5 号、陇春 6 号，甘肃农业大学应用技术学院育成的临农 15、临农 16，以及原岷县农科所育成的岷春系品种，都有欧柔的亲缘。

产量及适宜种植区域：1965 年以后参加甘肃全省多点试验，武威亩产量 403 kg，较阿勃增产 16.8%；高寒山区的天祝亩产量 290.5 kg；临洮县亩产量 450 kg，较阿勃增产 12.5%；榆中县旱地亩产量 180 kg。1972 年皋兰县旱地亩产量 105 kg，较半截芒增产 13.5%，较和尚头增产 2.9%。一般大田水地亩产量 300~400 kg，旱地 100~200 kg。适宜于甘肃省中部二阴地区、临夏州川水地区及河西中东部灌区种植。

栽培技术要点：宜种在水肥条件好的地块上。要重施基肥，早施追肥，并注意氮、磷肥配合。灌浆后期宜浅浇一水，防止早衰。

313. 甘麦 23

品种来源：甘肃省农业科学院 1964 年从四川 51 麦/阿勃后代中选出的优异株系，经系统选育而成。原系号 64-4。

特征特性：弱冬性，生育期 105~110 d。幼苗半匍匐，芽鞘绿色，叶片深绿色，株高 100~110 cm。穗棍棒形或长方形，无芒，护颖白色，籽粒红色、椭圆形。穗长 8~10 cm，小穗数 16~19 个，千粒重 40 g 以上。含粗蛋白 14.7%，赖氨酸 0.49%。中抗秆锈病、叶锈病。对条锈病开始高抗，后因生理小种的改变，逐渐感病。甘肃省农业科学院植物保护研究所鉴定，感条中 17 号、条中 18 号、条中 19 号小种。1982 年陕西省农业科学院植物保护研究所鉴定，对条中 17 号小种近免疫；感条中 18 号、条中 20 号、条中 21 号、条中 22 号、条中 23 号、条中 25 号小种。较抗黄矮病。耐水肥，较抗旱，适应性广。口松易落粒。

产量及适宜种植区域：历年在甘肃省兰州农试场和兰州市等地多次试验及示范，亩产量 347~399 kg，比阿勃增产较显著。1970 年临洮县种植，亩产量 308~368.5 kg，较阿勃增产 12%~20%；武威、永昌等地大面积种植，较阿勃增产 12%。1970 年临夏亩产量达 460 kg，1973 年迅速在甘肃省河西灌区和中部川水地区、二阴地区推广，1976 年甘肃省最大面积曾达 100 万亩左右。此后由于抗条锈性丧失，种植面积逐渐减少。1979 年尚种植 41.78 万亩。

栽培技术要点：该品种为弱冬性，甘肃省陇南温润冬麦区秋播时，应较当地育成品种适当推迟播期，避免冬前生长过旺，造成越冬死亡。要重施基肥，生长后期控制灌水，防止倒伏。并注意适期收割，减轻落粒损失，确保丰产丰收。

314. 酒泉山西红

品种来源：酒泉地区农家品种。

特征特性：春性，生育期 105~110 d。幼苗直立，芽鞘绿色，叶片深绿色，株高 80~100 cm。穗纺锤形，长芒，护颖红色，籽粒红色、椭圆形，角质。穗长 6 cm，小穗数 12~14 个，穗粒数 14~20 粒，千粒 22~35 g。茎秆细软，不耐肥水，易倒伏。耐旱、耐盐碱，抗大气干旱。感腥黑穗病，重感条锈病、秆锈病。口松易落粒。

产量及适宜种植区域：主要分布在酒泉、金塔、安西、玉门等地，适于大气干旱，灌溉条件较差的泉水地种植。大田生产一般亩产量 125 kg 左右。

栽培技术要点：该品种分蘖力强，成穗数多，播种量可适当减少。播前施足底肥，生长期间少追肥和灌水，以防倒伏。

315. 喀什白皮

品种来源：原为新疆焉耆农场从喀什地方品种白春麦中系选而成。1965 年引进甘肃。

特征特性：春性，生育期 105 d。幼苗直立，芽鞘绿色，叶片绿色，株高 90~120 cm。穗纺锤形，长芒，护颖红色，籽粒白色、长圆形，半角质或角质。穗长 8~9 cm，小穗数 15 个，穗粒数 30 粒，千粒重 40~46 g。耐瘠薄，丰产稳产，适应性强。耐旱力强，抗大气干旱，较耐盐碱。感条锈、叶锈、秆锈 3 种锈病及白粉病、散黑穗病。口紧不易落粒。

产量及适宜种植区域：喀什白皮引进甘肃后，在河西走廊西部表现丰产、稳产，品质优良、出粉率高，受到群众欢迎。一般亩产量 200~300 kg，种植面积曾达 20 余万亩。用该品种作亲本培育出的武春 1 号、5955-4 等品种在甘肃省小麦生产中发挥了重要作用。

栽培技术要点：该品种分蘖较多，须适量播种；播前施足底肥，苗期适当追肥；加强田间管理，防止倒伏减产。

316. 杨家山红齐头

品种来源：系从青海省引进的地方品种。1965 年在甘肃省开始推广。

特征特性：春性，生育期 110 d。幼苗直立，芽鞘淡绿色，株高 100 cm。穗纺锤形，长芒，护颖白色，籽粒白色、卵圆形，粉质。穗长 8~9 cm，千粒重 45 g。含粗蛋白 12.6%，赖氨酸 0.38%。适应性广。较抗旱。耐条锈病，1982 年苗期鉴定对条中 17 号、条中 18 号、条中 21 号小种免疫或近免疫，中抗条中 23 号小种，感条中 20 号、条中 22 号、条中 25 号小种。

产量及适宜种植区域：主要在定西地区各县种植。一般旱地亩产量 100 kg 左右，水地可达 200 kg，1978 年定西地区种植面积约 26 万亩。

栽培技术要点：籽粒较大，播种量应适当增加，以亩保苗 25 万株左右为宜。

317. 甘麦 12

品种来源：甘肃省农业科学院选育而成。为甘麦 8 号的姊妹系，原系号 587-3-2-6。

特征特性：与甘麦 8 号基本相似。唯护颖红色，籽粒较大，成熟期较甘麦 8 号略早 1~2 d。对秆锈病有较强的抵抗力，耐阴湿性也优于甘麦 8 号。含粗蛋白 14.2%，赖氨酸 0.47%。1982 年苗期鉴定，对条中 17 号小种近免疫，中抗条中 20 号、条中 23 号小种，感条中 18 号、条中 21 号、条中 22 号、条中 25 号小种。

产量及适宜种植区域：兰州市一般亩产量 400 kg 左右，较阿勃略有增产。1965 年高寒阴湿地区的岷县种植，亩产量 234.5 kg。主要分布在甘肃省中部的川水地，二阴地区及河西走廊的东部灌溉区。1979 年甘肃省种植面积 13.26 万亩。

栽培技术要点：因植株偏高，要重施基肥，适当晚浇拔节水，防止倒伏。

318. 5507

品种来源：定西市农业科学研究院从甘肃省农业科学院引进的阿夫/甘肃 96 旱代杂种中选育而成。

特征特性：春性，生育期 104 d。幼苗直立，芽鞘绿色，叶片绿色，株高 90 cm。穗纺锤形，长芒，护颖白色，籽粒白色、卵圆形，角质。穗长 7.5 cm，小穗数 15 个，穗粒数 30 粒，千粒重 40 g。落粒性中等。中抗条锈、叶锈和秆锈病。

产量及适宜种植区域：1965—1967 年定西市农业科学研究院旱地试验，亩产量 97.0~166.5 kg，较老芒麦增产 4%~46%。1968—1969 年榆中县和渭源县试验，亩产量 177.5~271.0 kg，较老芒麦增产 41%，较阿勃增产 19%~25%；榆中县和临洮县水地试验，亩产量 295~386 kg，较阿勃增产 1.6%~13%。1970 年会宁县示范种植 12 亩，平均亩产量 100 kg，较老芒麦增产一倍。1982 年定西地区种植约 1.7 万亩。适宜于甘肃省中部二阴及阴湿地区种植。

栽培技术要点：要重施基肥，增施磷肥，早追肥，避免贪青晚熟，生育期注意防治锈病。

319. 金麦 34

品种来源：原甘肃省金塔县良种场于 1963 年从农家品种山西红小麦中选出的变异单穗，经系统选育而成。原系号 63-64，曾用名 34 号。

特征特性：春性，生育期 90~95 d。幼苗直立，叶片绿色，株高 95~115 cm。穗长方形，短芒，护颖红色，籽粒红色、卵圆形，半角质。穗长 6~8 cm，小穗数 14~16 个，穗粒数 25~30 粒，千粒重 36~38 g。容重 758 g/L。成熟落黄好。高度抗土壤干旱和大气干旱。耐瘠薄。密度大、肥水条件高的情况下易倒伏。但在天气晴朗土壤干燥的情况下，倒伏后对产量影响不大。感条锈病。口松易落粒。

产量及适宜种植区域：1966—1968 年金塔县进行多点试验和示范，均有明显的增产，亩产量达 300~400 kg，最高的 465 kg。1970 年普及全县，而后推广到酒泉、玉门、瓜州、敦煌，张掖、民勤等地，很快取代了山西红、白小麦、灰麦子，喀什白皮等品种。最大种植面积曾达 40 万亩左右，为 20 世纪 70 年代初期河西走廊西部的主体品种。

栽培技术要点：适宜于一般灌溉地、漏沙地和瘠薄地上种植。一般亩播种 35 万~40 万粒为宜，过密容易倒伏。成熟时穗黄叶绿，要注意适期收获，如枯黄后收获，则易落粒。

320. 甘麦 39

品种来源：甘肃省农业科学院作物研究所 1963 年从阿勃变异单株中系选育成，原系号 K63-12。

特征特性：弱冬性，生育期 110 d。幼苗半匍匐，芽鞘绿色，叶片绿色，株高 115 cm。穗纺锤形，在丰产栽培条件下出现长方形，长芒，护颖白壳，籽粒红色、椭圆形。穗长 9 cm，小穗数 16~18 个，千粒重 42~46 g。含粗蛋白 15.5%，赖氨酸 0.48%。成熟落黄好。耐水肥，抗倒伏。较抗大气干旱和青干。较抗黄矮病，对条锈病、秆锈病也有较强的抵抗性。1982 年苗期鉴定，对条中 17 号小种近免疫，中抗条中 20 号小种，感条中 18 号、条中 21 号、条中 22 号、条中 23 号、条中 25 号小种。缺点是苗期与杂草竞争能力差，口松易落粒。

产量及适宜种植区域：一般亩产量 350 kg，千斤以上的麦田也经常出现。主要在河西走廊东、中部及临洮、临夏等地的川水地有大面积种植。1979 年甘肃省种植面积 25 万亩左右。

栽培技术要点：苗期要加强管理，防止杂草丛生，影响苗期生长。成熟时应适期早收，防止落粒损失。

321. 甘麦 40

品种来源：甘肃省农业科学院作物研究所 1960 年用 54 颗粒多作母本，阿玛作父本杂交选育而成。原系号 604-12-14-1，1967 年定名。

特征特性：弱冬性，生育期 113 d。幼苗半直立，叶片浅绿色，株高 100 cm 以下。茎穗长方形或棍棒形，长芒或卷曲芒，护颖红色，籽粒红色、椭圆形。穗长 7.5 cm，小穗数 14.4 个，穗粒数 48 粒，千粒重 30~37.5 g。含粗蛋白 12.8%，赖氨酸 0.31%。较抗倒伏。落粒性中等。高抗条锈病。

产量及适宜种植区域：1967 年武威黄羊镇试验，亩产量 262 kg，较阿勃增产 3.4%；临夏州川水地试验，亩产量 350 kg，较阿勃增产 27.7%。张掖、武威、临夏、兰州等地试验，一般亩产量 250~350 kg，较当地对照增产 10% 左右。适宜于甘肃省中部、河西东部及临夏等地灌区种植。

栽培技术要点：应增施基肥，控制追肥。适宜早播。

322. 甘麦 42

品种来源：甘肃省农业科学院作物研究所以四川五一麦与阿勃杂交选育而成，为甘麦 8 号的姊妹系。原系号 587-3-2-6-2-1。

特征特性：与甘麦 8 号基本相同。唯甘麦 42 护颖长方形，颖肩方形，植株略高。

较甘麦 8 号晚熟 1~2 d，较阿勃早熟 5~8 d。含粗蛋白 14.6%，赖氨酸 0.44%。其生育特点不仅是灌浆速度快，生育前期发育也快。抗倒伏，抗青干，落黄好。较抗黄矮病、叶枯病，不抗条锈病、秆锈病，反应型达 3~4 级，普遍率 60%~80%，严重度 30%~50%。抗条锈性接种鉴定，对条中 17 号小种近免疫，中抗条中 20 号小种，感条中 18 号、条中 21 号、条中 22 号、条中 23 号、条中 25 号小种。

产量及适宜种植区域：1969 年武威试种平均亩产量 232.5 kg，与阿勃产量相近；1972 年张掖种植亩产量 348 kg，较甘麦 8 号增产 12%；皋兰县旱地试种，亩产量 106.6 kg，较抗旱力强的农家品种半截芒增产 8%，较和尚头增产 4%。表现早熟，抗大气干旱、抗倒伏、高产。主要分布在甘肃省河西走廊平川灌区及中部地区的川水地种植。1979 年甘肃省种植面积 26 万多亩。

栽培技术要点：该品种生长发育速度较快，在重施基肥的同时，要早追肥，生长后期少追甚至不追肥，防止贪青晚熟。并注意适期收割，减少落粒损失。

323. 甘麦 44

品种来源：甘肃省农业科学院兰州试验场于 1958 年用 51 麦作母本，阿勃作父本杂交选育而成。为甘麦 8 号的姊妹系。原系号 587-3-2-5-1，1967 年定名推广。

特征特性：弱冬性，生育期在兰州为 100~105 d。幼苗半匍匐，芽鞘绿色，叶片绿色，株高 100~125 cm。穗长方形或棍棒形，顶芒，护颖白色，籽粒红色、卵圆形，粉质。穗长 8 cm，小穗数 13~17 个，千粒重 42 g。含粗蛋白 13.4%，赖氨酸 0.37%。前期发育慢，后期灌浆快，成熟落黄好。育成时在田间自然发病，对条锈病高抗，以后随着新的生理小种出现，抗条锈性逐年降低。茎秆较高，抗逆性稍差，口松易落粒。

产量及适宜种植区域：1967 年兰州试验亩产量 339.5 kg，较阿勃增产；1970 年张掖试种亩产量 293.7 kg，较阿勃增产 6.7%；酒泉试种亩产量 335 kg，较欧柔增产 13.3%。主要分布在甘肃省中部川水地区及张掖地区。1980 年全省种植面积仍有近 5 万亩。

栽培技术要点：播前应施足基肥，苗期适当追肥。头水不易过早，灌浆期灌水不宜过多，以防止倒伏。成熟时应及时收获，防止落粒损失。

324. 甘麦 24

品种来源：甘肃省农业科学院作物研究所以四川 51 麦作母本，阿勃作父本杂交选育而成。原系号 64-6，1968 年定名推广，为 1972 年全国农业展览会上的展品之一。

特征特性：弱冬性，河西地区春播，生育期 104 d。幼苗半匍匐，芽鞘绿色，叶片绿色，水地种植株高 94~100 cm。穗长方形，顶芒，护颖红色，籽粒红色、椭圆形，粉质。穗长 7.5 cm，穗粒数 40 粒，千粒重 40~44 g。含粗蛋白 12.75%，赖氨酸 0.34%。喜水耐肥，抗倒伏性强。对寒、旱和土壤瘠薄具有一定的忍耐力。推广时期高抗条锈病，感秆锈病，口较松易落粒。

产量及适宜种植区域：一般水肥条件下，亩产量 300~400 kg。于 20 世纪 60 年代末 70 年代初在甘肃大面积种植。适宜于甘肃省中部和河西地区东部水灌区种植，洮岷高寒山区及二阴地区亦可栽培。

栽培技术要点：口松易落粒，收获时期须适当提早。

325. 阿勃红

品种来源：甘肃省农业科学院作物研究所 1961 年用阿勃作母本，武威地方品种红光头作父本杂交选育而成。

特征特性：春性，生育期在黄羊镇为 105 d。幼苗直立，芽鞘绿色，叶片绿色，株高 110 cm。穗长方形或棍棒形，无芒，护颖红色，籽粒白色、卵圆形。穗长 9 cm，小穗数 14~17 个，中部小穗结实 4~6 粒，千粒重 43~48 g。含粗蛋白 15.34%，赖氨酸 0.39%。成熟落黄好。抗大气干旱。较耐盐碱。感条锈、叶锈、秆锈病。易感黑穗病。口紧不易落粒。

产量及适宜种植区域：水地一般亩产量 250~300 kg，高的达 400 kg 以上，旱地一般亩产量 100~150 kg。主要在甘肃省中部的景泰、榆中、皋兰等地旱地种植，以及河西灌区中等肥力水平或盐碱较轻地区种植。

栽培技术要点：因植株偏高，宜在中肥水地及旱地种植。成熟时穗轴易断，应及时收割打碾。易感黑穗病，播前需进行药剂拌种。

326. 墨巴 65

品种来源：原产巴基斯坦，20 世纪 60 年代末 70 年代初由中国农业科学院引入甘肃。

特征特性：弱冬性，生育期 102~117 d。幼苗半匍匐，叶片绿色，株高 88~100 cm。穗纺锤形，长芒，护颖红色，籽粒白色、长椭圆形，角质。穗长 8~9 cm，小穗数 12~15 个，穗粒数 33~43 粒，千粒重 30~39 g。耐水肥，有一定的抗倒伏能力。抗条锈、秆锈病，轻感叶锈病。较抗大气干旱。口紧不易落粒。

产量及适宜种植区域：大田生产一般亩产量 300 kg 左右。20 世纪 70 年代曾在河西走廊东部灌区有较大面积种植。适宜于甘肃省中部水肥条件较好的川地及河西走廊东部灌区种植。

栽培技术要点：品种分蘖较多，播量不易过大，以防倒伏减产。

327. 墨巴 66

品种来源：原产巴基斯坦。20 世纪 60 年代末 70 年代初由中国农业科学院引进甘肃。

特征特性：弱冬性，生育期 102~115 d。幼苗半匍匐，叶片深绿色，株高 79~

95 cm。穗纺锤形，长芒，护颖红色，籽粒红色、长椭圆形，角质。穗长 7.0~7.5 cm，小穗数 12 个，穗粒数 35 粒，千粒重 32~41 g。含粗蛋白 9.95%，赖氨酸 0.3%。较耐水肥，有一定的抗倒伏性。抗条锈病、秆锈病能力强，轻感叶锈病。较抗大气干旱。口紧不易落粒。

产量及适宜种植区域：大田生产一般亩产量 250~300 kg，高水肥条件下可达 500 kg。20 世纪 70 年代曾在全省推广 8 万余亩。适宜于河西东部灌区及中部的川水地区种植，

栽培技术要点：品种分蘖力强，须适量播种，以防密度过大倒伏减产。

328. 定西 26

品种来源：定西市农业科学研究院用白老芒麦作母本，定西 1 号作父本杂交选育而成。

特征特性：春性，生育期 108 d。幼苗直立，芽鞘绿色，叶片绿色，株高 80~90 cm。穗棍棒形，长芒，护颖红色，籽粒红色、卵圆形，角质。穗长 7.6 cm，小穗数 12 个，穗粒数 32~41 粒，千粒重 37.2~42.8 g。感条锈病、秆锈病。较抗旱。种子休眠期较短，遇阴雨易在穗上发芽。

产量及适宜种植区域：1971 年渭源、通渭、会宁、临洮等地 9 个生产队示范，亩产量 73.6~208.5 kg，较对照增产 5.5%~101.4%。1972 年定西旱地种植亩产量 163.5 kg，较红齐头增产 33%。主要分布在定西地区一般干旱及二阴地区旱地种植。

栽培技术要点：要求种在中等以上肥力地块。重施基肥，注意氮、磷肥配合。生育期间注意防锈病。适时收割、打碾、防止穗发芽。

329. 定西 27

品种来源：定西市农业科学研究院于 1965 年用欧柔作母本，白老芒麦和甘肃 96 的杂种后代作父本杂交选育成。

特征特性：春性，生育期 108 d。幼苗直立，芽鞘绿色，叶片绿色，株高旱地 80 cm，水地 100 cm。穗棍棒形，长芒，护颖红色，籽粒红色、卵圆形，角质。穗长 7 cm，穗粒数 38 粒，千粒重 41 g。中抗条锈病和秆锈病，感叶锈病。耐水肥，抗旱性中等。

产量及适宜种植区域：1971—1972 年通渭、渭源旱地试种，亩产量 122~139 kg，较老芒麦增产 10.9%~34.8%；定西二阴旱地试种，平均亩产量 183 kg，较红齐头增产 47.5%；渭源县阴湿地试种，平均亩产量 225 kg，较两江麦增产 28.5%。1971 年定西水地试种，平均亩产量 400 kg，产量与欧柔相同。1977 年定西地区种植面积约 7.4 万亩。适宜于中等肥力水川地及二阴地区种植。

栽培技术要点：要增施肥料。注意防治锈病。

330. 定西 3 号

品种来源：定西市农业科学研究院于 1965 年从甘肃省农业科学院作物研究所引进的甘肃 96/阿勃的杂种后代 5862 品系中，继续选出的优异单穗，经 3 年系统选育而成。

特征特性：春性，生育期 107 d。幼苗直立，芽鞘浅绿色，叶片浅绿色，株高 110~120 cm。穗纺锤形，顶芒，护颖白色，籽粒红色、卵圆形，半角质。穗长 9~10 cm，小穗数 18~20 个，穗粒数 50 粒，千粒重 45 g。含粗蛋白 12.5%，赖氨酸 0.37%。抗倒伏，较耐旱。落粒性中等，籽粒休眠期较长。抗白粉病，对叶锈病和秆锈病高抗或免疫，抗条锈菌条中 1 号、条中 8 号、条中 10 号小种。

产量及适宜种植区域：1969 年定西地区水地及阴湿区旱地进行区域试验，亩产量 230~420 kg，较阿勃增产 20% 以上。1977 年定西地区水、旱地种植面积 8 万余亩，主要分布在定西、渭源、临洮等地。适宜于中等肥水条件及阴湿区旱地种植。由于条锈菌 19 号小种的出现，抗条锈性丧失，从 1978 年开始，种植面积逐渐减少，20 世纪 80 年代初仅在定西、渭源有零星种植，面积约 2.5 万亩。

栽培技术要点：种在高水肥条件下，可适当减少播种量，控制肥水，防止倒伏。如种在二阴区旱地，应加强管理，注意保墒。

331. 定西 19

品种来源：定西市农业科学研究院从甘肃省农业科学院引进的福麦/甘肃 96 早代杂种中选育而成。

特征特性：春性，生育期 120 d。幼苗直立，芽鞘绿色，叶片深绿色，株高 80~90 cm。穗棍棒形，长芒，护颖红色，籽粒红色、卵圆形，角质。小穗数 19 个，穗粒数 26.9 粒，千粒重 45 g。抗旱，耐盐碱。条锈病轻，感秆锈病。落粒性中等。

产量及适宜种植区域：定西、临洮旱地种植，一般亩产量 100~150 kg。1978 年定西地区种植 2.3 万亩。主要分布在定西、临洮等地干旱区种植。

栽培技术要点：该品种有一定的耐瘠性，但种在较肥沃的地块，增产更为显著。要重施基肥，增施磷肥，促进早熟。

332. 陇春 5 号

品种来源：甘肃省农业科学院作物研究所在兰州试验场 1964 年用阿勃作母本，欧柔作父本杂交选育而成。原系号 6416-14-15。

特征特性：弱冬性，生育期 100 d。幼苗半匍匐，芽鞘淡绿色，叶片深绿色，株高 104 cm。穗纺锤形，长芒，护颖红色，籽粒白色、椭圆形，半角质。穗长 9 cm，小穗数 13.6~19.0 个，穗粒数 41 粒，千粒重 38~48 g。含粗蛋白 13.76%，赖氨酸 0.39%。落粒性中等。较抗倒伏。轻感叶锈病、秆锈病和黄叶病。抗条锈性接种鉴定，对条中 2

号、条中 13 号小种免疫或接近免疫。

产量及适宜种植区域：1971 年参加甘肃全省区域试验，大多数点表现增产，较当地对照品种增产 7.8%~43.4%，均位居第一。1972 年参加全国北方七省（区）春小麦联合区域试验，在吉林、青海、宁夏、山西雁北等地均表现增产。适宜于甘肃省中部川水地区、河西灌区、洮岷高寒区以及宁夏、青海等地种植。

栽培技术要点：因籽粒大，分蘖率低，应适当加大播量。

333. 临麦 25

品种来源：临夏州农业科学院于 1970 年从国外引进品种戈罗斯中选出的变异植株，经系统选育而成。原系号 07030。

特征特性：春性，生育期 110~120 d。幼苗直立，芽鞘淡绿色，叶片深绿色，株高 100~110 cm。穗纺锤形，长芒，护颖白色，籽粒红色、卵圆形，半角质。穗长 10 cm，小穗数 16 个，穗粒数 40 粒，千粒重 45 g。含粗蛋白 13.7%，出粉率 85.8。耐水肥，抗倒伏性强，中感叶锈病，但严重度低。抗条锈性接种鉴定，苗期对条中 17 号、条中 21 号小种免疫或近免疫，高度或中度抵抗条中 18 号、条中 20 号、条中 23 号、条中 25 号小种。条锈病中度流行年份，田间植株清秀，茎、叶落黄正常，籽粒灌浆饱满，产量稳定。口松易落粒。种子休眠期较长，不易穗发芽。

产量及适宜种植区域：川水地区一般亩产量 250~300 kg，高的达 450 kg 以上；山阴地区亩产量稳定在 200 kg 左右，属喜水耐肥品种。适宜于临夏州阴湿地区肥力较高的土地上推广种植。

栽培技术要点：籽粒大。播种洛川水地不少于 22.5 kg，山阴地不少于 17.5 kg。并适期早播，增施肥料，及时收割，减少落粒。

334. 郑引 1 号

品种来源：原产意大利，20 世纪 70 年代从河南新乡引入。又名反修 1 号，原系号 st1472/506。

特征特性：弱冬性。幼苗半匍匐，株型紧凑，株高 85 cm。穗长方形，长芒，护颖白色，籽粒红色。千粒重 35.2~38.7 g。抗倒伏。叶片功能期长，灌浆速度快，落黄好。较抗旱，较抗条锈病和叶锈病，严重感秆锈病。

产量及适宜种植区域：70 年代武威地区推广种植，表现丰产，抗倒伏，较当地栽培种增产 10%~15%，一般亩产量 300 kg 左右，高的达 400 kg 以上。主要分布在甘肃省河西东部灌区中等肥力水平地块种植。1979 年武威地区曾推广种植 12 万余亩。

栽培技术要点：注意适期早播，锈病常发地区不宜种植。

335. 金麦 7 号

品种来源：甘肃省原金塔县良种场 1965 年用农家品种灰麦子作母本，加拿大小麦作父本，于 1971 年育成。

特征特性：春性，生育期 95~100 d。幼苗近似直立，芽鞘白色，叶片深绿色，株高 105~115 cm。穗纺锤形，短芒，护颖白色，籽粒白色、椭圆形，粉质。穗长 6~8 cm，穗粒数 25~30 粒，千粒重 46~52 g，容重 789 g/L。成熟落黄好。耐盐碱，耐干旱，抗青干。干热风袭击下，千粒重下降不明显。抗黄矮病，易感条锈病。

产量及适宜种植区域：1972 年金塔县多点示范，一般亩产量 200~250 kg，高的达 400~450 kg，在该县一般土地和二潮地上迅速代替了喀什白皮和金麦 34，特别是在二潮地上，产量较喀什白皮更稳定。20 世纪 70 年代中期，最高推广面积 30 万亩左右。以后逐渐又被更高产稳产的新良种代替，1980 年尚有 10 万余亩种植面积。适宜于酒泉、玉门、安西、敦煌、张掖、永昌等地种植。

栽培技术要点：不宜种在漏沙地上。因籽粒较大，分蘖力强，要注意合理密植，一般每亩播种 40 万~45 万粒。一般水浇地上，力争在 6 月底或 7 月初浇完最后一水，防止后期因干旱造成早衰，影响产量。

336. 金麦 4 号

品种来源：甘肃省原金塔县良种场杂交选育而成，为金麦 7 号的姊妹系。

特征特性：春性，生育期 104~110 d。与金麦 7 号不同点是，叶片浅绿色，护颖红色，长芒，籽粒卵圆形。其他特征特性与金麦 7 号基本相同。

产量及适宜种植区域：1971 年金塔县进行多点试验，较金麦 34 增产 13%~3.6%，受到群众的欢迎，1973 年很快遍及全县，而后又相继扩大到整个酒泉地区，1976 年种植面积为 20 余万亩。

栽培技术要点：适宜于中上等肥力土地种植。茎秆偏高，种在高水肥条件下，应适当降低播种量。因晚熟，生育后期注意浇水，以防缺水，造成干旱逼熟。

337. 定西 24

品种来源：定西市农业科学研究院 1963 年用当地农家品种白老芒麦作母本，智利肯耶作父本杂交选育而成。

特征特性：春性，生育期 110~120 d。幼苗直立，芽鞘和叶片淡绿色，株高 90~110 cm。穗棍棒形，长芒，护颖白色，籽粒白色、长圆形，角质。穗长 7~8 cm，小穗数 14 个，穗粒数 39~40 粒，千粒重 35~40 g。含粗蛋白 11.8%，赖氨酸 0.37%。耐旱、耐瘠薄。后期耐雨涝，抗青秕。抗叶锈病、秆锈病，感黑穗病。抗条锈性接种鉴定，对条中 17 号、条中 22 号、条中 25 号小种免疫或近免疫，高抗条中 18 号、条中 21 号小种，感条中 20 号、条中 23 号小种。

产量及适宜种植区域：1971 年参加定西地区联合区域试验，亩产量 69~180 kg，较老芒麦增产 21.1%~67.7%。1974—1975 年参加全国北方地区（西片）旱地春小麦良种联合区域试验，1974 年亩产量 49.2~182 kg，较对照品种增产 3.1%~29.5%；1975 年亩产量 163.5~172.5 kg，较对照品种增产 14%~24%。适宜于甘肃省中部海拔 1 000~2 400 m 的干旱地区种植。1980 年种植面积 24 万多亩，1981 年扩大为 38 万多亩。

栽培技术要点：3 月上旬播种为宜，因籽粒较大，亩播种量以 25 万~30 万粒为宜。播前注意药剂拌种，防治黑穗病。

338. 定西 32

品种来源：定西市农业科学研究院选育，为定西 24 姊妹系。

特征特性：与定西 24 不同之处，种子休眠期短，遇雨容易出现穗发芽现象。抗条锈性接种鉴定，对条中 17 号、条中 18 号、条中 21 号、条中 22 号、条中 25 号小种免疫或近免疫，高抗条中 23 号小种，感条中 20 号小种。

产量及适宜种植区域：产量与定西 24 相同。适宜于甘肃省中部海拔 1 700~2 400 m 的二阴和干旱地区种植。1981 年种植面积 12.6 万亩。

栽培技术要点：同定西 24。

339. 会宁 10 号

品种来源：原会宁县农试站于 1963 年以当地农家品种红老芒麦作母本，阿勃作父本杂交选育而成。1971 年定名。

特征特性：春性，生育期 104~110 d。幼苗半匍匐，芽鞘淡绿色，叶片绿色，株高 90~110 cm。穗纺锤形，顶芒，护颖白色，籽粒红色、卵圆形，半角质。穗长 9~11 cm，小穗数 14~16 个，穗粒数 40 粒，千粒重 40~52 g。含粗蛋白 13.6%，赖氨酸 0.40%。耐寒、耐旱、耐盐碱。较耐 3 种锈病。口紧不易落粒。

产量及适宜种植区域：耐旱耐盐碱，对水肥条件要求不严，是会宁 10 号的突出特点。会宁县苦水灌区，一般亩产量 200~300 kg，最高达到 350 kg。旱地种植，亩产量 100~150 kg，最高达 190 kg。参加定西地区旱地联合区域试验，定西、陇西、渭源、通渭等地干旱区均表现增产，增产幅度 10%~20%。适宜于中上等肥力的川坝地及水平梯田上种植，不保灌的水浇地与苦水灌区增产更为明显。

栽培技术要点：该品种虽属抗旱生态型，但种在水肥条件较好的土地上更好。陡山坡地和瘠薄地不宜种植。要求适宜早播，以保证落黄正常。

340. 拜尼莫 62

品种来源：拜尼莫 62（Penjamo 62）原产墨西哥，1971 年由原农林部引入甘肃省试验推广。

特征特性：春性，生育期 110 d。幼苗直立，叶片深绿色，株型紧凑，株高 80 cm。穗纺锤形，长芒，护颖白色，籽粒红色、卵圆形。穗长 7 cm，穗粒数 28~34 粒。秆矮，抗倒伏性强。耐盐碱。抗条锈病、叶锈病、秆锈病。口紧不易落粒。缺点是幼苗顶土力弱，籽粒休眠期短，后期雨多易穗发芽，生长后期叶枯性病害较重。

产量及适宜种植区域：1971 年甘肃省中部临洮县水地试种亩产量 421.5 kg，较甘麦 8 号增产 20%，较阿勃增产 6%；临夏试种亩产量 400 kg，较甘麦 8 号增产 14.3%。1973 年临夏小麦生长后期雨水多，大部分品种因条锈病危害，未能正常灌浆，普遍减产，而拜尼莫 62 亩产量仍达 350 kg 左右，较当地主栽品种增产 40%。1975 年甘肃省推广面积 10 多万亩。主要分布在临夏回族自治州各县、临洮县及甘南藏族自治州部分县的川水和阴湿山区种植。但由于要求栽培条件较高，产量不够稳定，1977 年以后逐渐被临农 14 等新良种代替。

栽培技术要点：适宜于水肥条件较好的土地种植。要求早播，浅播。

341. 酒农 13

品种来源：酒泉市农业科学研究院于 1963 年用山西红作母本，阿勃作父本杂交选育而成。又名酒农 1332。

特征特性：春性，生育期 93~104 d。株高 93~127 cm。穗长方形，无芒，护颖红色。籽粒红色，千粒重 41~49 g。抗大气干旱。轻感散黑穗病，感条锈病。

产量及适宜种植区域：1976 年参加酒泉地区区域试验，6 个试点中有 4 个试点增产，平均亩产量 315 kg，增产 4.3%。历年在玉门市生产示范，一般亩产量 360~485 kg。适宜于玉门、瓜州风沙大的地区种植。

栽培技术要点：适宜于中等肥力水平土地种植。注意防止倒伏。

342. 陇春 7 号

品种来源：甘肃省农业科学院作物研究所于 1966 年在兰州试验场用甘麦 8 号作母本，临农 2 号作父本杂交选育而成。原系号 6633-6。

特征特性：春性。生育期 101~105 d。幼苗直立，叶片绿色，株高 110 cm。穗纺锤形，长芒，护颖白色，籽粒红色、椭圆形，半角质。穗长 9 cm，小穗数 15~18 个，穗粒数 55 粒，千粒重 39.5~48.0 g。含粗蛋白 14.3%，赖氨酸 0.40%。抗青干，抗蚜虫。中感叶锈病。条锈病在田间自然发病很轻，经混合菌接种后反应型为 2~3 型。口松易落粒，抗倒伏性较差。

产量及适宜种植区域：1972 年参加甘肃省区域试验，13 个试点中有 8 个试点增产，亩产量 173.3~450.0 kg，较对照增产 4.1%~13.6%。1974—1975 年参加北方八省（区）联合区域试验，亩产量 393.4~446.8 kg，增产 1.3%~21.5%。适宜于张掖灌区以东及中部、临夏川水地区以及青海、宁夏、新疆等省（区）的部分春麦区种植。

栽培技术要点：因穗头重，植株偏高，头水不易过早浇。后期注意防止倒伏。成熟时应适时收获，以免落粒损失。

343. 665-7-3

品种来源：甘肃省农业科学院作物研究所 1966 年在兰州试验场组配，组合为扬家山红齐头/欧柔/63-21。

特征特性：春性，生育期 103 d。幼苗直立，叶片绿色，株高 101~120 cm。穗纺锤形，长芒，护颖白色，籽粒红色、椭圆形，半角质。穗长 10.8 cm，小穗数 15 个，穗粒数 42 粒，千粒重 46~50 g。含粗蛋白 11.6%，赖氨酸 0.24%。抗条锈、叶锈、秆锈病，耐水肥，丰产性好，落粒性中等，茎秆硬，抗倒伏。

产量及适宜种植区域：1976—1977 年参加北方七省（区）春小麦联合区域试验，1976 年 13 个试点中有 8 个试点增产，1977 年 17 个试点中有 15 个试点增产，两年都增产的有 6 个试点，增产幅度 5.7%~24.7%。适宜于甘肃省河西走廊东部及中部、临夏等川水地区种植。

栽培技术要点：因籽粒大，分蘖少，应较其他品种适当增加播量，宜种在水肥条件较好的地块上。

344. 甘春 11

品种来源：甘肃农业大学农学院以杂交品系 55F1-4-3-1-1-2 作母本，阿勃作父本进行杂交，于 1972 年育成，原系号 14-3-2-2-2。

特征特性：春性，生育期 102 d。幼苗直立、芽鞘淡绿色，叶片深绿色，株高 100 cm。穗纺锤形，短芒，护颖白色，籽粒白色，卵圆形。穗长 8~10 cm，小穗数 13 个，穗粒数 23~25 粒，千粒重 40 g。容重 775 g/L，含粗蛋白 13.5%，赖氨酸 0.42%。成熟时茎秆黄亮，落黄好。较耐干旱，耐干热风。干热风严重发生的年份，其千粒重降低幅度较小。茎秆有韧性，不易倒伏。口紧不易落粒。感条锈病和白粉病。易穗发芽。

产量及适宜种植区域：1974—1975 年参加甘肃省春小麦联合区域试验，亩产量 411.0~462.5 kg，较当地主体品种增产 11.3%~34.5%。1974—1978 年酒泉、玉门、安西、敦煌等地 13 个点试验，亩产量 155.0~512.5 kg，较对照品种增产 2.5%~27.4%，受到群众欢迎。1980 年武威、张掖、酒泉 3 地区种植面积 10 万余亩，一般亩产量 350~425 kg，较当地推广品种增产 9.3%~33.0%。

栽培技术要点：适宜于在中上等肥力水平土地种植。亩播种量以 42 万粒左右为宜。因种子休眠期较短，成熟时应及时收割，以免遇雨引起穗发芽。

345. 甘春 12

品种来源：甘肃农业大学农学院杂交选育而成。为甘春 11 的姊妹系，原系号 14-3-1-1-1。

特征特性：甘春 12 在穗形、穗色、护颖形状以及抗病性、抗逆性等方面，与甘春 11 基本相同，其不同点是，该品种无芒，穗略大，穗长 9~12 cm，小穗数 14~15 个，穗粒数 30~35 粒，小穗排列稍密。籽粒大，千粒重 45 g 左右。含粗蛋白 12.9%，赖氨酸 0.41%。生育期 105 d，较甘春 11 号晚熟 3 d。抗条锈性接种鉴定，对条中 18 号、条中 20 号、条中 21 号、条中 22 号、条中 25 号小种免疫或近免疫，高抗或中抗条中 17 号、条中 23 号小种。甘春 12 在嘉峪关外的玉门、安西、敦煌 3 地种植面积较大，而甘春 11 在关内的酒泉、金塔等地种植面积大。

产量、适宜种植区域及栽培技术要点：与甘春 11 相同。

346. 墨卡

品种来源：原产墨西哥，原译名卡捷姆（Cajeme F-71），简称墨卡。1973 年从中国农业科学院引入甘肃。

特征特性：春性，生育期 102~106 d。幼苗直立，株型紧凑，株高 70~80 cm。穗纺锤形，长芒，护颖白色，籽粒红色、长圆形。穗长 7~8 cm，小穗数 12~14 个，穗粒数 25~30 粒，千粒重 34~50 g。含粗蛋白 14.04%，赖氨酸 0.34%。抗倒伏性强。高抗条锈、叶锈、秆锈病，易感白粉病和赤霉病。不抗干旱，干尖较严重。口紧不易落粒。

产量及适宜种植区域：1974 年兰州试验亩产量 468.8 kg，较甘麦 8 号增产 15.9%；临夏州试验亩产量 506.5 kg，较临麦 12 增产 170%；定西试验亩产量 273 kg，较对照品种增产 11.9%；河西地区一般亩产量 300~400 kg，较对照甘麦 8 号、甘麦 23、欧柔等增产 5.3%~14.5%。主要在甘肃省中部川水地区及河西东、中部灌区种植。由于该品种植株矮，抗条锈性强，植株紧凑，单株生产力高，引入甘肃省以后，各地科研部门都利用其作杂交亲本。

栽培技术要点：该品种要求水肥条件高，幼苗生长慢，宜早浇头水。后期灌浆时间长，要保持土壤湿润，防止干热风危害。

347. 墨叶

品种来源：原产墨西哥，原译名叶考拉（yecora F-70），简称墨叶。1973 年自中国农业科学院引入甘肃。

特征特性：春性，生育期 100 d。幼苗直立，叶片淡绿色，株高 60~70 cm。穗纺锤形，长芒，护颖白色，籽粒白色、长椭圆形，角质。穗长 7.0~8.5 cm，小穗数 12~14 个，穗粒数 28~34 粒，千粒重 30~45 g。抗倒伏性强。高抗 3 种锈病。抽穗后灌浆期长。叶片功能期短，后期有早衰现象。口紧不易落粒。

产量及适宜种植区域：1974 年全省设 9 个试点试验，7 个试点增产，亩产量 274~493 kg，较对照增产 1.5%~69%。主要在甘肃省中部川水地区和河西东、中部灌溉条件较好的地区种植。由于该品种秆矮，抗条锈性强，引入甘肃省后不少单位作为矮秆亲本利用。其后代秆矮传递力强。

栽培技术要点：因幼苗顶土力弱，不宜播得太深，灌浆期长，后期应注意保持土壤湿润。防止早衰。

348. 墨他

品种来源：原产墨西哥，译名他诺瑞（TaworiF-71），简称墨他。1973 年自中国农业科学院引入甘肃。

特征特性：春性，生育期 90~103 d。幼苗直立，株高 90 cm。穗纺锤形，无芒，护颖白色，籽粒红色、长椭圆形。穗长 8~9 cm，小穗数 12.0~13.5 个，穗粒数 30~80 粒，千粒重 40 g。含粗蛋白 13.75%，赖氨酸 0.47%。耐水肥，抗倒伏性强。抗 3 种锈病，感黄矮病、散黑穗病和白粉病。抗寒性较差，生育后期叶片干尖较重。口紧不易落粒。种子休眠期较短。

产量及适宜种植区域：1974 年兰州农试场品比试验亩产量 444.4 kg，较甘麦 8 号增产 8.8%。同年在全省定西、兰州、临夏、甘南、武威、黄羊、张掖、酒泉 8 处试验，有 7 处增产，亩产量 238.5~503.5 kg，较当地对照增产 4.5%~44.1%。主要在甘肃省中部灌区川水地及河西东、中部种植。

栽培技术要点：该品种要求水肥条件较高，幼苗顶土力弱，需精细整地，播深 4~5 cm。后期灌浆期长，要求土壤湿润，以防青干。

349. 酒农 10 号

品种来源：酒泉市农业科学研究院 1965 年以酒泉农家品种金色银作母本，欧柔作父本进行杂交，于 1973 年育成。

特征特性：春性，生育期 95 d。幼苗近直立，芽鞘暗绿色，叶片深绿色，株型紧凑，株高 100 cm。穗纺锤形，长芒，护颖白色，籽粒红色、卵圆形，粉质。穗长 8 cm，小穗数 12 个，穗粒数 30 粒，千粒重 48 g。含粗蛋白 12.4%，赖氨酸 0.39%。较抗大气干旱，前期发育快，早熟，易躲避干热风危害，落黄好，籽粒饱满，也是复种前作物的良好前作。缺点是分蘖力弱，易感条锈病，口松易落粒。

产量及适宜种植区域：1972 年酒泉试验亩产量 420.5 kg，较对照品种欧柔增产 8%；1973 年亩产量 350 kg，仍较欧柔增产；1974 年酒泉稀播繁殖 3.5 亩，平均亩产量 413.5 kg。1975 年酒泉试验亩产量 400 kg。推广期间酒泉常年种植面积 5 万亩，主要作为早熟搭配品种种植。

栽培技术要点：适宜于在中上等肥力条件下种植。一般以亩播种 45 万~50 万粒为宜，由于前期发育快，三叶期灌头水为好，过晚会影响产量。

350. 金麦 303

品种来源：原金塔县良种场 1967 年用地方品种白大麦作母本，阿勃作父本杂交，于 1973 年育成。原用名 303。

特征特性：春性，生育期 95~100 d。幼苗半匍匐，芽鞘灰白色，叶片深绿色，株高 70~100 cm。穗长方形，优良栽培条件下，可出现棍棒形，长芒，护颖白色，籽粒白色、椭圆形。穗长 7~8 cm，穗粒数 30~38 粒，千粒重 43~50 g。容重 760 g/L，含粗蛋白 10.5%，赖氨酸 0.35%。1979 年 7 月上旬，金塔县阴雨连绵，其他品种青秕，千粒重普遍下降，而金麦 303 仍然灌浆饱满。推广以后，曾经历了低温干旱、高温干旱和前期低温后期阴雨等不良气候条件，该品种仍然连年增产，表现出较强的耐高温、耐旱、抗倒伏、抗黄矮病等特点。缺点是轻感条锈病，易感腥黑穗病，后期过份干旱时常有叶干尖现象。

产量及适宜种植区域：1976—1977 年参加酒泉地区区域试验，亩产量 449.5~500.5 kg。1979 年金塔县种植 2.6 万亩，1980 年扩大到 4.2 万亩，到 1981 年又增加到 8.7 万亩，占该县小麦面积的 50% 以上，成为主体品种。后扩展到酒泉地区各县和张掖等地。

栽培技术要点：适宜于一般灌区、二潮地和沙土地种植。因分蘖力较强，植物密度不宜过大。一般以亩播种 40 万粒左右为宜，播前种子进行药剂处理，防治腥黑穗病。并注意收割，防止遇风落粒。

351. 6638-1-7-2

品种来源：甘肃省农业科学院作物研究所 1966 年用甘麦 8 号作母本，安徽 9 号作父本杂交选育而成。

特征特性：春性，生育期 100 d。幼苗直立，叶片绿色，株高 102~115 cm。穗纺锤形，长芒，护颖白色，籽粒红色、椭圆形，半角质。穗长 8.6 cm，小穗数 13 个，千粒重 41.4~46.5 g，在张掖高达 52.4~57.8 g。含粗蛋白 12.2%，赖氨酸 0.36%。抗 3 种锈病能力较差。喜水耐肥。抗倒伏性强。抗青干。口松易落粒。

产量及适宜种植区域：1976—1977 年参加北方七省（区）春小麦联合区域试验，内蒙古包头两年平均亩产量 335.1 kg，较对照增产 23.4%；陕西榆林平均亩产量 325.2 kg，较对照增产 6.3%；新疆焉耆平均亩产量 327.8 kg，较对照增产 20.3%；甘肃张掖平均亩产量 459 kg，较对照增产 11.4%，兰州平均亩产量 429.8 kg。1977 年宁夏永宁亩产量 318.6 kg，较对照增产 8.6%；内蒙古杭锦后旗亩产 401.2 kg，较对照增产 10.8%。适宜于河西灌区东部、中部，临夏川水地区及洮岷高寒地区种植。

栽培技术要点：宜种在水肥条件较好的地块。因籽粒大，应适当加大播量。成熟时及时收获，防止落粒损失。

352. 甘春 14

品种来源：甘肃农业大学农学院用 55Ⅳ-4-3-1-1-2 作母本，阿勃作父本杂交选育而成。原系号 72-887。

特征特性：弱冬性，生育期 108 d。幼苗半匍匐，叶片深绿色，株高 90～100 cm。穗纺锤形，无芒，护颖红色，籽粒红色、卵圆形。穗长 8～11 cm，穗粒数 25～30 粒，千粒重 45 g。喜水肥，抗倒伏，抗青干。感条锈病和白粉病。口紧不易落粒。

产量及适宜种植区域：1975—1976 年参加甘肃省联合区域试验，两年 5 个试点 10 次，其中 9 次增产 1 次减产。除武威试点为一年增产一年减产外，敦煌、酒泉、张液、黄羊镇 4 个试点均为两年增产，亩产量 273.8～508.7 kg，较对照增产 2.3%～39.5%，多数试点位于第一、二位。1977 年临泽县生产示范，亩产量 523.5 kg，增产 25.6%；高台县示范亩产量 407.5 kg，增产 13%。适宜于甘肃省河西走廊中、西部水肥条件较好的灌区种植。

栽培技术要点：该品种成熟偏晚，应早播，每亩播种量以 42 万～45 万粒为宜。生长后期，要控制水肥，以免贪青晚熟和干热风危害。

353. 张春 9 号

品种来源：张掖市农业科学研究院以民选 116 作母本，阿勃作父本杂交，于 1975 年育成。原系号 6501-2-2。

特征特性：春性，生育期 103 d。幼苗半匍匐，芽鞘淡绿色，叶片深绿色，株高 100～110 cm。穗棍棒形，顶芒，籽粒白色、椭圆形，粉质。穗长 7～8 cm，小穗数 18 个，穗粒数 42～45 粒，千粒重 45 g。含粗蛋白 11.4%，赖氨酸 0.38%。成熟落黄好。耐旱性强。后期较耐高温。抗叶枯病，中抗黄矮病。1974 年黄矮病接虫鉴定结果，发病率为 3%，病情指数 16.7%。低温多雨年份有叶锈病。口松较易落粒。

产量及适宜种植区域：1976 年张掖地区推广以来，水肥条件较好的情况下，一般亩产量可达 400～450 kg，较原种植的品种增产 15%～20%。除河西走廊张掖地区种植外，武威、酒泉两地区也有种植，种植面积约 50 万亩左右。

栽培技术要点：适宜于中上等水肥条件下种植。要求尽可能早播，并重施基肥，增施磷肥，促进早熟。该品种芽鞘较短，幼苗顶土力弱，应严格控制播深，最好采用机播。亩播种量 20.0～22.5 kg。成熟时及时收获，以防落粒。

354. 临农 41

品种来源：甘肃农业大学应用技术学院 1963 年用阿夫作母本，新疆大颗子作父本杂交选育而成。1975 年定名推广。

特征特性：春性，生育期 115 d。幼苗直立，叶片深绿色，株高 110 cm。穗棍棒形，顶芒，护颖白色、籽粒红色、卵圆形，角质。穗长 10 cm，小穗数 15~17 个，穗粒数 33~48 粒，千粒重 42 g。含粗蛋白 12.4%，赖氨酸 0.38%。抗倒伏性中等，喜肥水，耐阴湿，适应性较广。抗条锈病。

产量及适宜种植区域：川水地区一般亩产量 350~400 kg，二阴山区旱地一般亩产量 200~250 kg。主要分布在定西、临洮、渭源、临夏、康乐、广河、和政等地的川水地、二阴及阴湿山区。1981 年种植面积 47.5 万多亩。

栽培技术要点：该品种喜水耐肥，耐阴湿，要求精细管理，每亩保苗不宜超过 30 万株，过密易倒伏。

355. 临农 20

品种来源：甘肃农业大学应用技术学院 1969 年用欧柔/（阿桑+阿勃）株系作父本，临农 2 号/丹麦 2 号株系作母本进行杂交，于 1975 年选育而成。原系号 73-0133。

特征特性：弱冬性，生育期 120 d。幼苗半匍匐，芽鞘绿色，株型紧凑，株高水地 100~110 cm，旱地 60~80 cm。穗棍棒形，顶芒，护颖白色，籽粒红色、卵圆形，半角质。穗长水地 8~10 cm，旱地 6~8 cm，小穗数在水地一般 22 个，穗粒数 30~60 粒，千粒重 40~45 g。含粗蛋白 12.2%，赖氨酸 0.29%。抗倒伏。口紧不易落粒，种子休眠期长。耐条锈病，高抗秆锈病，中抗叶锈病，对赤霉病、黄矮病、白粉病、根腐病、叶枯病等均有一定抗性。吸浆虫、麦秆蝇、蚜虫危害中等。较耐旱，耐瘠薄，较耐盐碱，适应性好。

产量及适宜种植区域：1980—1981 年参加临洮县区域试验，26 个点次增产 15 个点次，减产 10 个点次，平产 1 个点次，亩产量 122.5~405.0 kg，增产幅度为 3.5%~95.3%，减产 0.6%~26.7%。1982—1983 年参加定西地区区域试验，28 个点次增产的 11 点次，减产 17 点次，增产幅度为 0.5%~22.2%，减产 2.3%~31.1%。1982 年临洮县生产示范 8.15 亩，平均亩产量 414.6 kg，较临农 14 增产 7.4%。1985 年临洮县半干旱地区进行大田生产，亩产量 175.0~268.5 kg，较对照定西 24 增产 29.3%。适宜于甘肃省中部及洮岷地区海拔 2 000 m 左右较冷凉的半干旱和半二阴地区种植。1987 年推广种植面积 18 万亩。

栽培技术要点：该品种比较晚熟，应适时早播，重施基肥，控制追肥，防止夏季高温影响而减产。

356. 临夏 587-2

品种来源：临夏州农业科学院从甘肃省农业科学院作物研究所引进的五一麦和阿勃杂交后代，经继续选择培育而成。曾用名阿五麦 587-2。

特征特性：春性，生育期 120 d。幼苗近直立，芽鞘淡绿色，叶片绿色，株高 105~125 cm。穗长方形，水肥充足时呈棍棒形，顶芒，护颖白色，籽粒红色、卵圆形，粉质。穗长 8 cm，小穗数 16 个，穗粒数 40 粒，千粒重 45 g。含粗蛋白 10.9%，赖氨酸

0.35%。中感条锈病、叶锈病，感秆锈病。口松较易落粒。

产量及适宜种植区域：适应性强。既喜水耐肥，又能耐旱耐瘠薄，深受群众欢迎，在临夏州山阴、干旱、川水三类地区很快得到推广。20 世纪 70 年代中期，推广面积 20 万亩左右，并进一步在甘南、定西、天水等地发展。中等肥力水平一般亩产量 200～250 kg，最高的达 400 kg 以上，后因抗条锈病减弱，面积有所下降，1980 年种植面积 18 万多亩。

栽培技术要点：要求施足底肥，每亩播种量 20 kg 左右，管理上要比阿勃早追肥，早灌水，以防后期倒伏，成熟时应及时收获。

357. 5955-4

品种来源：张掖市农业科学研究院 1959 年用武功 774 作母本，哈什白皮作父本杂交，于 1964 年育成。

特征特性：春性，生育期 101 d。幼苗直立，芽鞘绿色，叶片深绿色，株型松散，株高 100.0～110.3 cm。穗长方形或纺锤形，长芒，护颖白色，籽粒红色、卵圆形，半角质。穗长 6.5～7.0 cm，小穗数 14～16 个，穗粒数 31.5～39.8 粒，千粒重 40.0～45.6 g。抗倒伏性 2 级。口紧不落粒，种子休眠期稍长，穗部不易发芽。耐湿性及耐盐碱性较强，耐瘠薄性好，耐青干及抗干热风中等。对条锈、秆锈、叶锈病均轻感，中抗叶枯病。

产量及适宜种植区域：张掖地区川水地均可种植。1967 年张掖市农业科学研究院试验场内种植 25 亩，平均亩产量 367.5 kg，较欧柔、红齐头分别增产 17% 与 34.6%。1968 年高台县种植 25 亩，平均亩产量 364 kg，较阿勃增产 24.2%；1969 年张掖种植 102 亩，平均亩产量 351 kg，较红齐头增产 21.5%。当时全区种植 10 余万亩。该品种是一个比较增产的品种，因其植株偏高，易发生倒伏，在不断提高水肥的条件下，显得不太适应，所以面积未能继续扩大。

栽培技术要点：该品种要求早播，重施基肥，生育期间不追肥或在头水时少追。严格控制迟灌二水以头水后 25 d 左右浇为宜，以利蹲苗壮秆，防止倒伏。生育期间注意喷药防蚜，减少黄矮病危害。

358. 陇春 8 号

品种来源：甘肃省农业科学院作物研究所 1970 年在武威黄羊镇用甘麦 8 号去雄后的穗子，经自由授粉获得的结实材料选育而成。原系号 7020 (6)。

特征特性：春性，生育期 105 d。幼苗半匍匐，芽鞘淡绿色，叶片绿色，株型松散，株高 105～115 cm。穗长方形，顶芒，护颖白色，籽粒红色、长椭圆形，半粉质-半角质。穗长 8～12 cm，小穗数 16～22 个，穗粒数 37 粒，千粒重 45～52 g。含粗蛋白 13.81%，赖氨酸 0.26%。该品种前期发育较缓慢，耐旱避旱性较好；后期籽粒灌浆速度较快，落黄良好。条锈病反应型为 1～2 级，但普遍率和严重度较低；抗倒伏性中等；

较抗黄矮病。

产量及适宜种植区域：1976 年参加甘肃全省春小麦联合区域试验，河西走廊平川灌区的武威试点，亩产量 383.4 kg，较原推广品种甘麦 42 增产 4.6%；张掖试点亩产量 429.2 kg，较甘麦 8 号增产 17.8%；酒泉试点亩产量 404 kg，较酒农 10 号增产 7%；永登县试点亩产量 485 kg，较推广种甘麦 23 增产 1.96%；河东的临夏州试点亩产量 348.9 kg，较对照增产 10.6%。1979—1981 年武威和张掖两地区也先后安排了本地区的区域试验，陇春 8 号在参试品种中均名列前茅。河西走廊大面积种植中一般亩产量 350~550 kg。河西走廊大部地区均有种植，1986 年种植面积 160 余万亩。

栽培技术要点：该品种虽然也有一定的耐瘠性，但种在中上等肥力土地上更能发挥其增产作用。要重施基肥，注意氮、磷肥配合。早浇头水，以后注意适时适量灌水，防止倒伏。

359. 黄春 2 号

品种来源：甘肃省国营黄花农场 1964 年用欧柔作母本，兰州红作父本杂交选育而成。原系号 73-选 2。

特征特性：偏春性，生育期 97~103 d。幼苗半匍匐，芽鞘绿色，叶片深绿色，株型紧凑，株高 70~80 cm。穗棍棒形，短芒，护颖红色，穗粒白色、卵圆形。穗长 6.5~8.0 cm，小穗数 12~18 个，穗粒数 20~28 粒，千粒重 41.2~54.0 g。抗大气干旱，因早熟，可减轻或避免干热风与蚜虫的危害。口紧不易落粒。

产量及适宜种植区域：1977—1978 年参加酒泉地区联合区域试验，敦煌、玉门、酒泉、金塔等试点表现突出，亩产量 277.5~530.0 kg。适宜于张掖及其以西地区种植。

栽培技术要点：该品种茎秆矮，株型紧凑，要求水肥条件较高；由于幼苗顶土力弱，播深以 3~4 cm 为宜；对田间杂草竞争力弱，选地时除注意肥力外，尽可能避免杂草过多。

360. 晋 2148

品种来源：福建省晋江市农业科学研究所 1968 年用晋江赤仔/华东 5 号/欧柔的选系作母本，意大利品种瑞梯 11 (Rieti 11) 作父本杂交选育而成。1977 引入甘肃。

特征特性：偏春性，生育期 90~110 d。幼苗半匍匐，芽鞘绿色，叶片深绿色，株型中等，株高 100 cm。穗长方形，长芒，护颖白色，籽粒红色、卵圆形、粉质。穗长 7~10 cm，小穗数 15~19 个，穗粒数 40~45 粒，千粒重 40 g。含粗蛋白 11.5%，赖氨酸 0.39%。较耐阴湿，灌浆速度快，落黄好。口较松易落粒。较耐水肥，亩产量 400 kg 左右的水平下，一般不易倒伏。初推广时，抗条锈病力强，对秆锈病免疫。

产量及适宜种植区域：1977 年兰州市试种平均亩产量 433 kg，较甘麦 8 号增产 31.5%。1978 年陇西种植亩产量 163.7~232.5 kg，较对照增产 5.3%~45.4%。1979 年陇西县自然灾害较重，晋 2148 充分发挥了早熟、较抗旱、耐湿的特性，在全县其他品种普遍青秕的情况下，唯其成熟较好，千粒重仍在 30 g 以上。1979 年榆中县试种亩产量 402.5 kg，较对照增产 14.2%；河西平均亩产量 427 kg。1980 年祁连山北麓海拔 2 400 m 的民乐县试种，亩产量 330 kg，较甘麦 8 号增产 36%。主要分布在甘肃省中部地区的川水地和二阴山旱地及河西的中、东部灌区种植。1986 年种植面积达 43.06 万亩。

栽培技术要点：该品种茎秆偏高，应适当控制播种量，并重施基肥，适时适量追肥和灌水，防止倒伏。口松易落粒，要注意适时收割。

361. 武春 1 号

品种来源：武威市农业科学研究院 1973 年用甘麦 23 作母本，哈什白皮和墨巴 66 混合花粉作父本杂交选育而成。原系号 C160-7-3。

特征特性：春性，生育期 95～101 d。幼苗直立，芽鞘绿色，叶片深绿色，株高 75～85 cm。穗长方形，长芒，护颖白色，籽粒有红、白两色，卵圆形。穗长 10 cm，小穗数 12.5～15.4 个，穗粒数 31～37 粒，千粒重 42～47 g。含粗蛋白 12.3%，淀粉 59.8%。喜水耐肥，较抗倒伏。感条锈病、颖枯病和叶枯病。灌浆期不耐高温，生育后期有早衰现象，连作种植根腐病严重，白穗率较高。

产量及适宜种植区域：1977 年武威、永昌参加品种区域试验，4 个试点平均亩产量 380.7 kg，较甘麦 8 号增产 16%，位居第二。1978—1979 年参加武威地区 10 个试点的品种区域试验，1978 年平均亩产量 414 kg，较对照甘麦 8 号增产 19.6%；1979 年平均亩产量 353.6 kg，较对照甘麦 8 号增产 24.5%；两年均占参试品种的第一位。1982—1984 年民勤、武威、张掖、酒泉等地进行生产示范，亩产量 430.0～570.5 kg，较当地推广品种增产 9.3%～15.0%，主要分布在武威地区的平川灌区、山水灌区及风沙沿线地区种植。1984 年武威地区种植 20 万亩左右。

栽培技术要点：该品种要重视轮作倒茬，连作易发生根腐病和全蚀病。宜在肥沃土地上种植，同时抓好种肥和追肥，以防止早衰。早灌头水，以 3 叶 1 心或 4 叶 1 心期浇头水为宜。每亩应保苗 30 万～35 万株。

362. 陇春 9 号

品种来源：甘肃省农业科学院作物研究所 1970 年以甘麦 8 号作母本，阿勃作父本杂交选育而成。

特征特性：春性，生育期 105～110 d。幼苗直立，株型较松散，株高 110～120 cm。穗长方形，肥沃土地上或稀植情况下呈棍棒形，顶芒，护颖浅红色，籽粒红色、椭圆形，半角质。穗长 8～12 cm，小穗数 12～22 个，穗粒数 34～38 粒，千粒重 50 g。含粗蛋白 14.5%，赖氨酸 0.38%。该品种前期生育较缓慢，后期灌浆速度较快。较抗大气干旱，黄矮病发生轻，感条锈病。口较紧不易落粒。

产量及适宜种植区域：1978—1980 年河西走廊各地进行多点试验和示范，东部和中部各点普遍增产，1978 年亩产量 360~579 kg，较对照增产 8.9%~20.3%；1979 年亩产量 270~540 kg，较对照增产 8.0%~27.0%；1980 年继续试验，增产幅度 0.6%~27.0%。该品种主要分布在河西灌区的中、东部，集中栽培于武威、永昌、山丹的沿山冷凉灌区。1984 年种植面积 40 余万亩。

栽培技术要点：该品种分蘖力较强，为大穗大粒型，种植密度不宜过大。水肥条件较好的情况下，每亩保苗 20 万~30 万株，都可以达到高额丰产，因植株偏高，注意水肥措施，以防倒伏。

363. 民勤 732

品种来源：民勤县农业技术推广中心于 1973 年用墨巴 66 作母本，甘麦 24 作父本杂交选育而成。原系号 732-5-13-1-12。

特征特性：春性，生育期 89~110 d。幼苗直立，株高 80 cm。穗纺锤形，长芒，护颖红色，籽粒红色。小穗数 10.2~14.4 个，穗粒数 28.6~37.3 粒，千粒重 40.3~44.2 g，容重 749 g/L。抗 3 种锈病，抗盐碱，口紧不落粒，但生长后期叶片有干尖和早衰现象，灌浆较差。

产量及适宜种植区域：1981 年参加耐盐碱抗旱试验，平均亩产量 226 kg，居首位，较对照哈什白皮增产 29.1%。1977—1979 年参加武威地区区域试验，3 年共 24 个点次，平均亩产量 319.5~388.3 kg，较对照增产 9.3%~36.3%。适宜于民勤县环河和泉山地区推广种植。

栽培技术要点：该品种靠主茎成穗，播种量应 50 万粒左右。幼苗前期生长快，头水应在 3 叶 1 心期灌溉；并及时浇好麦黄水，减轻干热风危害，有利于防止早衰。

364. 武春 121

品种来源：甘肃武威市农民吴元年于 1974 年用甘麦 8 号作母本，墨纽作父本杂交选育而成。原系号 741-1-2-1。

特征特性：春性，生育期 100~110 d。幼苗直立，叶片深绿色，株型中等，株高 75~85 cm。穗长方形，长芒，护颖白色，籽粒分红、白两色，卵圆形。穗长 8~10 cm，小穗数 10~13 个，穗粒数 27~35 粒，千粒重 46 g。容重 797 g/L，含粗蛋白 11.8%，淀粉 60.9%，喜水耐肥，较抗倒伏。抗条锈性较差，生育期偏晚，粒色不纯。

产量及适宜种植区域：1981—1982 年参加武威地区区域试验，平均亩产量 401.2 kg，较对照甘麦 8 号平均增产 16.1%，居参试品种首位。1983 年参加武威市区域试验，6 个试点平均亩产量 481.6 kg，较对照陇春 8 号增产 19%。同年开始生产示范，古浪、武威、民勤、景泰等地共种植 616 亩，亩产量在 400 kg 以上，较当地主体品种增产 10%~30%。1984 年景泰 14 个示范点平均亩产量 415.2 kg，较对照增产 6.8%~62.1%；民勤平均亩产量 389 kg，较晋 2148 增产 11.1%；武威市四坝乡抽样平均亩产量 454.3 kg，较陇春 9 号增产 10.6%，较晋 2148 增产 12.3%。1985 年种植面积达 3 万余亩。适宜于武威市、金昌市的川水灌区和海拔 2 200 m 以下沿山灌区及河西类似地区种植。

栽培技术要点：该品种幼苗顶土力稍弱，要求精细整地，播种不宜过深，以 3~5 cm 为宜。武春 121 以主茎成穗为主，一般要求亩保苗 30 万~40 万株为宜。锈病常发区不宜种植。

365. 黄羊 2 号

品种来源：原甘肃省黄羊河农场农科所于 1972 年用阿勃红作母本，墨巴 66 作父本杂交选育而成。原系号 72-9-10-7-1。

特征特性：春性，生育期 102 d。株高 85~95 cm。穗长方形或纺锤形，长芒，护颖红色，籽粒红色、长卵圆形，角质。穗粒数 30 粒，千粒重 52 g，容重 790 g/L。抗倒伏。口紧不易落粒。抗黑穗病，感 3 种锈病。

产量及适宜种植区域：1981—1982 年参加武威地区区域试验，两年共 39 个点次，平均亩产量 381.6 kg，较甘麦 8 号增产 12.3%。多年大面积生产试验，一般亩产量 250~600 kg，增产 15.7%~25.9%。1985 年推广种植 10 万亩以上。适宜于武威、张掖、永昌等川水地区种植。

栽培技术要点：适期早播。施足基肥，早施追肥。灌好灌浆水。

366. 陇春 10 号

品种来源：甘肃省农业科学院作物研究所于 1973 年以 70-84-2-1 作母本，墨西哥 27 作父本杂交选育而成。原系号 7373-F-4。

特征特性：春性，生育期在河东地区为 92~114 d，河西地区为 92~101 d。幼苗直立，芽鞘淡绿色，叶片绿色，株高 83~98 cm。穗呈纺锤形，高水肥条件下出现长纺锤形，长芒，护颖白色，籽粒红色、长椭圆形，粉质。穗长 8.2~11.0 cm，小穗数 16.3 个，穗粒数 30 粒，千粒重 48 g，在河西最高达 54.9 g。容重 754.9 g/L，含粗蛋白 11.34%，赖氨酸 0.3%。对条锈病高抗至免疫。

产量及适宜种植区域：1978 年参加甘肃全省春小麦联合区域试验，平均亩产量 382.2 kg，增产幅度在 2.5%~39.2%，居参试品种第一位。1980—1982 年甘肃省中部定西及洮岷阴湿地区进行生产试验，三年共 28 点次，面积 1 527.99 亩，亩产量 188~525 kg，一般亩产量 300~400 kg，较当地推广的临农 14 增产 3.6%~44.1%，较渭春 1 号增产 8%~12.2%，较晋 2148 增产 28.3%~50%。该品种主要在甘肃省中部川水及洮岷二阴地区推广种植。1985 年累计种植面积 22 万亩以上。

栽培技术要点：为了使陇春 10 号充分发挥其增产性能，做到良种良法一齐推，经在兰州进行的播种密度和灌水时间试验结果，以亩播 40 万粒，保苗 31 万株左右为宜。因生长发育速度快，头水以三叶期浇最好。其他管理措施也适当提前。

367. 陇花 2 号

品种来源：甘肃省农业科学院作物研究所于 1975 年用（卡捷姆/东乡大头兰麦）F₁ 作母本，阿 4 作父本进行杂交，1976 年采 F₁ 孕穗期花药接种于 N₆ 培养基上，经诱导、分化（MS 培养基）培养，获得花粉单倍体植株，再经变温处理自然加倍，移栽成活结实。原系号 76168，曾用名花培 764。

特征特性：春性，生育期 94～120 d。幼苗半匍匐，株型紧凑，株高 70～95 cm。穗纺锤形，中芒，护颖白色，籽粒红色、长椭圆形，角质。穗长 8.5 cm，小穗数 12.4 个，穗粒数 32.9 粒，千粒重 38.0～48.9 g。容重 820 g/L，含粗蛋白 13.9%，赖氨酸 0.29%。抗倒伏性强，喜水耐肥。抗条锈病，感白粉病和叶枯病。口较紧不易落粒。

产量及适宜种植区域：1981 年在敦煌、张掖、永昌、武威、景泰、渭源等地试验，敦煌、永昌、武威、景泰 4 个试点较对照增产，亩产量 327.2～461.1 kg，增产 1.9%～49.6%；张掖和渭源两试点较对照减产，幅度为 9.5%～16.3%。1982—1983 年靖远县海拔 1 200～1 700 m 的不同生态区域试验种植，亩产量 300～562.5 kg，平均 400 kg 左右。该品种喜光，较耐大气干旱，故在靖远县及河西走廊部分地区种植表现较好，特别是在靠近沙漠边缘地带较为突出。1988 年种植面积 29.6 万亩。

栽培技术要点：一般亩播种量 12.5～15.0 kg，保苗 28 万～30 万株为宜。该品种因前期生长较慢，若遇低温潮湿易受叶枯病危害，造成叶片从下到上变黄；灌浆期长，容易受吸浆虫危害。因此，在有叶枯病危害的地区，抽穗前可喷 65% 代森锌 500 倍液，或 1∶1∶140 波尔多液防治；有吸浆虫危害的地区，应注意灌浆期防虫，高湿地区不宜种植。因秆矮，株型紧凑，叶片多集中在下部，对间、套作物影响小，故也适于间、套、带状种植

368. 陇春 11

品种来源：甘肃省农业科学院作物研究所以陇春 7 号作母本，繁 6 作父本进行杂交，于 1975—1984 年在兰州、海南岛两地交替选育而成。代号为 78 鉴 153，原系号 75H17-H3-5。

特征特性：春性，生育期在河东为 94～119 d，河西为 100～114 d。幼苗直立，芽鞘淡绿色，叶片绿色，株高 85～98 cm。穗长方形，长芒，护颖红色，籽粒红色、卵圆形，半角质。穗长 8 cm，小穗数 16 个，穗粒数 45 粒，千粒重 36～42 g。容重 747 g/L，含粗蛋白 13.48%，赖氨酸 0.34%，淀粉 60.4%。叶片功能期较长，在穗部已转黄籽粒已完熟时，旗叶尚带绿色。对条锈病高抗至免疫。中感叶锈病。抗倒伏、抗叶枯和抗青干性较强。并具有一定的耐盐碱性。

产量及适宜种植区域：1982—1984 年参加甘肃全省联合区域试验，平均亩产量 390.8 kg，较对照甘麦 8 号增产 26.3%，较副对照品种增产 4.9%。1983—1984 年甘肃省中部及洮岷阴湿地区进行生产示范，设试点 28 个，22 个试点表现增产，亩产量

261.3~406.5 kg，较临农 14 号增产 2%~48%，较渭春 1 号增产 15.2%，较甘麦 8 号增产 10%~89.5%，较甘麦 23 号增产 17.2%~56%，较晋 2148 增产 1.74%。适宜于甘肃省中部、河西武威、民乐川水地及临夏，甘南山阴地区推广种植。

栽培技术要点：种植密度以当地现行播量的基础上降低 10%~20% 为宜。亩播种量 15 kg 以下的地区可以减少 10%；亩播种量 15 kg 以上的地区可以减少 20%。由于陇春 11 号有旗叶带绿色种籽即已成熟和复粒性较差的特点，收割时要以种子成熟为准，注意适时收割，以减少落粒损失。

369. 高原 338

品种来源：中国科学院西北高原生物研究所 1973 年以高原 506 作母本，70-84-2-1 作父本杂交选育而成。原系号 76-338。1980 年张掖市农业科学研究院从青海香日德农场引进。

特征特性：春性，生育期 124~140 d。幼苗直立，芽鞘淡绿色，叶片深绿色，株型紧凑，株高 70~80 cm。穗长方形，长芒，护颖白色，籽粒白色、卵圆形，半角质。穗长 7~10 cm，穗粒数 30~39 粒，千粒重 56~64 g。容重 750 g/L，含粗蛋白 12.96%。抗春寒性强，抗倒伏，较抗 3 种锈病。落粒性中等，不耐旱、不耐瘠薄。后期不耐高温，轻感腥黑穗病和根腐病。

产量及适宜种植区域：1981—1983 年试种，亩产量均在 450 kg 以上，有些地块甚至达到 625 kg。1984 年河西走廊沿山民乐县种植百亩丰产田增产显著。适宜于甘肃省河西走廊沿祁连山冷凉灌区种植。1986 年山丹、民乐、天祝、民勤、景泰、临潭、夏河、卓尼等地推广种植 11.48 万亩。

栽培技术要点：选择中等以上肥力田块种植。实行轮作，切忌连作。施足底肥，增施化肥，中等肥水条件下，每亩保苗 35 万~40 万；高肥水地，每亩保苗 30 万~35 万。该品种幼穗分化早，2~3 叶期间要及时施肥灌水，无霜期较短的地区，应减少灌水次数，确保正常成熟，高产田需在分蘖和拔节前各喷一次矮壮素，以防倒伏。

370. 渭春 1 号

品种来源：原渭源县农科所 1974 年用晋 2148 作母本，28（阿勃二次辐射）作父本杂交，连续南繁增代，多点选育而成。1980 年定名渭春 1 号。

特征特性：春性，中熟。幼苗直立，株高 90~110 cm。穗纺锤形，长芒，护颖白色，籽粒红色、椭圆形，角质或半角质。穗长 10~12 cm，小穗数 16~20 个，千粒重 36~42 g。成熟落黄好。较抗倒伏。较耐旱、耐瘠薄。高抗条锈病和秆锈病，耐黄矮病。轻感叶锈病和白粉病。

产量及适宜种植区域：1980 年参加甘肃全省春小麦区域试验，12 个试点中，民乐一个试点减产，其余增产。其中临洮、临夏、岷县、渭源 4 个点产量居第一位，较对照甘麦 8 号增产 21.3%~21.5%；兰州、夏河两个点居第二位，较对照增产 23.2%~

26.4%；定西、武威两个点居第四位，较对照增产 14.3%~55.8%；酒泉、张掖两个点居第五位，增产 11.9%~17.4%。主要分布在甘肃洮岷高寒山区及中部二阴地区种植。1986 年推广面积达 41.6 万亩。

栽培技术要点：该品种喜肥耐水，口松易掉粒，在栽培技术上应施足基肥，或适期早追肥，有灌溉条件的要早灌水，注意及时收获。亩播种量以 18~20 kg 为宜。

371. 科 37-13

品种来源：原渭源县农科所选育而成，渭春 1 号的姊妹系。

特征特性：春性，生育期 110~120 d。幼苗直立。株高较渭春 1 号略高，100~115 cm。穗部性状和籽粒性状两品种基本相同。惟该品种穗长略小，8~12 cm，小穗数 11.6~17 个。粒色暗红，较渭春 1 号稍深，粒稍大。较高水肥条件下易倒伏。高抗条锈病、叶锈病。轻感黄矮病。其他特性与渭春 1 号基本相同。

产量及适宜种植区域：1981—1982 年参加定西地区区域试验，20 个试点中有 9 次增产，增产幅度为 0.4%~38.7%，亩产量一般 250~300 kg，高的达 400 kg。适宜于渭源等地的二阴川区、山区和半山区种植。

栽培技术要点：亩播种量 20~22 kg。施足底肥的基础上，要求早追肥，早灌水，适期收获。

372. 定丰 1 号

品种来源：定西市农业科学研究院 1976 年用克丰 1 号作母本，70-84-2-1 作父本杂交选育而成。又名定西大颗子。

特征特性：春性，生育期 110 d。幼苗直立，芽鞘浅紫色，株高 105 cm。穗长方形，长芒，护颖白色，籽粒红色、长圆形，角质。穗长 9~12 cm，小穗数 15~20 个，穗粒数 35~50 粒，千粒重 40~50 g。容重 765 g/L，含粗蛋白 14.1%，赖氨酸 0.31%。高水肥地种植抗倒性较差。落粒性中等。耐寒、耐湿性强，苗期较抗旱。对条锈病免疫至高抗，秆锈病高抗，中抗叶锈病，轻感白粉病，抗叶枯病和赤霉病，中感黑穗病，不抗吸浆虫。

产量及适宜种植区域：高水肥条件下亩产量在 400 kg 左右，一般水肥条件亩产量 250~300 kg，半干旱和阴湿区旱地亩产量一般在 200 kg 左右。主要分布在定西、会宁、渭源、陇西、岷县、榆中等地种植。1986 年种植 8 万余亩。

栽培技术要点：适当稀播，亩播种量应较一般品种减少 5 万~15 万粒。控制水肥，要求施足基肥，适当追肥，并注意氮、磷肥配合。追施氮肥在拔节后不宜过量，开花后不过于干旱最好不浇水，如果必须浇水，一定掌握在无风天气进行。

373. 定丰 7616-7-8

品种来源：定西市农业科学研究院 1976 年用克丰 1 号作母本，原农 74 作父本杂交选育而成。又名定西小颗子。

特征特性：春性，生育期 113 d。幼苗直立，芽鞘浅绿色，叶片浅绿色，株型紧凑，株高 105 cm。穗长方形，长芒，护颖白色，籽粒红色、卵圆形，半角质。穗长 8~10 cm，小穗数 18~20 个，穗粒数 40~45 粒，千粒重 35~40 g。容重 819 g/L，含粗蛋白 12.63%，赖氨酸 0.34%。抗倒伏性强，耐湿性和抗青干。高抗白粉病、黄矮病和吸浆虫。中抗黑穗病，抗赤霉病和叶枯病。抗条锈性接种鉴定，苗期对条中 22 号、条中 23 号、条中 25 号、83-3-6 菌系等小种感病；成株期对以上小种均表现免疫。对叶锈病中抗-高抗，秆锈病近免疫-高抗。

产量及适宜种植区域：高水肥条件下亩产量可达 400~500 kg，一般水肥条件下亩产量可达 300~400 kg，年降水量 550~700 mm 的半湿旱地亩产量达 250~300 kg。该品种主要在甘肃省的定西、宁夏自治区的隆德县等地种植。

栽培技术要点：高水肥条件下亩播种 40 万粒，保苗 33 万株；中水肥条件下亩播种 38 万粒，保苗 28 万株。适当增施磷肥，促进早熟。

374. 广临 135

品种来源：甘肃农业大学应用技术学院选育而成，系临农 20 的姊妹系。原系号 79-0135，后由广河县种子公司引进试种成功，故定名为广临 135。

特征特性：偏春性，生育期 104~111 d。幼苗半匍匐，芽鞘绿色，叶片深绿色，株型紧凑，株高 90~110 cm。穗长方形，顶芒，护颖白色，籽粒红色、卵圆形，半角质。穗长 6~9 cm，小穗数 22 个，穗粒数 40~80 粒，千粒重 35~46 g。容重 735 g/L，含粗蛋白 13.31%，赖氨酸 0.39%。抗倒伏性强。中抗条锈病，高抗秆锈病。对赤霉病、叶枯病均有一定的抗性。轻感白粉病。感黄矮病。吸浆虫、蚜虫和麦秆蝇危害中等。

产量及适宜种植区域：1982—1983 年参加广河县区域试验，平均亩产量 381 kg，较甘麦 8 号增产 34.12%，较临农 14 增产 12.17%。1982—1984 年参加临夏州区域试验，平均亩产量 367.2 kg，较甘麦 8 号增产 24.9%，较临农 14 增产 20%。适宜于临夏州阴湿、二阴、半二阴及川水地种植。1987 年推广种植约 50 万亩。

栽培技术要点：注意轮作倒茬，防止根腐病和全蚀病危害。要施足底肥，早灌头水，灌好麦黄水，应及时注意防蚜，防止黄矮病发生。

375. 张春 10 号

品种来源：张掖市农业科学研究院 1953 年以 5955-4 的辐射突变体 r3-3-2-2 作母本，冬小麦 3026 作父本进行生态远缘杂交选育而成。

特征特性：春性，生育期 103~107 d。幼苗直立，芽鞘淡绿色，叶片深绿色，株高 90~105 cm。穗棍棒形，顶芒，护颖白色，籽粒白色、椭圆形，粉质。穗长 6.5~8.0 cm，小穗数 15~20 个，穗粒数 35~65 粒，千粒重 46.3 g。容重 759 g/L，含粗蛋白 12.45%，赖氨酸 0.40%。抗倒伏性 1 级，落粒性中等。种子休眠期中等，但多雨年份穗部有时易发芽。耐湿性及耐青干能力强，耐盐碱性中等，一般不耐瘠薄。对条锈病感病，中抗白粉病，高抗赤霉病和叶枯病，抗黄矮病 2 级。

产量及适宜种植区域：自 1980 年示范推广，是张掖地区部分地区的主体品种，主要分布在平川灌区及沿山冷凉灌区。1987 年种植 11 万余亩。1981 年设生产试验 7 处，平均亩产量 467.2 kg，较对照亩产量增产 12.50%。1984 年张掖地区种植 4.8 万亩，从各地抽样调查，沿山区 22 处一般亩产量 400~450 kg，最高 572.5 kg，较对照增产 9.6%；川区 32 处平均亩产量 444.2 kg，较对照增产 13.0%。1986 年在沿山灌区 11 处调查，平均亩产量 451.7 kg，较对照增产 9.6%；川水地区 17 处，平均亩产量 425.8 kg，较对照增产 11.1%。

栽培技术要点：亩播种量川区 19~21 kg，保苗 35 万~40 万株；带田可较单种增加 25%~30% 密度。沿山地区亩播种 40 万粒。管理上头水在三叶期，灌后湿锄保墒，二水应控制在头水后 25 d 左右再灌。其他应作好防蚜、防病，及时收割。

376. 甘麦 11

品种来源：甘肃省农业科学院作物研究所选育而成。为甘麦 8 号的姊妹系，原系号 587-2-4-3-1。

特征特性：与甘麦 8 号基本相同，穗略短，粒较大，植株较矮，约 85 cm，高度耐水肥，抗倒伏力强。但抗旱性及适应性不及甘麦 8 号。含粗蛋白 13.7%，赖氨酸 0.45%。1982 年抗条锈性接种鉴定，中抗条中 17 号、条中 20 号、条中 23 号小种，感条中 18 号、条中 21 号、条中 22 号、条中 25 号小种。

产量及适宜种植区域：一般亩产量 300~400 kg，水肥充足，亩产量可超过 500 kg。主要分布在定西、临夏等地的川水地，陇南温润冬麦区的武都等地也有少量种植。1980 年甘肃省种植面积 5 万多亩。

栽培技术要点：该品种分蘖力较弱，播种量应较一般品种适当加大。注意适时收割，以减少落粒损失。

377. 甘垦 1 号

品种来源：原甘肃省黄羊河农场农科所 1972 年用阿勃红作母本，墨巴 66 作父本杂交选育而成。

特征特性：春性，生育期 102 d。株高 85.0~95.0 cm。穗长方形或纺锤形，长芒，护颖红色，籽粒红色、卵圆形。穗粒数 30 粒，千粒重 52.0 g。容重 790.0 g/L，含粗蛋白 12%，淀粉 6.3%，脂肪 1.2%。抗倒伏。口紧不易落粒，适宜于机械化栽培。后期灌浆慢，抗黑穗病，感 3 种锈病。

产量及适宜种植区域：1981—1982 年参加武威地区区域试验，平均亩产量 316.4 ~ 450.2 kg，较对照增产 12.3% ~ 18.7%。1981—1983 年在武威黄羊农场、永昌八一农场以及部分群众中扩大示范，亩产量 250 ~ 400 kg，最高达 600 kg，均较农场种植的赛洛斯显著增产。1984 年黄羊农场种植 5 万亩左右。适宜于武威、张掖等地川水地区各农场种植。

栽培技术要点：因系高水肥丰产性品种，要求施足底肥，并在全生育期浇水 4 次以上，特别灌浆期不能缺水。播种量不宜过大，基本苗每亩以 35 万株为宜。

378. 会宁 14

品种来源：原会宁县农科所与甘肃省农业科学院协作，于 1969 年以 641-19-5（红老芒/阿勃//白老芒麦/新疆大颗子）作母本，青芒麦作父本杂交选育而成。

特征特性：春性，生育期 98 ~ 113 d。幼苗直立，株高 75 ~ 110 cm。穗纺锤形，长芒，护颖白色，籽粒红色、椭圆形。穗长 6 ~ 10 cm，千粒重 36.1 ~ 41.2 g。含粗蛋白 12.54%，赖氨酸 0.22%，淀粉 59.61%。抗旱性强，耐瘠薄，高抗 3 种锈病。

产量及适宜种植区域：1981—1982 年参加定西地区旱地区域试验，27 个点次增产的有 15 个点次，有 13 个点次居 1、2 位。1981 年会宁县示范种植 160 亩，根据 19 个试点的调查，亩产量 25 ~ 200 kg，较定西 24、红农 1 号增产的有 17 个点次，增产幅度 4.2% ~ 50.0%。1982 年严重干旱，会宁县示范 700 亩，据 9 个试点的调查，较定西 24、红齐头等品种增产 10% ~ 85.8%。该品种主要分布在定西、会宁等年降水量 400 mm 左右的干旱、半干旱地区的山坡地、川、塬地种植。1986 年在该地区推广种植 46 万余亩。

栽培技术要点：该品种分蘖力弱，播种量应较当地农家品种增加 0.5 ~ 1.0 kg，亩播种量以 20 万粒为宜。易感腥黑穗病，播前应进行药剂拌种。

379. 临农转 51

品种来源：甘肃农业大学应用技术学院 1971 年用临农 8 号作母本，临农 18 作父本杂交选育而成，其中杂种第一、二代在水地培育选择，三代以后转旱地培育选择，至 1975 年定型。

特征特性：偏春性，生育期 106 d。幼苗半匍匐，芽鞘绿色，叶片浓绿色，植株松散，株高旱地 80 cm、水地 120 cm。穗长方形或纺锤形，长芒，护颖红色，籽粒红色、长卵圆形，角质。穗长 6 ~ 10 cm，小穗数 16 ~ 18 个，穗粒数 30 ~ 80 粒，千粒重 35 ~ 46 g。含粗蛋白 13.1%，赖氨酸 0.49%。成熟落黄好。抗倒伏。中抗条锈病，高抗秆锈病、叶锈病。对赤霉病、根腐病、全蚀病、叶枯病等均有一定抗性。中感白粉病。较抗旱，抗青干。口紧不易落粒，种子休眠期长。

产量及适宜种植区域：1982—1983 年参加临洮县区域试验，亩产量 90.8 ~ 202.5 kg，较定西 24 增产 10.9%～16.2%。1983—1984 年参加定西地区区域试验，1983 年 16 个点次有 14 个点增产，亩产量 207.7～597.2 kg，增产 0.3%～46.4%；1984 年 12 个点次有 11 个点增产，亩产量 152.7～294.7 kg，增产 4.49%～23.1%。1985 年定西、会宁、临洮示范亩产量 150～350 kg，较当地推广品种增产 11.7%～55.7%。适宜于定西、会宁、临洮等地一般干旱区及二阴地区种植。

栽培技术要点：要求适时播种，多雨年份要多施磷、钾肥，以减轻白粉病的危害。

380. 永麦 2 号

品种来源：永登县农业技术推广中心 1957 年用莱奥巴特拉作母本，支农 4-3（从青海湟源县引进）作父本杂交选育而成。原系号 75037-7-1-13-1-2。

特征特性：春性，生育期在甘肃中部地区 95～121 d，河西地区 94～110 d。幼苗直立，芽鞘紫色，叶片绿色，株高 73～110 cm。穗纺锤形，长芒，护颖红色，籽粒红色、椭圆形。穗长 7.5 cm，小穗数 16.6 个，穗粒数 36.5 粒，千粒重 27.5～50 g。容重 741～780 g/L，含粗蛋白 10.22%，赖氨酸 0.52%，淀粉 67.81%。成熟落黄好。较抗倒伏。高抗条锈病。轻感叶锈病、秆锈病、叶枯病、白粉病。感赤霉病和全蚀病。群体整齐度较差。

产量及适宜种植区域：1982—1984 年参加甘肃全省水地区域试验，产量位次总评第二位，平均亩产量 389.1 kg，较甘麦 8 号增产 36.3%。1982—1984 年永登县等地生产示范，平均亩产量 480.0～493.3 kg，较甘麦 8 号增产 28.9%～29.4%。主要分布在甘肃省中部川水地区和二阴地区种植。

栽培技术要点：该品种成熟较早，分蘖力弱，施肥上要注意重施基肥，提早追肥。亩播种量以 15.0～17.5 kg，保苗 35 万株为宜，口松易落粒，要适期收获。

381. 张春 11

品种来源：张掖市农业科学研究院 1978 年采用"壮矮/1332"杂交组合 F_1 代花药，经离体人工培养，复制加倍而成。

特征特性：春性，生育期 98 d。幼苗直立，芽鞘绿色，叶片深绿色，株型紧凑，株高 75～80 cm。穗纺锤形，长芒，护颖白色，籽粒红色、椭圆形，角质。穗长 8.5 cm，小穗数 14.0～15.1 个，穗粒数 35.0～39.4 粒，千粒重 43.5 g。容重 750～817 g/L，含粗蛋白 15.54%，赖氨酸 0.51%。喜水耐肥。抗倒伏性强。种子休眠期中等，一般不易穗部发芽。耐青干性 1 级，抗干热风。对白粉病免疫；条锈病、秆锈病、叶锈病轻感；叶枯病 2 级；黄矮病 2 级；黑穗病 1 级。

产量及适宜种植区域：该品种主要在河西平川灌区作为带田、间作、套种的品种种植，或作为热量一季有余，两季不足的地区单种。1986 年在张掖及武威推广 7 万余亩。从 37 处调查结果，水浇地单种，平均亩产量 432 kg，较对照品种晋 2148 增产 16.1%。又据 21 处带田调查，平均亩产量 285.2 kg，较晋 2148 增产 49.6%。

栽培技术要点：注意轮作倒茬，重施基肥。因抽穗早，要求早灌头水，早追肥，中后期灌水也要适时。

382. 甘 630

品种来源：甘肃省农业科学院作物研究所 1980 年从中国农业科学院引入。

特征特性：春性，生育期 101 d。幼苗直立，芽鞘绿色，叶片深绿色，株型紧凑，株高 97~115 cm。穗纺锤形，长芒，护颖白色，籽粒红色、椭圆形，角质或半角质。穗长 8.2~11.0 cm，小穗数 15.3~18 个，穗粒数 40 粒，千粒重 38.2~51.5 g。容重 762 g/L，含粗蛋白 15.46%，赖氨酸 0.40%。出粉率 70.58%，湿面筋 35.14%，干面筋 11.29%，吸水率 61.96%，面团形成时间 4 min，面团稳定时间 5.7 min，为烘烤面包的优良品种。抗条锈病、秆锈病，轻感叶锈病，叶枯病，有轻微干尖。前期生长快，后期灌浆落黄好。

产量及适宜种植区域：1985—1986 年参加甘肃省区域试验，亩产 206.0~471.6 kg，其中 1985 年河东 9 个试点平均亩产 350.8 kg，位居第一。1986 年参加北方六省（区）春小麦联合区域试验，10 个试点平均亩产 364.7 kg，其适应性稳定性位居前三名。适宜于甘肃省中部川水地区，二阴地区、洮岷高寒区和河西的东部以及内蒙的呼和浩特、巴盟、乌盟；宁夏的中卫、永宁；山西的大同等地种植。

栽培技术要点：要求水肥条件中上。因籽粒大，叶片上举，通风透光好，播种量可适当增大，亩播量以 30 万~35 万粒为宜。植株偏高，种在高水肥地上，后期应注意防止倒伏。

383. 陇春矮丰 3 号

品种来源：甘肃省农业科学院作物研究所于 1978 年冬季在武威黄羊镇育种点温室用自创的杂交材料 7777-1（甘麦 8 号/阿勃红//N.P.F.P 独秆/偃大 25）作母本，以自创材料 711-18-3（阿勃红/甘麦 11）作父本杂交选育而成。原系号 78092 选。

特征特性：春性，生育期 92~116 d。幼苗直立，叶片绿色，株高 85~90 cm。穗长方形或微棍棒形，短顶芒呈弯曲，护颖白色，籽粒红色、椭圆形，半角质。穗长 8~12 cm，小穗数 16~24 个，穗粒数 33~36 粒，千粒重 45~56g，容重 720~780 g/L。耐肥喜水，高抗倒伏。不易落粒。感条锈病。易青干。

产量及适宜种植区域：1984 年在古浪县、民勤县、永昌县、山丹县、高台县、金塔县等地示范，亩产量 357.1~550.0 kg，较当地对照增产 8.5%~55.0%；1986 年调查 60 余个示范点，亩产量 435~657.5 kg。1987 年民乐县三堡乡全营村种植 0.7 亩，折合亩产量高达 707.1 kg，创造了甘肃省春小麦高产纪录。适宜于河西走廊沿山冷凉灌区及走廊东部种植。

栽培技术要点：该品种生长发育较快，要适时早播；因分蘖力较强，应适当稀播，以亩播种 17.5 kg 左右为宜。要施足底肥，早浇头水。

384. 甘春 15

品种来源：甘肃农业大学以（拜尼莫 62/甘麦 42）F_1 作母本，新曙光 1 号作父本杂交选育而成。原系号 78-2302。

特征特性：春性，生育期 10 d。幼苗直立，芽鞘绿色，叶片淡绿色，株型紧凑，株高 80~90 cm。穗纺锤形，长芒，护颖白色，籽粒红色、卵圆形，半角质。穗长 8 cm，小穗数 15~17 个，穗粒数 30~45 粒，千粒重 42.0 g。容重 804.0 g/L，含粗蛋白 14.25%，淀粉 56.45%。抗倒伏。较抗大气干旱和干热风，口紧不易落粒。感条锈病、白粉病和全蚀病，后期叶枯较重。

产量及适宜种植区域：1982—1984 年参加河西片联合区域试验，平均亩产 412.5 kg，较统一对照增产 29.8%。1985 年示范繁殖面积约 14 000 亩，一般亩产量 400 kg 以上，最高亩产量达 625.0 kg。根据各地生产对比试验结果，较当地大面积种植品种平均增产 12.7%。适宜于甘肃省河西走廊各地县推广种植。1989 年种植面积 30 万亩以上。

栽培技术要点：要求适当早播，播深以 3~5 cm 为宜，高水肥条件下，要适当稀播，以发挥其分蘖成穗多的特点，中等水肥条件下，以亩播种量 18 kg 为宜。灌水宜采用头水浅，二水满，三水紧跟洗个脸，四水灌后即排干的原则。避免田间积水，田间湿度不宜过大，在条锈病高发地区种植应注意采取防锈病措施。

385. 陇辐 1 号

品种来源：甘肃省农业科学院作物研究所于 1979 年用通量为 1.9×10^{11} 中子数/cm^2 的快中子处理 77H29（地 16 与陇春 7 号）F_1 种子后，南北（兰州、云南）多年选择培育而成。原系号 77H29（19）-3-3。1989 年审定定名陇辐 1 号，是甘肃省用快中子辐照选育出的第一个春小麦品种。

特征特性：春性，生育期 102~110 d。幼苗直立，芽鞘淡绿色，叶片浅绿色，株高 98~103.7 cm。穗长方形，长芒，护颖白色，籽粒红色、椭圆形，半角质。穗长 10.2 cm，小穗数 17.3~19.1 个，穗粒数 59.2 粒，千粒重 40.8~42.4 g。含粗蛋白 13.86%，赖氨酸 0.37%，湿面筋 28.80%。叶片功能期长，抗青干，抗叶枯性病害。中感叶锈病，但发病期一般在灌浆后期对产量影响不大。抗条锈性接种鉴定，对条中 22 号、条中 23 号、条中 25 号、条中 26 号、条中 27 号、条中 28 号、条中 29 号小种免疫-高抗。抗旱性突出。

产量及适宜种植区域：经大面积试验示范，河西地区亩产量 410~535 kg，较对照陇春 8 号增产 1.2%~6.6%；陇西单产 215.4 kg，较渭春 1 号增产 9.6%；中部干旱地区的不保灌水地上，单产水平 150~416.5 kg，较对照会宁 10 号增产 7.6%~69.93%；山地种植（二阴地、山旱地）单产水平为 100~183.3 kg，较定西 24 增产 10%~85.2%。适宜于兰州、会宁、陇西、武威等地水地种植，并可在会宁等地的二阴山地种植。

栽培技术要点：播种量不宜过大，以每亩 15 kg 左右为宜，因属大穗型品种，如能在分蘖拔节期及孕穗期适时灌水两次，对于孕育大穗夺取高产非常有利。

386. 新春 2 号

品种来源：新疆农业科学院以墨西哥品种赛洛斯/新疆品种昌春 1 号 （奇春 4 号） 杂交，杂交当代种子经^{60}Co γ 射线 8 000R 辐照，于 1979 年育成，1984 年通过新疆农作物品种审定委员会审定定名，1988 年经甘肃省认定。原系号 40-7。

特征特性：春性，生育期 95～108 d。幼苗直立，芽鞘白色，叶片淡绿色，株型中等，株高 80～100 cm。穗纺锤型，长芒，护颖白色，籽粒白色、长圆形，角质。穗长 10 cm，小穗数 14～15 个，穗粒数 35.4 粒，千粒重 48～52 g。含粗蛋白 11.42%，淀粉 69.27%，赖氨酸 0.32%。抗大气干旱能力强，口紧不落粒。较抗白粉病、中抗条锈病、叶锈病，较抗倒伏，但芽鞘顶土力弱。

产量及适宜种植区域：1985—1987 年参加酒泉地区区域试验，3 年 24 点次试验 19 点次增产、4 点次减产、1 点次平产，平均亩产量 437.3～462.5 kg，较对照甘春 11 增产 9.0%～13.3%。1985 年酒泉地区 3 点示范，亩产量 478.4～492.5 kg，较对照甘春 11 增产 8.2%～10.5%。1986 年 8 点示范亩产量 460.2～508.9 kg，较对照甘春 11 等增产 8.4%～15.0%。1987 年 5 点示范平均亩产量 500.9 kg，较对照增产 108.%。适宜于酒泉地区关外的干旱多风沙地区的中上等肥力土壤种植。

栽培技术要点：栽培上要求播种深度为 3～5 cm，亩播种量 25 kg 左右，保苗 40 万株左右。全生育期灌水 3～5 次，第一水可适当晚灌，有利于根系发育。并注意防蚜虫和蓟马。

387. 甘春 16 （甘单 120）

品种来源：甘肃农业大学选用单 357/甘春 11 杂交一代，采用花药培养技术，经南北交叉异地选育而成。原系号单 120。1989 年通过甘肃省审定定名。

特征特性：春性，生育期 108 d。幼苗直立，芽鞘绿色，叶片深绿色，株型紧凑，株高 100～117 cm。穗圆锥形，短芒，护颖白色，籽粒红色、椭圆形，半角质。穗长 8 cm，小穗数 16～18 个，穗粒数 40 粒，千粒重 5 0g 以上。容重 776.0 g/L，含粗蛋白 13.45%，赖氨酸 0.37%。前期发育较慢，后期灌浆速度快，成熟落黄好。河西走廊种植表现耐高温天气，抗大气干旱；甘肃省中部半干旱和二阴山地种植表现较耐土壤干旱；高寒阴湿地区的临夏州和甘南州种植表现较耐阴湿天气，较抗穗发芽，复粒性好，较抗倒伏。主要缺点不抗腥黑穗病，中感白粉病。抗条锈性接种鉴定，苗期中抗条中 26 号、条中 27 号小种，对条中 25 号、条中 28 号、条中 29 号，洛 13-1 表现免疫；成株期对上述所有小种均表现免疫。

产量及适宜种植区域：1985—1987 年参加甘肃省春小麦良种区域试验，其中康乐、景泰、民乐 3 个区域试验点平均亩产量 361.0～471.5 kg，较统一对照增产 3.3%～

20.1%，较副对照增产 11.7% ~ 35.84%。武威、张掖、酒泉等地生产示范中，一般亩产量 400 kg 以上，较对照品种增产 10% 以上。甘肃省三大春麦区约 20 多个县（市）均有种植。1991 年种植面积为 18 万亩，1992 年达 59 万亩，累计种植面积 177 万亩。

栽培技术要点：中上土壤肥力水平条件下，以亩播种量 22 ~ 25 kg，保苗 40 万株左右为最佳；中等肥力水平的土壤，亩施纯氮 10 kg，纯磷 5 kg，一般亩产量可达 400 kg 以上。播前应注意采取防治腥黑穗病的措施。

388. 酒春 1 号

品种来源：酒泉市农业科学研究院以（繁六/2-5-2）F_1 作母本，甘春 11 作父本杂交选育而成。原系号 8092-3。1989 年通过技术鉴定。

特征特性：春性，生育期 94 ~ 110 d。幼苗半匍匐，芽鞘绿色，叶片深绿色，株型紧凑，株高 80 ~ 100 cm。穗纺锤形，短芒，护颖白色，籽粒红色、椭圆形，半角质。穗长 7 ~ 10 cm，小穗数 15 ~ 17 个，穗粒数 30 ~ 50 粒，千粒重 40 ~ 48 g。容重 752 ~ 805 g/L，含粗蛋白 13.05%，赖氨酸 0.38%。喜水耐肥，叶功能期长，高抗大气干旱，成熟落黄好。抗倒伏。不抗条锈病。抗叶枯病。

产量及适宜种植区域：1987—1989 年参加酒泉地区区域试验，3 年 20 点次试验较本区主体品种甘春 11 增产 12.4%，平均亩产量 506 kg，最高 600 kg。1991 年种植 12.3 万亩，1992 年种植面积 19 万亩以上。适宜于酒泉、武威等地区种植。

栽培技术要点：适宜于水肥条件好的地块种植。适当稀播，亩播种量 15 ~ 20 kg。

389. 酒春 2 号

品种来源：酒泉市农业科学研究院以（繁六/2-5-2）F_1 作母本，甘春 11 作父本杂交选育而成。原系号为 8092-l。1991 年通过甘肃省审定。

特征特性：春性，生育期 90 ~ 105 d。幼苗直立，叶片深绿色，株型紧凑，株高 80 ~ 100 cm。穗纺锤形，长芒，护颖白色，籽粒白色，半角质。穗长 7.5 ~ 10.9 cm，小穗数 14.6 ~ 19.2 个，穗粒数 30.3 ~ 59.7 粒，千粒重 40 ~ 47 g。容重 790 g/L，含粗蛋白 13.72%，赖氨酸 0.39%。抗倒伏性强。耐水肥，耐瘠薄，耐盐碱。抗大气干旱。抗叶枯病，不抗条锈病。

产量及适宜种植区域：1988—1990 年参加甘肃全省西片水地区域试验，亩产量 391.4 ~ 560.6 kg，较对照晋 2148 增产 8.5% ~ 10.1%。1988 年酒泉地区生产示范 15.9 亩，平均亩产量 479.2 kg，较对照甘春 11 增产 12.9%；1989 年示范 1357 亩，亩产量 464.5 kg，较对照甘春 11 号增产 12.1%；1990 年示范 2.51 万亩，亩产量 460 kg，较同类条件下的甘春 11 增产 10.2%。1991 年酒泉地区种植 19.25 万亩，最高亩产量 675 kg，平均亩产量 470.7 kg，较主体品种增产 11.8%。适宜于酒泉地区各县市和武威黄羊镇、嘉峪关等地大气干旱又有水源的干旱川水地及沙漠沿线水浇地种植。

栽培技术要点：适宜播种期在 3 月上中旬，亩播种量 15 ~ 20 kg，播种深度 3 ~

5 cm。生育期一般灌水 4~5 次,做到头水浅,二水控。头水适宜期在小麦二叶一心至三叶一心时期,二水控制在头水 20 d 以后进行。

390. 高原 602

品种来源:中国科学院西北高原生物研究所 1975 年用高原 182 作母本,3987-88(3)作父本杂交选育而成。1987 年通过青海省审定,1991 年通过甘肃省审定。

特征特性:春性,生育期在甘肃省 105~110 d。幼苗半匍匐,叶片深绿色,株型紧凑,株高 90~102 cm。穗近长方形,长芒,护颖白色,籽粒红色、卵圆形,半角质或角质。穗长 8~10 cm,小穗数 14~18 个,穗粒数 30~40 粒,千粒重 45~55 g。容重 769~780 g/L,含粗蛋白 13.1%,湿面筋 26.27%。耐旱,适应性广。高抗条锈病、抗秆锈病、叶锈病。灌浆快,落黄好。口松易落粒。

产量及适宜种植区域:亩产量 400~580 kg。主要适宜于西北半干旱山区和海拔青藏高原冷凉地区种植,一般在适宜种植区较当地对照品种增产 15% 以上。

栽培技术要点:一般山旱地每亩保苗 25 万~30 万株,肥力水平高的地块亩保苗 20 万~25 万株,旱砂田每亩保苗 15 万株。口较松,应在蜡熟中期收获。

391. 定丰 3 号

品种来源:定西市农业科学研究院以定丰 1 号作母本,晋 0129 作父本杂交选育而成。原系号 802-15。1992 年通过甘肃省审定。

特征特性:春性,生育期 100~110 d。幼苗直立,芽鞘淡绿色,叶片绿色,株型紧凑,株高 90~100 cm。穗长方形,长芒,护颖白色,籽粒红色、长卵形,角质。穗长 7~8 cm,穗粒数 25.9~42.3 粒,千粒重 39.4~45.3 g。含粗蛋白 11.44%,赖氨酸 0.33%,淀粉 57.78%。抗青干性好,抗倒伏。抗条锈病、秆锈病及叶锈病。抗赤霉病。中感白粉病。

产量及适宜种植区域:1986—1988 年参加定西地区区域试验,3 年 33 个点次亩产量 151.9~442.0 kg,平均 277.3 kg,较对照增产 11.7%。1986—1990 年定西、渭源、会宁、皋兰等地生产示范,较当地对照品种增产 9.7%~31.1%。适宜于甘肃省定西、陇西、会宁等地的中、低肥水地,漳县、岷县等海拔 2 000~2 500 m 年降水量在 450 mm 以上的阴湿及半湿润旱地种植。

栽培技术要点:最佳播期一般在 3 月上中旬,中低水肥区亩播种量在 19 kg 左右,阴湿及二阴旱坡地亩播种量 17.5~20 kg。蜡熟末期及时收获。

392. 定西 33

品种来源:定西市农业科学研究院 1979 年以科 37-3 作母本,南 27 作父本进行杂交,后经连续的南北异地选育而成。原系号 79157。1992 年通过甘肃省审定。

特征特性：春性，生育期 98～110 d。幼苗直立，芽鞘绿色，叶片绿色，株高 80～104 cm。穗纺锤形，长芒，护颖红色，籽粒红色、卵圆形，角质。穗长 9.9～10.1 cm，小穗数 11～13 个，穗粒数 24.0～30.9 粒，千粒重 40.7～42.8 g。容重 756.0～789.7 g/L，含粗蛋白 14.01%，赖氨酸 0.42%，湿面筋 29.16%。较抗倒伏。抗秆锈病、叶锈病和吸浆虫。抗条锈性接种鉴定，成株期对条 22 号、条中 25 号、条中 26 号、条中 27 号、条中 28 号、条中 29 号小种均为免疫。

产量及适宜种植区域：1987—1989 年参加甘肃全省区域试验，平均亩产量 123.4 kg，较对照定西 24 增产 6.2%。1984—1987 年 8 个试点 15 次示范，平均亩产量 156.9 kg，较定西 24 增产 31.4%。适宜于甘肃省中部年降水量 400～500 mm，海拔 1 700～2 300 m 的半干旱区、二阴区和梯田、川旱地种植。

栽培技术要点：选择豆茬，切忌重茬，川旱地种植时，适当增加播种量，梯田每亩播种 11～12 kg，保苗 20 万～23 万株，山旱地每亩播种 9～10 kg，保苗 14 万～17 万株，肥田则密，瘦田则稀，雨后及时耙耱保墒，药剂拌种防治黑穗病。

393. 陇春 8139

品种来源：甘肃省农业科学院作物研究所 1981 年以陇春 7 号作母本，68-73-20-3 作父本，经北选南育、水旱交替选育而成。

特征特性：春性，生育期 95～105 d。幼苗直立，叶片浅绿色，株高 90 cm。穗长方形，长芒，籽粒浅红色，半角质。穗长 8.0 cm，千粒重 45.0～48.0 g，含粗蛋白 13.0%～15.4%。成熟落黄好。抗旱、抗倒伏、喜水肥，灌浆快。对条锈病免疫，高抗叶锈病、秆锈病及白粉病。

产量及适宜种植区域：甘肃省旱地区域试验平均亩产量 163.3 kg，较对照定西 24 增产 18.5%。适宜于甘肃、宁夏等省区的山川旱地、梯田、非保灌地种植。陇春 8139 大面积推广以甘肃省中部定西地区的定西、陇西、渭源、通渭、岷县、临洮的干旱、半干旱、二阴地区和白银市的会宁中南部、兰州市的榆中南部山区为主体，并辐射到陇南的宕昌、兰州及宁夏固原、西吉、隆德等地。其中定西地区 5 年累计推广 218.4 万亩，占全区春小麦面积的 39.0%；会宁县 5 年累计 44.9 万亩，占全县春小麦面积的 38%；榆中县 5 年累计 29.47 万亩，占全县春小麦面积的 16%；宕昌县 1990—1993 年累计推广 6.04 万亩；宁夏固原、西吉等地 5 年累计 50.49 万亩。

栽培技术要点：干旱、半干旱地区小麦生育期降水 180～300 mm 的山坡地、川旱地、梯田，保证亩基本苗 17 万～25 万株，亩产量 100～250 kg；二阴地区小麦生育期间降水 300～400 mm 的山坡地、川旱地、梯田，保证亩基本苗 25 万～30 万株，亩产量 250～300 kg。

394. 陇核 1 号

品种来源：甘肃省农业科学院作物研究所利用太谷核不育小麦不稳定杂种后代分离

的可育株经选择培育而成。组合 Tal（75-1-23/68-36-3-5）//388。原系号 Tal₂1-10-2。1993 年通过甘肃省审定。

特征特性：春性，生育期 102~110 d。幼苗直立，叶片深绿色，株型紧凑，株高 90.0~95.0 cm。穗纺锤形，长芒，护颖白色。穗长 8.8 cm，穗粒数 38.0 粒，千粒重 46.0 g。容重 778 g/L，含粗蛋白 14.6%，赖氨酸 0.44%。成熟落黄好。抗倒伏，耐旱。口紧不易落粒。感散黑穗病。抗条锈性接种鉴定，苗期对条中 22 号、条中 25 号、条中 26 号、条中 27 号、条中 29 号小种均表现免疫至近免疫，成株期全部免疫。

产量及适宜种植区域：1988—1990 年参加河西片水地区域试验，平均亩产量 427.5 kg，较对照晋 2148 增产 7.6%。1990 年示范 54 亩，平均亩产量 524.4 kg，最高亩产量达 579.7 kg，较武春 121 增产 20.0%；同年在金昌市示范亩产量 380.0 kg，较对照陇春 8 号增产 9.1%。1991 年民乐县扩大种植，平均亩产量 500.0 kg。1995 年种植面积 34.9 万亩。适宜于河西冷凉灌区种植。

栽培技术要点：河西地区播种期一般在 3 月下旬至 4 月初为宜，亩播种量以 18~20 kg 为宜。

395. 陇春 13

品种来源：甘肃省农业科学院作物研究所 1981 年以 79533（68-73-20/75-33-1）F₁ 作母本，陇春 11 作父本杂交选育而成。原系号甘 81529。

特征特性：春性，生育期 102~105 d。幼苗直立，芽鞘绿色，株高 90.0 cm。穗长方形，长芒，护颖白色、籽粒红色、椭圆形，半角质或粉质。穗长 11.0 cm，小穗数 17.1 个，穗粒数 43.7 粒，千粒重 47.0 g。容重 785.0 g/L，含粗蛋白 14.4%，赖氨酸 0.54%。喜水耐肥，早熟，抗倒伏，边行优势尤为明显。较抗白粉病。抗条锈性接种鉴定，成株期对条中 22 号、条中 25 号、条中 26 号、条中 27 号、条中 28 号、条中 29 号和洛 10-I 小种均表现免疫。

产量及适宜种植区域：1989 年—1990 年参加全国北方 6 省（区、市）水地春小麦联合区域试验，两年平均较统一对照内麦 11 增产 9.4%，居省内外 16 个参试材料第 1~3 位。甘肃省 4 个试点平均亩产量 486.9 kg，位居第一，较统一对照增产 25.6%。参加多点试验和白银地区区域试验，在高水肥试点表现突出，不少试点亩产量 500 kg 以上，尤其在靖远县增产率达到 26.2%~56.0%。1999 年甘肃省种植面积达 238 万亩。

栽培技术要点：前期生长发育快，应特别注意在三叶一心期及时灌头水；后期叶功能好，有"草活籽熟"的特性，故应在籽粒蜡熟期及时收割，以免造成成熟过度落粒，大气干旱地区种植，更应加以注意。种植密度不宜过大，一般以亩播种 14~21 kg 为宜。在玉米带田内种植，要注意玉米与小麦之间的协调，一般在小麦灌浆后期，玉米与小麦两者生长高度以平齐为宜。

396. 陇春 14

品种来源：甘肃省农业科学院作物研究所以 1.9×10^{11} n/cm^2 通量的快中子处理 77H29（地 16/陇春 7 号）杂交一代种子选育而成。原系号 82-579。1994 年通过甘肃省审定。

特征特性：春性，生育期 106 ~ 109 d。幼苗直立，叶片绿色，生长势强，株高 90.0 cm。穗长方形，长芒，护颖白色，籽粒红色、椭圆形，半角质。穗长 9.0 ~ 10.0 cm，小穗数 19.0 ~ 20.0 个，穗粒数 45.0 粒，千粒重 44.0 ~ 49.0 g。含粗蛋白 15.81%，赖氨酸 0.45%。耐旱，抗白粉病，抗条锈病。

产量及适宜种植区域：1991—1993 年参加甘肃省东片水地区域试验，平均亩产量 402.8 kg，较对照品种 07802 增产 7.7%，产量总评居第 2 位。甘肃省中部定西、会宁等地的一水灌区及高扬程灌区多年试验示范及大面积推广，亩产量为 285 ~ 343.4 kg，较当地对照品种 07802、永麦 2 号、高原 602 等增产 9.6% ~ 30.2%。南部宕昌县、迭部县种植，亩产量 201 ~ 293 kg，较当地对照品种 07802、高原 602、渭春 1 号等增产 10.0% ~ 24.7%。1991—1995 年定西、会宁、宕昌及迭部县累计试验示范推广 84.75 万亩。适宜于定西、会宁等地的一水灌区、高扬程灌区及宕昌、迭部种植，并可在年降水量在 400 mm 左右的半干旱二阴地区种植。

栽培技术要点：播种期应掌握适时早播，亩播种量可根据当地生产条件及水平掌握在 15.0 ~ 17.5 kg 为宜。水地种植若生育期内能适时浇水两次，对于孕育大穗夺取高产非常有利。二阴旱地种植则应加强中耕除草，保持土壤水分。成熟后口较松，因此要掌握在蜡熟期过后进入完熟期时及时收割。

397. 定西 35

品种来源：定西市农业科学研究院以 76102-1-6//定西 32/68-14-202 作母本，定西 24 作父本杂交选育而成。原系号 79121-15。1995 年通过甘肃省审定。

特征特性：春性，生育期 110 ~ 115 d。幼苗半匍匐，叶片绿色，株型中等，株高 78.3 ~ 116.0 cm。穗纺锤形，长芒，护颖白色，籽粒红色、卵圆形。穗长 7.8 ~ 10.0 cm，小穗数 15 ~ 16 个，穗粒数 26 ~ 36 粒，千粒重 34.6 ~ 52.8 g。含粗蛋白 18.07%，赖氨酸 0.46%，淀粉 61.46%。抗旱、耐青干性强。后期若遇多雨，易发生倒伏现象。对小麦条锈病优势流行小种均表现高抗。感黑穗病。

产量及适宜种植区域：定西地区区域试验试验，3 年平均亩产量 180.0 kg。适宜于定西、会宁年降水量 400 mm 左右，海拔 1 700 ~ 2 200 m 的旱地种植。

栽培技术要点：3 月中旬播种，亩播种量 11 ~ 13kg，亩基本苗达到 18 万 ~ 20 万株。并注意用药剂拌种防治黑穗病。

398. 定丰 4 号

品种来源：定西市农业科学研究院 1981 年以川 78-3341 作母本，定丰 1 号作父本杂交选育而成。1995 年通过甘肃省审定。

特征特性：春性，生育期 83～100 d。幼苗匍匐，叶片绿色，株型紧凑，株高 94.0～100.0 cm。穗纺锤形，籽粒红色、卵圆形，角质。穗长 8.0～9.5 cm，小穗数 14～19 个，千粒重 42.0～45.0 g。容重 790.0～810.0 g/L，含粗蛋白 12.85%，赖氨酸 0.43%，淀粉 63.48%，灰分 1.72%。甘肃省农业科学院植保所接种鉴定，属抗三锈品种。

产量及适宜种植区域：1988—1990 年参加甘肃省东片水地区域试验，3 年 27 个点次平均亩产量 354.0 kg，较对照晋 2148 增产 4.7%～79.7%。1989—1990 年参加全国北方春小麦区域试验，2 年 21 个点次，平均亩产量 354.0 kg，居参试品系的首位。1989—1991 年定西、陇西、临洮、渭源等地水川地区生产示范 63 个点次，平均较当地推广品种增产 2.11%～101.4%。1988—1991 年累计推广面积达 254.6 万亩。适宜于甘肃、宁夏、内蒙古、山西等中等以上肥力地区种植。

栽培技术要点：一般亩播种量 15～18 kg，保苗 32 万～35 万株，亩产量达 450.0 kg 左右。高水肥区亩播种 18～20 kg，保苗 35 万～41 万株，亩产量可达 500 kg 以上。

399. 定丰 5 号

品种来源：定西市农业科学研究院 1981 年以川 78-3341 作母本，定丰 1 号作父本杂交，经南繁加代选育而成。原系号 815-6。1995 年通过甘肃省审定。

特征特性：春性，生育期 100 d。株高 94.0～100.0 cm。穗纺锤形，长芒，护颖白色，籽粒红色。小穗排列紧密，千粒重 40.0～45.0 g。容重 790.0～810.0 g/L，含粗蛋白 12.85%，淀粉 63.48%，赖氨酸 0.43%，灰分 1.72%。成熟落黄好。抗倒伏、抗青秕。中抗叶锈病、高抗杆锈病、轻感白粉病。抗条锈性接种鉴定，成株期对条中 25 号、条中 26 号，洛 10-Ⅱ、29 号，洛 13-Ⅱ、洛 13-Ⅱ、洛 13-Ⅷ小种和混合菌均免疫。

产量及适宜种植区域：1988—1990 年参加甘肃省东片水地区域试验，3 年 27 个点次亩产量 220.5～576.8 kg，平均亩产量 354.0 kg，产量总评居参试 13 个品系的第 4 位。1989—1990 年参加全国北方片春麦区域试验，2 年 21 个点次，亩产量 110.0～521.0 kg，平均亩产量 354.0 kg，较对照增产 6.41%，产量总评居参试 16 个品系的第五位。1989—1991 年定西、陇西、临洮、渭源等地水川地区进行生产示范，累计 63 个点次，亩产量 167.4～612.0 kg，较当地推广品种增产 2.11%～102.4%。适宜种植在海拔 1 700～2 200 m、年降水量 450 mm 以上，类似的定西、临夏州、白银、宁夏、青海、内蒙古等生态条件相似的土壤肥力较好的地区种植。

栽培技术要点：中低水肥和不保灌区，以亩播种 35 万粒为宜；中高水肥区及肥力较高的阴湿区亩播种 40 万粒为宜；二阴旱地亩播种以 30 万粒为宜。水肥较高的地区种植时要注意氮、磷肥合理配比 1：0.75。有灌溉条件的地区要灌好苗期水及灌浆水。追肥最好在第一水（苗期）时一次追施。并要及时防治病虫害。

400. 陇春 15

品种来源：甘肃省农业科学院作物研究所从云南省农业科学院引进的春小麦亲本材料 832-648（750025-12/山前麦）中的变异株经系统选育而成。原系号 88 鉴 12。1996 年通过甘肃省审定。

特征特性：春性，生育期 101~105 d。幼苗直立，芽鞘绿色，叶片浅绿色，株型紧凑，株高 90~104 cm。穗长方形，顶芒，护颖白色，籽粒红色、长椭圆形，角质。穗长 9.2~10.5 cm，小穗数 15~17 个，穗粒数 33~40 粒，千粒重 45~52 g。含粗蛋白 16.49%，赖氨酸 0.45%。成熟落黄好。兼抗条锈病、白粉病。

产量及适宜种植区域：1990 年参加甘肃省水地春小麦区域试验预备试验，平均亩产量 461.2 kg，较对照晋 2148 增产 19.2%。1991—1993 年参加甘肃省水地春小麦区域联合试验，3 年 27 点次平均亩产量 400.0 kg，位居 16 份参试材料的第 3 位。适宜于临洮、岷县、陇西、康县等水地及二阴地区种植。

栽培技术要点：甘肃省高寒阴湿地区和中部川水地区地膜栽培，适宜播种期为 3 月上中旬，一般较当地露地栽培提早播种 7~10 d。一般亩播种 37 万~40 万粒。

401. 陇春 16

品种来源：甘肃省农业科学院作物研究所利用太谷核不育小麦，经轮回选育而成。原系号 T88 鉴 3。1996 年通过甘肃省审定。

特征特性：春性，生育期 105~108 d。幼苗直立，芽鞘浅绿色，叶片浅绿色，株型紧凑，株高 90.0~100.0 cm。穗长方形，长芒，护颖白色，粒籽红色、椭圆形。穗长 9.0~10.0 cm，小穗数 17.0~19.0 个，穗粒数 45.0~55.0 粒，千粒重 45.0~48.0 g。含粗蛋白 15.18%，赖氨酸 0.42%，淀粉 67.21%。抗旱、耐瘠薄，不抗倒伏。中抗条锈病。

产量及适宜种植区域：参加甘肃全省区域试验亩产量 273.5~546.7 kg。适宜于兰州、临洮等地种植。

栽培技术要点：适时播种，亩播种量 15~17.5 kg，三叶一心灌头水，后期应注意控水，以防倒伏。

402. 会宁 17

品种来源：原会宁县农科所用 20042 作母本，阿勃作父本杂交选育而成。原系号 7832-4-1。1996 年通过甘肃省审定。

特征特性：春性，生育期 108 d。幼苗半匍匐，叶片深绿色，株型中等，株高

87.1 cm。穗纺锤形，长芒，护颖白色，籽粒红色，卵圆形。穗长 10 cm，小穗数 16 个，穗粒数 35 粒，千粒重 40.6 g。容重 755.7 g/L，含粗蛋白 17.79%，赖氨酸 0.54%，灰分 1.97%。抗旱，耐瘠薄。不抗倒伏。感条锈病。

产量及适宜种植区域：1987—1989 年参加白银市旱地春小麦区域试验，3 年 33 点次试验平均亩产量 97.0 kg，较定西 24 增产 9.7%，居参试品种的第一位。1990—1992 年参加甘肃全省旱地春小麦区域试验，3 年 40 点次平均亩产量 146.9 kg，较定西 24 平均增产 5.4%。适宜于定西、临洮、会宁等地区旱地推广种植。

栽培技术要点：山坡地适宜亩播种量 15 万粒，旱川地 20 万粒，梯田、沟坝地、不保灌地为 25 万粒。一般以 3 月中下旬播种为宜，高海拔区应适当推迟，但在适宜播期内以早播为佳。

403. 临麦 29

品种来源：临夏州农业科学院以 8050 作母本，1384 作父本杂交，经多次南繁加代选育而成。原系号 8262-5-3-1。1996 年通过甘肃省审定。

特征特性：春性，生育期 93~113 d。幼苗半匍匐，叶片深绿色，株型中等，株高 98.0~110.0 cm。穗长方形，顶芒，护颖白色，籽粒红色、卵圆形，粉质。穗长 8 cm，小穗数 18 个，穗粒数 37 粒，千粒重 40.0 g。容重 760.0 g/L，含粗蛋白 13.05%，赖氨酸 0.4%，淀粉 62.72%。成熟落黄好。较抗倒伏，耐湿，种子休眠期较长。苗期感条锈病，但成株期表现为免疫，轻感赤霉病和叶枯病。

产量及适宜种植区域：1991 年参加临夏州区域试验，5 个试点平均亩产量 394.0 kg，较对照广临 135 增产 5.2%。1991—1994 年临夏州川塬灌区和高寒阴湿区 43 个试点试验示范，平均亩产量 385.8 kg，产量幅度 300.0~540.0 kg，平均较广临 135 增产 16.9%，较临农 14 号增产 25.5%。适宜于临夏州川水、二阴及半干旱地区推广种植。

栽培技术要点：亩播种量 15~20 kg，适当浅播，增施农家肥和磷肥，川水地三叶期灌头水，五叶期灌二水，蜡熟期及时收割。

404. 临麦 30

品种来源：临夏州农业科学院 1982 年用 74503-1-7-1-2 作母本，07802 作父本杂交选育而成。原系号 82316-1。1996 年通过甘肃省审定。

特征特性：春性，生育期 94~113 d。幼苗直立，芽鞘淡绿色，叶片深绿色，株型中等，株高 93.0~117.0 cm。穗长方形，顶芒，护颖白色，籽粒白色、卵圆形，半角质。穗长 9 cm，小穗数 18~23 个，穗粒数 48 粒，千粒重 40.0~48.0 g。容重 775.0 g/L，含粗蛋白 13.1%，赖氨酸 0.48%。耐旱、耐青干能力强。抗条锈性接种鉴定，成株期表现抗病。较抗吸浆虫，轻感赤霉病和叶枯病。种子休眠期较短，成熟后遇连阴雨易穗发芽。

产量及适宜种植区域：1990 年参加临夏州区域试验，总评居首位，平均亩产量

428.5 kg，较广临135增产9.3%，较临农14增产23.8%。1991—1993年参加甘肃省东片水地区域试验，亩产量281.9~521.8 kg，较对照07802增产5.9%。1990—1994年临夏州川水地、山阴地和半干旱地3类不同地区58个试点6075亩调查，亩产量261.5~581.0 kg，平均390.5 kg，较一般品种增产9.3%~73.9%。适宜于甘肃省临夏、定西、岷县、永登等地半干旱区推广种植。1999年全省累计推广种植面积120万亩以上。

栽培技术要点：3月中上旬播种，亩播种量10~15 kg，基本苗达25万~30万株。蜡熟期及时收割脱粒。

405. 宁春18

品种来源：宁夏回族自治区中宁县农业技术推广中心采用（叶考拉/榆293）F_1作母本，（卡捷姆/293）F_1作父本杂交选育而成。原系号2014。1997年通过甘肃省审定。

特征特性：春性，生育期100~105 d。幼苗直立，芽鞘绿色，叶片绿色，株型紧凑，株高80.0~90.0 cm。穗纺锤形，长芒，护颖白色，籽粒白色、长圆形，角质。穗长11.4 cm，小穗数14~18个，穗粒数45粒，千粒重52~55 g。容重790 g/L，含粗蛋白13.37%，赖氨酸0.35%，出粉率73.8%，面包评分81.2，面条评分82。成熟落黄好。抗干热风、耐旱、抗倒伏。抗吸浆虫，感条锈病。口松，种子休眠期短。

产量及适宜种植区域：1994—1996年参加甘肃省河西片水地区域试验，平均亩产量495.4 kg，较对照高原602减产4.3%。生产示范亩产量为380~575 kg。适宜于酒泉、张掖、武威等河西冷凉灌区及会宁、靖远等中部平川灌区种植。

栽培技术要点：适期早播，亩播种量25~30 kg。注意蜡熟末期收获，及早打碾入仓。

406. 陇春17

品种来源：甘肃省农业科学院作物研究所1983年以晋2148作母本，（80）8矮作父本进行杂交，1983年冬（F_1）温室加代，然后选育而成。原系号8354。1997通过甘肃省审定。

特征特性：春性，生育期95~102 d。幼苗直立，叶片深绿色，株型紧凑，株高79.0~90.0 cm。穗长方形，长芒，护颖白色，籽粒红色、卵圆形，半角质。穗长8.7~9.9 cm，小穗数15.0个，穗粒数43.0~51.0粒，千粒重42.0~54.0 g。容重770.0~800.0 g/L，含粗蛋白13.73%，赖氨酸0.48%，淀粉67.89%。适宜于小麦玉米带田种植。前期生长发育快，后期抗青秕。抗倒伏、较耐寒、旱、瘠薄。抗条锈性接种鉴定，成株期对条中25号、条中26号、条中28号、条中29号、条中30号及洛10-Ⅴ、洛13-Ⅱ、洛13-Ⅷ小种表现免疫或高抗，但感条中31号小种。

产量及适宜种植区域：1994—1996年参加甘肃省东片区域试验，平均亩产量313.1 kg，较统一对照高原602增产3.4%；参加西片区域试验平均亩产量482.6 kg。1994—1996进行生产示范高台和临泽试点平均亩产量571.9 kg，较张春14、8131平均增产 15.6%；中部沿黄灌区平均亩产量 407.3 kg，较花培 764、晋 2148、宁春 4 号平均增产 10.7%。临泽县 2 个点大面积带田试验示范，按带田占地面积计算，亩产量达 527.8 和 750.0 kg，较对照张春 14 增产 4.28% 和 2.56%。适宜于甘南州、临夏州、白银市和武威市、张掖市、以及宁夏隆德县等水肥较高地区种植，特别与玉米组配成带田种植时表现丰产、抗病，边际效应明显，抗青秕能力强，抗倒伏，早熟，是较为理想的带田品种。

栽培技术要点：3 月中上旬播种。一般单种亩播种量 20~25 kg，带田亩播种量 16~18 kg，争取亩成穗数 40 万穗左右为宜。注意三叶一心灌头水，蜡熟后期及时收获。

407. 甘春 19

品种来源：甘肃农业大学以 86-161 作母本，（川 28/永良 4 号）F₁ 作父本杂交选育而成。原系号 89-4005。1997 通过甘肃省审定。

特征特性：春性，生育期 91~119 d。幼苗直立，芽鞘淡绿色，叶片深绿色，株型紧凑，株高 75.0~80.0 cm。穗长方形，长芒，护颖白色，籽粒白色、卵圆形。穗长 8 cm，小穗数 14~16 个，穗粒数 40~45 粒，千粒重 40.0~45.0 g。容重 794.4 g/L，含粗蛋白 14.9%，赖氨酸 0.51%，出粉率 70.3%。耐青干，较耐大气干旱和干热风。对条锈病成穗期中感，高抗白粉病和叶枯病。种子休眠中等。

产量及适宜种植区域：参加全省河西片水地区域试验，平均亩产量 521.2 kg。适宜于酒泉、民勤、张掖、高台等地种植。

栽培技术要点：3 月下旬播种，亩播种量 24~25 kg。

408. 甘春 20

品种来源：甘肃农业大学以高蛋白突变体 88-862 作母本，630 作父本杂交，并结合辐射诱变技术选育而成的面包型春小麦品种。原系号 92-1032。1997 通过甘肃省审定。

特征特性：春性，生育期 95~115 d。幼苗直立，芽鞘绿色，株型紧凑，株高 85~95 cm。穗长方形，长芒，护颖白色，籽粒红色、长圆形，角质。穗长 8~10 cm，小穗数 15~18 个，穗粒数 34~42 粒，千粒重 50~55 g。含粗蛋白 17.3%，赖氨酸 0.52%，淀粉 59.89%。成熟落黄好。抗倒伏，不抗条锈病。适宜于加工面包。1995 年获第二届中国农业博览会金奖。1996 年被国家计委、原农业部列为"九五"国家重点科技成果转化项目在西北地区推广。其综合指标达到国际先进水平。

产量及适宜种植区域：1995—1996 年参加全省水地区域试验，平均亩产量 494.5 kg，较对照高原 602 减少 5.32%，生产试验亩产量为 476.9~585.2 kg。1996—1999 年河西地区及沿黄灌区大面积试验示范，亩产量 400~550 kg。适宜于张掖、武威地区种植。

栽培技术要点：3 月中下旬播种，亩播种量 20~25 kg，基本苗达到 40 万株以上。

409. 会宁18

品种来源：原会宁县农科所1979年以普通栽培小麦（奥伯尔/雅安745507）F$_1$作母本，天蓝偃麦草作父本杂交，经多年水旱交替选育而成。原系号水地为79665F$_4$，旱地为292-2-1。1997通过甘肃省审定。

特征特性：春性，生育期111 d。幼苗半匍匐，叶片深绿色，株型中等，株高110 cm。穗纺锤形，长芒，护颖白色，籽粒红色、卵圆形。穗长10 cm，小穗数19个，穗粒数36粒，千粒重46.3 g。容重728.0～776.0 g/L，含粗蛋白18.74%，赖氨酸0.57%，灰分1.98%。耐旱、抗瘠薄，不抗倒伏。抗条锈病。

产量及适宜种植区域：1993—1995年参加甘肃全省旱地春小麦区域试验，3年30点次平均亩产量108.5 kg，在适种区的会宁、定西、静宁、陇西、临洮县及白银市平川区等12个点次试验中，较对照品种定西24增产4.8%～59.1%。1987—1989年生产示范平均亩产量119.6 kg，较对照品种定西24增产9.8%，较会宁14增产11.8%。1995年甘肃省中部地区遭受历史上罕见的旱灾，小麦生长期降水量仅94.2 mm，尤其是抽穗期降水量只有7.8 mm，致使大部分夏粮绝收，而各地种植的会宁18却表现出极强的抗旱性，获得了较好的收成。适宜于年降水量300～400 mm、海拔1 700～2 200 m的干旱地区的旱地或不保灌地推广种植。

栽培技术要点：适宜亩播种量山坡地为15万粒，旱川地为20万粒，梯田、沟坝地、不保灌地为25万粒。一般3月中下旬播种为宜，高海拔区应适当推迟，但在适宜播期内以早播为佳。

410. 酒春3号

品种来源：酒泉市农业科学研究院以80198作母本，甘春11作父本杂交选育。原系号8511-1。1997通过甘肃省审定。

特征特性：春性，生育期100～107 d。幼苗直立，叶片深绿色，株型紧凑，株高85.0 cm。穗纺锤形，长芒，护颖白色，籽粒白色、卵圆形，半角质。穗长7.0～9.0 cm，小穗数14个，穗粒数35粒，千粒重45.0 g。容重770.5～790.0 g/L，含粗蛋白13.0%，赖氨酸0.51%。叶功能期长。抗倒伏。抗大气干旱，喜光耐肥，丰产稳产，适应性广。抗叶枯病，感锈病。

产量及适宜种植区域：1991—1993年参加酒泉地区区域试验，平均亩产量496.6 kg，较甘春11增产10.1%。1996—1997年参加酒泉地区11点次地膜区域试验，平均亩产量624.0 kg，较对照增产16.1%。1993—1996年酒泉地区示范2.1万亩，测产19点次，平均亩产量491.9～650.2 kg，较对照甘春11增产14.2%～16.4%。适宜于酒泉地区以及河西沙漠沿线种植，也适合与本地气候条件类似的降水量少、气候干燥、光照充足，但有灌溉条件的生态区种植。

栽培技术要点：一般亩播种量20～25 kg，宜早播。孕穗初期根据长势适度追肥或叶面喷肥，头水以早浇为宜，一般 3 叶期进行。

411. 广春 1 号

品种来源：广河县种子公司从甘肃农业大学应用技术学院引进的新品系 79-0132 中选出的变异单株，经系统选育而成。原系号广河大穗。1998 年通过甘肃省审定。

特征特性：春性，生育期 105~112 d。幼苗直立，叶片深绿色，株高 115~130 cm。穗长方形，长芒，护颖白色，籽粒浅红色、卵圆形，半角质。穗长 9.5~14.5 cm，小穗数 17~21 个，穗粒数 45~80 粒，千粒重 42.0 g。含粗蛋白 12.16%，赖氨酸 0.43%，淀粉 66.87%，灰分 1.89%，湿面筋 23.7%。成熟落黄好。抗倒伏，抗条锈、叶锈、秆锈病和白粉病。

产量及适宜种植区域：1996—1997 年参加临夏州区域试验，12 个试点平均亩产量 522.6 kg，较对照品种临麦 30 增产 23.7%。1997 年临夏州示范种植 108 亩，平均亩产量达 524.9 kg。1998 年临夏州全州示范推广 121.95 万亩，平均亩产量达 503.3 kg。适宜于海拔 1 750~2 200 m 的川塬灌区、阴湿及半干旱地区种植。

栽培技术要点：严格控制播种量，川塬区亩播种量 12.5 kg，阴湿及半干旱区亩播种量 15.0 kg，一般肥力地块亩保苗 15 万~20 万株，高水肥地亩保苗 13 万~15 万株。

412. 武春 2 号

品种来源：武威市农业科学研究院以（7562/丰产 3-1）F_1 作母本，（7586/喀什白皮）F_1 作父本杂交选育而成。原系号 8132-9。1998 年通过甘肃省审定。

特征特性：春性，生育期 96~100 d。幼苗直立，株型紧凑，株高 77~80 cm。穗纺锤形，长芒，护颖白色，籽粒红色。穗长 8~10 cm，小穗数 13~17 个，穗粒数 26~34 粒，千粒重 50~55 g。容重 790 g/L，含粗蛋白 15.86%，赖氨酸 0.52%，淀粉 66.94%，含湿面筋 30%，面筋指数 90%~95%。成熟落黄好。抗干热风。种子休眠期较短，成熟后遇连阴雨易穗发芽。抗倒伏。较抗条锈病和白粉病。

产量及适宜种植区域：1994—1996 年参加甘肃省河西片水地区域试验，平均亩产量 490.6 kg，较对照高原 602 减产 3.1%，但较当地副对照品种增产 4.7%~21.6%。大田亩产量一般 450 kg 左右。适宜于武威、张掖等地平川灌区种植。

栽培技术要点：适时早播，亩播种量 20~25 kg。

413. 陇春 18

品种来源：甘肃省农业科学院作物研究所以甘麦 8 号作母本，福区 17 作父本杂交选育而成。原系号 8275。1998 年通过甘肃省审定。

特征特性：春性，生育期 100 d。幼苗直立，叶片深绿色，株型紧凑，株高 100.0 cm。穗纺锤形，长芒，护颖白色，籽粒红色、椭圆形。穗长 7.0~7.5 cm，小穗数 16.0~18.0 个，穗粒数 30.0~40.0 粒，千粒重 40~50 g。含粗蛋白 13.47%，赖氨酸 0.44%，淀粉 63.83%。较耐寒、抗旱。抗条锈性接种鉴定，苗期感混合菌，成株期感条中 31 号、洛 13-Ⅷ小种和混合菌，对条中 25 号、条中 28 号、条中 29 号和条中 30 号小种表现免疫。

产量及适宜种植区域：1993—1995 年参加甘肃全省旱地春小麦区域试验，平均亩产量 119.1 kg，较对照定西 24 增产 4.6%。适宜于定西、会宁、临洮等地旱地种植。

栽培技术要点：3 月上旬播种，亩播种量 10~15 kg，保苗 17 万~25 万株。

414. 甘引 8015

品种来源：甘肃省种子管理总站同有关单位共同引进的春小麦品种。原系号 8015。1999 年通过甘肃省审定。

特征特性：春性，生育期 98 d。幼苗直立，叶片深绿色，株型紧凑，株高 72.6~105.0 cm。穗纺锤形，顶芒，护颖白色，籽粒红色。穗长 6.9~7.0 cm，小穗数 13.5 个，穗粒数 21.2~35.2 粒，千粒重 44 g。含粗蛋白 15.21%，赖氨酸 0.43%，淀粉 62.43%。抗倒伏。耐盐碱。抗旱、耐寒性强。抗条锈性接种鉴定，苗期感混合菌，成株期对条中 25 号、条中 29 号小种免疫，对条中 31 号、HY-Ⅲ、水 2、水 14 小种和混合菌表现中抗至中感。

产量及适宜种植区域：1996—1998 年参加甘肃全省旱地春小麦区域试验，平均亩产量 132.9 kg，较对照定西 35 减产 5.3%，但在会宁、定西、平川、静宁增产显著。适宜于甘肃省年降水量 280~420 mm 的干旱、半干旱的定西、会宁、平川、静宁等地种植。

栽培技术要点：3 月中旬播种，亩播种量 9~11 kg。

415. 定丰 6 号

品种来源：定西市农业科学研究院 1982 年以 7633-7-3 作母本，晋 2148 作父本杂交选育而成。原系号 8290-2。1999 年通过甘肃省审定。

特征特性：春性，生育期 105~115 d。幼苗直立，叶片绿色，株型紧凑，株高 70~112 cm。穗长方形，长芒，护颖白色，籽色红色、卵圆形。穗长 10 cm，小穗数 16~19 个，穗粒数 45~50 粒，千粒重 43.0~50.0 g。容重 770.0~790.0 g/L，含粗蛋白 15.38%，赖氨酸 0.42%。较抗倒伏。抗条锈性接种鉴定，苗期对混合菌免疫，成株期对条中 29 号、条中 30 号、条中 31 号、HY-Ⅲ小种和混合菌均表现免疫。

产量及适宜种植区域：1991—1993 年参加甘肃全省东片春小麦区域试验，平均亩产量 407.2 kg，较对照 07802 增产 8.9%。适宜于海拔 1 700~2 200 m、年降水量 450 mm 以上，类似的定西、白银等生态条件相似的土壤肥力较好的地区种植。

栽培技术要点：3 月上中旬播种，亩播种量 13 kg 左右。

416. 定西 36

品种来源：定西市农业科学研究院以定西 31 作母本，7753-9 作父本杂交选育而成。原系号 8338。1999 年通过甘肃省审定。

特征特性：春性，生育期 110 d。幼苗直立，叶色浅绿色，株型紧凑，株高 95 cm。穗纺锤形，长芒，护颖红色，籽粒红色、卵圆形，角质。穗长 9.5 cm，小穗数 15 个，穗粒数 33 粒，千粒重 36.0 g。容重 782.0 g/L，含粗蛋白 14.99%，赖氨酸 0.49%，淀粉 65.76%，灰分 1.70%。成熟落黄好。抗旱。抗条锈性接种鉴定，苗期对混合菌免疫，成株期对条中 25 号、条中 27 号、条中 29 号、条中 30 号、条中 31 号小种及混合菌均表现免疫。

产量及适宜种植区域：1994—1996 年参加定西地区旱地春小麦区域试验，平均亩产量 102.8 kg，较对照陇春 8139 增产 10.3%。适宜于年降水量 250～400 mm、海拔 1 900～2 300m 的半干旱区的旱川地、山坡地、梯田地种植，特别适宜于甘肃省中部地区的定西、临洮、陇西、通渭、渭源、会宁春麦区种植。

栽培技术要点：3 月上中旬播种，亩播种量 12.5 kg 左右。

417. 陇春 19

品种来源：甘肃省农业科学院作物研究所引进宁夏回族自治区中卫县良种场 4062/C4178//4112/永 1895 的 F_4 代材料系选而成。原系号 C8154。1999 年通过甘肃省审定。

特性特征：春性，生育期 96～100 d。幼苗直立，叶片深绿色，株高 80.0 cm。穗长方形，长芒，护颖白色，籽粒白色、椭圆形。穗长 11.0～12.0 cm，小穗数 14.0～18.0 个，穗粒数 35.0～45.0 粒，千粒重 50.0～55.0 g。含粗蛋白 13.37%，赖氨酸 0.46%。抗倒伏性强，抗干热风。抗条锈性接种鉴定，苗期对混合菌免疫，成株期对条中 29 号、条中 30 号和 HY-Ⅲ小种表现免疫，对条中 31 号小种和混合菌表现感病。

产量及适宜种植区域：1997—1998 年参加甘肃全省河西片水地区域试验，平均亩产量 536.1 kg，较对照高原 602 增产 3.3%。适宜于河西及中部沿黄灌区种植。

栽培技术要点：3 月中上旬播种，亩播种量 30 kg 左右，基本苗达 40 万～43 万株。施肥方面重点增施磷肥，防止贪青晚熟。一般中低产田亩施纯磷 12.0 kg，纯氮 12.0～15.0 kg；高产田亩施纯磷 12.0 kg 以上，纯氮 10.0 kg 以上。

418. 陇春 20

品种来源：甘肃省农业科学院作物研究所以 832-748 作母本，国际小麦玉米改良中心引进材料 0103 作父本进行杂交，经多年南繁北育、水旱穿梭选育而成。原系号 92J46。2000 年通过甘肃省审定。

特征特性：春性，生育期 95～108 d。幼苗直立，叶片浅绿色，株型紧凑，株高

81.4~112.0 cm。穗纺锤形，长芒，护颖白色，籽粒红色、椭圆形，半角质。穗长9.0~12.0 cm，小穗数17~18个，穗粒数38.8~53.6粒，千粒重35.7~46.1 g。容重730.6~814.0 g/L，含粗蛋白14.56%，赖氨酸0.52%，淀粉63.24%，灰分1.76%。较抗倒伏。耐寒、耐旱、耐瘠薄。中抗白粉病，高抗叶锈病。抗条锈性接种鉴定，苗期、成株期对条中25号、条中29号、条中30号小种免疫，对条中31号小种中感，对HY-Ⅲ小种和混合菌表现中抗至中感，属成株期抗条锈类型。

产量及适宜种植区域：1997—1999年参加甘肃省东片水地区域试验，平均亩产量353.3 kg，较对照品种陇春15增产2.8%。1999年参加甘肃省旱地春小麦区域试验，平均亩产量108.6 kg，较对照品种定西35增产19.8%。1994—1999年兰州红古区、永登、定西、会宁、渭源、康乐等地示范20点次，亩产量126.0~320.0 kg，其中有15点次较当地对照品种增产，增产幅度为2.5%~26.1%，5点次减产，减产幅度为2.0%~6.6%。适宜于定西、临洮、康乐、渭源、会宁、榆中、岷县、陇西、靖远等生态条件相似的地区种植。

栽培技术要点：一般水地亩播种量16.0~20.0 kg，旱地及二阴地区亩播种量为14.0~16.0 kg。水地注意控制水、肥，旱地苗期结合降水适当追施氮肥，其他栽培技术同一般大田。

419. 陇春21

品种来源：甘肃省农业科学院作物研究所1993年用选育的太谷核不育小麦综群Ⅱ-103孕穗期单核靠边期的花药培养单倍体绿苗人工加倍育成。原系号93兰6-2。2000年通过甘肃省审定。

特性特征：春性，生育期92~107 d。幼苗直立，叶片深绿色，株型紧凑，株高77.2~95.0 cm。穗长方形，顶芒，护颖白色，籽粒红色、卵圆形，角质。穗长8.1 cm，小穗数15.6个，穗粒数37~49粒，千粒重40.1~48.8 g。容重694.2~797.0 g/L，含粗蛋白16.13%，赖氨酸0.53%，湿面筋34.1%，沉降值33.9 mL，吸水率63.4%，面团形成时间3.2 min，面团稳定时间3.0 min。耐旱、耐青干。抗条锈性接种鉴定，苗期对混合菌感病，成株期对条中31号、Hy-3、Hy-4、Hy-7小种以及混合菌表现免疫。

产量及适宜种植区域：1997—1999年参加甘肃省东片水地区域试验，平均亩产量387.4 kg，较对照陇春15增产3.4%。适宜于甘肃省中部二阴地区及沿黄灌区推广种植。

栽培技术要点：春季地温稳定通过1~2℃时即可播种，播深3~5 cm为宜。品种抗旱性较差，3叶1心期灌头水，以后根据生长需要和土壤墒情及时浇水。口较松，适时收获，以防落粒减产。

420. 高原671

品种来源：中国科学院西北高原生物研究所1990年以抗旱性和抗逆性突出的宁春

10 号作母本，以品质优良的意大利冬小麦"路浦"作父本杂交选育而成。原系号 94-671。2000 年通过甘肃省审定。

特征特性：弱春性，生育期 98 d。幼苗半匍匐，芽鞘浅绿色，叶片浅绿色，株型紧凑，株高 90 cm。穗纺锤形，无芒，护颖白色，籽粒红色、卵圆形，角质。穗长 7~9 cm，穗粒数 25 粒，千粒重 38~50 g。容重 6 786 g/L，含粗蛋白 16.13%，赖氨酸 0.49%，淀粉 65.76%，灰分 1.7%，出粉率 85%。成熟落黄好。耐寒、耐瘠薄、抗旱性强。抗青干。轻感白粉病。抗条锈性接种鉴定，成株期对条中 25 号、条中 27 号、条中 29 号、条中 30 号、条中 31 号小种及混合菌均表现免疫。

产量及适宜种植区域：1996—1998 年参加甘肃省旱地春小麦品种区域试验，3 年 17 点次试验亩产量 280.0~342.0 kg，较对照定西 35 平均增产 8.5%。1997—1999 年 3 年 12 个点次的生产试验平均亩产量 171.1 kg，较定西 35、陇春 8139、会宁 10 号等平均增产 15.1%。适宜于甘肃省中部年降水量 400 mm 左右，海拔 1 700~2 200 m 的旱山地及旱砂地种植。

栽培技术要点：旱川地、梯田台地亩播种量 12~15 kg，亩保苗 20 万~25 万株；山坡地亩播种量 10~14 kg，亩保苗 17 万~20 万株。

421. 南春 1 号

品种来源：甘南州农业科学研究所从青海省农林科学院引进的春小麦杂交后代经过选育而成，原组合 68-36-35/79531。原系号 93-9。2000 年通过甘肃省审定。

特征特性：春性，生育期 120~126 d。幼苗半匍匐，叶片深绿色，株高 90 cm。穗长方形，长芒，籽粒白色、卵圆形。穗长 9 cm，小穗数 14~16 个，穗粒数 46~50 粒，千粒重 42~59 g。含粗蛋白 12.7%，赖氨酸 0.4%，淀粉 69.02%。抗倒伏。抗条锈病。

产量及适宜种植区域：1996—1997 年参加甘南州区域试验，平均亩产量 252.7 kg，较对照高原 602 增产 23.9%。

栽培技术要点：适时早播，亩播种量 20.0~22.5 kg，保苗 25 万~30 万株。

422. 武春 3 号

品种来源：武威市农业科学研究院 1991 年从宁夏石咀山市农业技术服务中心引进的种质资源石 1269（尹 5/石 857）中系统选育而成。原系号石 1269。审定编号：甘审麦 2001007、国审麦 2006031。

特征特性：春性，生育期 103 d。幼苗直立，叶片绿色，株型紧凑，株高 89 cm。穗纺锤形，长芒，护颖白色，籽粒白色、椭圆形，角质。穗长 9~10 cm，小穗数 17~20 个，穗粒数 33~36 粒，千粒重 50~53 g。2003 年、2004 年国家区试分别测定混合样，容重 820、816g/L，含粗蛋白 14.36%、13.90%，湿面筋 32.6%、31.7%，沉降值 46.7、38.0 mL，面团稳定时间 4.2、5.1 min，最大抗延阻力 300 EU、358 EU，拉伸面积 84.4、98 cm²，属优质中筋麦。田间抗条锈性表现良好。耐白粉病、赤霉病、黄矮病。抗吸浆虫。耐旱、耐寒、耐青干性强。抗倒伏、抗干热风。

产量及适宜种植区域：1999—2001 年参加甘肃省西片水地区域试验，18 个试点全部增产，平均亩产量 544.9~602.1 kg，较对照增产 4.9%~10.2%。1999—2001 年 3 年生产试验 13 个点次，平均亩产量 533.4 kg，较对照增产 15.4%，高水肥亩产量水平 600~640 kg，一般水肥 450~550 kg。2003 年参加国家西北春麦水地组品种区域试验，平均亩产量 446.3 kg，较对照宁春 4 号增产 3.47%；2004 年续试平均亩产量 457.1 kg，较对照宁春 4 号增产 2.3%。2005 年生产试验平均亩产量 408.4 kg，较当地对照增产 0.2%。适宜于宁夏、甘肃河西走廊、内蒙古巴盟、青海东部和柴达木盆地、新疆博乐和塔城的水浇地作春麦种植。

栽培技术要点：日平均气温稳定在 0~2℃时播种，播种深度 3~5 cm，冷凉山水灌区（海拔高于 1 600 m）每亩适宜基本苗 36 万~43 万株，平川井泉灌区（海拔低于 1 600 m）每亩适宜基本苗 40 万~45 万株。注意旺苗控水，及时防治叶锈病和白粉病。

423. 定丰 9 号

品种来源：定西市农业科学研究院 1985 年以（07802/中 81194）F_1 作母本，630 作父本杂交选育而成。原系号 8654。审定编号：甘审麦 2001008。

特征特性：春性，生育期 103~108 d。幼苗直立，叶片绿色，株型紧凑，株高在旱地 90.0~95.0 cm、水地 95.0~105.0 cm。穗纺锤形，长芒，护颖白色，籽粒白色、长卵圆形，角质。穗长 8.0~9.0 cm，小穗数 16~18 个，穗粒数 36~45 粒，千粒重 45.0~55.0 g。容重 790.0~914.0 g/L，含粗蛋白 17.73%，赖氨酸 0.58%，淀粉 58.56%。抗倒伏。抗寒、耐旱，抗青干，抗干热风。抗白粉病，抗赤霉病、叶枯病。抗条锈性接种鉴定，苗期高感混合菌，成株期对条中 29 号、条中 30 号、条中 31 号、Hy-III 小种及混合菌均表现免疫。

产量及适宜种植区域：1997—1999 年参加定西市区域试验，3 年平均亩产量 493.0 kg，较对照品种定丰 4 号增产 16.7%。1996 年在定西等 30 点生产试验，亩产量 265.0~520.0 kg，增产 1.2%~31.9%；1997 年示范 28 点，平均亩产量 335.3 kg，增产 14.8%，同年在旱地示范平均亩产量 72.0 kg，较当地对照品种定西 35 平均增产 28.6%，表现出良好的抗旱性和广泛的适应性，属水、旱兼用型品种。适宜于兰州、张掖、定西等地种植。

栽培技术要点：水地亩播种量一般 19~22 kg，旱地二阴地亩播种量 16~18 kg。水地要灌好苗期水和灌浆水，旱地通过秋雨春用，雨后中耕保墒等综合措施，力争创造高产。

424. 高原 584

品种来源：中国科学院西北高原生物研究所以 [（80642/高原 338）F_1//（80-143/高原 472）$F_{3~5}$] F_2 作母本，多年生 1 号作父本杂交选育而成。原系号 91D58-4。

审定编号：甘审麦 2003008。

特征特性：春性，生育期 100~109 d。幼苗直立，芽鞘白色，株型紧凑，株高 106.5 cm。穗纺锤形，顶芒，护颖白色，籽粒红色、卵圆形，半角质。穗长 8.3 cm，小穗数 22.2 个，穗粒数 32~52 粒，千粒重 41.2~53.2 g。容重 761~792.5 g/L，含粗蛋白 12.7%~14.8%，湿面筋 27.0~35.2%，沉降值 23.8~35.9 mL。耐旱性强，耐青干，抗落粒。轻感条锈病和黑穗病。

产量及适宜种植区域：2000—2002 年参加甘肃省河西片水地区域试验，平均亩产量 477.6 kg，较对照高原 602 增产 1.7%。2002 年生产试验平均亩产量 412.5 kg，较当地对照增产 0.2%。适宜于甘肃省民乐和民勤等地种植。

栽培技术要点：3 月下旬至 4 月上旬播种，亩播种量山旱地 15~17 kg，水浇地 22.5~25.0 kg。黑穗病发病区，播前用种子量 0.2%多菌灵拌种防治黑穗病。

425. 陇辐 2 号

品种来源：中国科学院兰州近代物理研究所和张掖市农业科学研究院协作，1996 年春利用重离子研究装置（HIRFL）产生的 75 MeV/u 中能氧离子（$^{16}O^{8+}$）束，以 11~44 Gy）（即注量为 $1 \times 10^7 \sim 5 \times 10^8$ ions/cm^2）的辐照剂量处理春小麦高代稳定材料 14615 风干种子，经过 3 年 5 代选育而成。原系号 920。审定编号：甘审麦 2003010。

特征特性：春性，生育期 98~103 d。幼苗直立，芽鞘绿色，叶片深绿色，株型紧凑，株高 72.0~85.6 cm。穗圆锥形，长芒，护颖白色，籽粒白色、卵圆形，角质。穗长 7.1~9.5 cm，小穗数 17~19 个，穗粒数 37~53 粒，千粒重 46~54 g。容重 778.3~816.5 g/L，含粗蛋白 13.0%~13.9%，湿面筋 28.3%~31.1%。抗倒伏性强，中感条锈病。

产量及适宜种植区域：2000—2002 年参加甘肃省河西片水地区域试验，平均亩产量 485.2 kg，较对照高原 602 增产 3.3%。适宜于酒泉、武威、白银等地灌区种植。

栽培技术要点：亩播种 45 万粒左右。施肥应掌握基肥足，追肥早，巧施拔节孕穗肥的原则，保证该品种的丰产性和品质。及时防治蚜虫，适时收获以利于后作生长。

426. 西旱 1 号

品种来源：甘肃农业大学农学院、会宁县农业技术推广中心、西北农林科技大学农学院以及甘肃省白银市种子公司协作，以 DC2024 作母本，2011 作父本杂交选育而成。原系号 D92067。审定编号：国审麦 2004024。该品种是 2000 年全国恢复旱地春小麦区试后，第一个推出的国家审定品种，也是甘肃省历史上第一个通过国家审定的旱地春小麦品种。

特征特性：春性，生育期 82~146 d。幼苗半匍匐，叶片绿色，株高一般旱地在 65 cm，个别高寒阴湿区可达 95 cm。穗粒数 24 粒，千粒重 44.5g。2002、2003 年分别测定混合样：容重 764、778 g/L，含粗蛋白 17.6%、15.9%，湿面筋 38.5%、39.1%，沉降值 30.2 mL、31.1 mL，吸水率 62.5%、63.6%，面团稳定时间 1.8、2.2 min，最大抗延阻力 140 EU、120 EU，拉伸面积 24.6 cm²、29 cm²。抗倒伏。高抗条锈病，中感黄矮病，中感至高感叶锈病，高感白粉病。该品种突出表现为"旱年有收成、平年好收成、多雨年份大收成"，属高效用水型品种。后期灌浆速度快、落黄好，适应范围广。

产量及适宜种植区域：2002 年参加西北春麦旱地组区域试验，平均亩产量 154.4 kg，较对照定西 35 增产 1.8%；2003 年续试平均亩产量 177.8 kg，较对照定西 35 增产 11.9%。2003 年生产试验平均亩产量 136.5 kg，较对照定西 35 增产 10.7%。适宜于甘肃省中部、宁夏西海固地区、陕西榆林、山西大同、河北坝上、青海大通、西藏日喀则和山南等地海拔 1 000~3 837 m、年降水量 300~500 mm 的旱地种植。

栽培技术要点：降水量 300~500 mm 旱地种植时，亩适宜密度 20 万~25 万株。适期早播，亩施 2~3 kg 磷二铵做种肥，生育期间一般不再追肥。注意防治叶锈病、蚜虫和黄矮病，在湿热年份注意防治白粉病。

427. 兰辐 1 号

品种来源：兰州大学和民勤种子公司协作，以青海黑麦芒 92800 为亲本，利用 14MeV 快中子进行辐射处理，从优良变异单株中选育而成。原系号兰辐黑麦芒 92-1。审定编号：甘审麦 2004013。

特征特性：春性，生育期 96~110 d。幼苗直立，叶片深绿色，株型紧凑，株高 84.0 cm。穗长方形，长芒，护颖白色，籽粒白色，半角质。穗长 7~10 cm，小穗数 10 个，穗粒数 36 粒，千粒重 45.0 g。容重 671.0~777.0 g/L，含粗蛋白 16.3%，赖氨酸 0.58%，淀粉 60.22%，湿面筋 40.7%，沉降值 64 mL。抗倒伏性强。抗寒、抗旱、中抗青干。抗条锈性接种鉴定，成株期对条中 25 号、条中 29 号、条中 31 号、洛 13-Ⅲ、水 1-3、水源 14 小种及混合菌均表现感病。

产量及适宜种植区域：亩产量 435.0~495.0 kg。适宜于河西走廊的民勤种植。

栽培技术要点：适期早播，要求中高肥力土壤。亩播种量以 40 万~45 万粒为宜。

428. 临麦 31

品种来源：临夏州农业科学院以抗锈材料 MY5930 作母本，丰产抗倒品系 9034-1-13 作父本杂交选育而成。原系号 93 元-7。审定编号：甘审麦 2004014。

特征特性：春性，生育期 95~115 d。幼苗直立，叶片深绿色，株型紧凑，株高 100~110 cm。穗长方形，顶芒，护颖白色，籽粒红色、卵圆形，角质。穗长 9~12 cm，穗粒数 44~52 粒，千粒重 42.0~45.0 g。容重 754.0~800.0 g/L，含粗蛋白 12.2%，湿面筋 26.5%，沉降值 23.8 mL。抗倒伏。中抗条锈病。

产量及适宜种植区域：2001—2002 年参加甘肃省东片水地区域试验，平均亩产量 365.3 kg，较对照陇春 15 增产 8.9%。2002 年生产试验平均亩产量 296.7 kg，较对照增产 20%。适宜于临夏州及省内同类地区的川水、半干旱地区种植。

栽培技术要点：适期早播，一般 3 月上旬为宜。

429. 临麦 32

品种来源：临夏州农业科学院引进甘肃省农业科学院作物研究所（甘辐 92-310/咸阳大穗）F₁ 代材料，后经多年选育而成。原系号 941-1。审定编号：甘审麦 2004015。

特征特性：春性，生育期 92~107 d。幼苗直立，叶片深绿色，株型紧凑，株高 85~90 cm。穗长方形，顶芒，护颖黄色，籽粒红色、卵圆形，角质。穗长 9.2 cm，小穗数 19 个，穗粒数 45~56 个，千粒重 40~45 g。容重 750~830 g/L，含粗蛋白 15.25%，沉降值 28.0 mL，湿面筋 36.0%。成熟落黄好。中抗条锈病。抗白粉病。较抗倒伏。

产量及适宜种植区域：2001—2002 年参加甘肃省东片水地区域试验，平均亩产量 358.2 kg，较对照陇春 15 增产 6.9%。2000—2002 年临夏州川水、山阴地区 42 个试点生产试验平均亩产量 284.5~492.0 kg，较临麦 29 增产 11%~23.5%。适宜于临夏、渭源、临洮等地区种植。

栽培技术要点：川塬区 3 月 8—12 日播种为宜，适当浅播，亩播种量 15~20 kg。

430. 陇春 22

品种来源：甘肃省农业科学院从墨西哥引进的组合 CHIL/BUC 杂交后代选育而成。原系号 MY94-9。审定编号：甘审麦 2004016。

特征特性：春性，生育期 95~110 d。幼苗直立，叶片深绿色，株高 86.6~106.0 cm。穗长方形，长芒，护颖白色，籽粒红色、椭圆形，角质。穗长 9.8 cm，小穗数 15.0~19.0 个，穗粒数 38.0 粒，千粒重 45.0 g。含粗蛋白 14.0%，湿面筋 38.6%，沉降值 50.9 mL，面粉灰分 0.434%，粉质仪吸水率 67.0%，面团形成时间 4.4 min，面团稳定时间 4.8 min，评价值 71。抗旱性强、耐高温、抗青干。抗条锈性接种鉴定，苗期对洛 13-Ⅲ、条中 29 号、条中 32 号、水 3、水 14 小种及混合菌表现轻度感病，成株期表现免疫-高抗。

产量及适宜种植区域：1996—1999 年参加甘肃省东片水地区域试验，平均亩产量 345.6 kg，较对照品种陇春 15 增产 7.8%。适宜于海拔 1 900~2 100 m 的干旱、半干旱及不保灌的梯田、川旱地和坡地种植。

栽培技术要点：播期一般与当地春小麦适宜的播种时间相同，因籽粒较小，亩播种量川水地 30 万粒，不保灌地 25 万粒，半干旱区 23 万粒。

431. 陇春 23

品种来源：甘肃省农业科学院作物研究所 1998 年从国际玉米小麦改良中心（CIMMYT）引进。原系号 CM4860。审定编号：甘审麦 2004017。

特征特性：春性，生育期92～116 d。幼苗半匍匐，叶片深绿色，株型紧凑，株高65～88 cm。穗纺锤形，长芒，护颖白色，籽粒白色、长椭圆形，角质。穗长8～10 cm，小穗数15～16个，穗粒数28～44个，千粒重30.7～44.0 g。容重803 g/L，含粗蛋白15.0%，赖氨酸0.58%，湿面筋28.9%，沉降值34.6 mL。抗倒伏性好。抗条锈病，中抗白粉病，慢叶锈病，感黄矮病。

产量及适宜种植区域：2001—2002年参加甘肃省东片水地区域试验，平均亩产量377.9 kg，较对照陇春15增产12.7%。2002年进行生产试验5点平均亩产量350.3 kg，较对照品种平均增产41.7%。2005年以来陇春23作为甘肃省东片水地春小麦区域试验统一对照。适宜于甘肃省的临夏、临洮、兰州、定西以及沿黄灌区等生态条件相似、土壤肥力较好的地区种植。

栽培技术要点：适宜播种期高寒阴湿地区为3月下旬至4月上旬，河西灌区为3月下旬，中部川水地区为3月上中旬。亩播种量高寒阴湿区30万粒，河西灌区35万粒，中部川水地区32万粒。

432. 甘春21

品种来源：甘肃农业大学和甘肃富农高科技种业有限公司协作选育而成。组合为（矮败小麦/张春11号）F$_6$//（2014/82166-1-2）F$_{2/3}$/张春17，系利用推广品种和自育高代品系，采用杂交和单倍体育种，经多代系谱法选育而成。原系号甘春01-2。审定编号：甘审麦2005001。

特征特性：春性，生育期91～106 d。幼苗直立，叶片绿色，株型紧凑，株高79～90 cm。穗圆锥形，长芒，护颖白色，籽粒白色、卵圆形，角质。穗长7.6～9.8 cm，小穗数18～21个，穗粒数45.5粒，千粒重42.5～60.7 g。容重792～804 g/L，含粗蛋白14.97%，赖氨酸4.5%，湿面筋26.9%，沉降值47.2 mL。耐水肥，抗倒伏。耐高温干热风、抗青干。抗黄矮病，中抗叶枯病。叶片功能期长，熟相较好。

产量及适宜种植区域：2001—2003年参加甘肃省西片水地区域试验，平均亩产量259.8 kg，较对照增产6.2%。2003—2004年生产试验平均亩产量534.3 kg，较对照高原602增产5.3%。适宜于甘肃省河西地区和生态条件相似的地区推广种植。

栽培技术要点：大田单种播期3月中旬，亩播种量25～27 kg；带状种植播期3月上旬，亩播种量32～36 kg。

433. 陇春24

品种来源：甘肃省农业科学院作物研究所1997年以中作871作母本，永3263作父本杂交选育而成。原系号陇春4021。审定编号：甘审麦2005002。

特征特性：春性，生育期90～103 d。幼苗半匍匐，芽鞘绿色，叶片深绿色，株型紧凑，株高78～80 cm。穗纺锤形，长芒，护颖白色，籽粒白色，角质。穗长7.5～8.2 cm，小穗数13个，穗粒数36～48粒，千粒重40.6～56.9 g。容重768～815 g/L，含粗蛋白 13.86%，湿面筋 29.2%，沉降值 33.7 mL，面团稳定时间 5.2 min。前期生长势强，后期发育快，灌浆迅速，熟相好。抗倒伏。抗条锈性接种鉴定，苗期对混合菌表现感病，成株期对水 4 致病类型和混合菌表现免疫，对条中 29 号、条中 31 号、条中 32 号、水 14 等致病类型表现免疫到中抗水平。

产量及适宜种植区域：2004—2005 年参加甘肃省西片水地区域试验，平均亩产量 508.5~574.9 kg，较对照高原 602 增产 6.7%~11.7%。适宜于酒泉、民乐、民勤、白银、黄羊镇等地区种植。

栽培技术要点：亩播种量 45 万~50 万粒，亩基本苗控制在 40 万~43 万株。降水较多的地区要注意氮、磷肥合理配比，适当加大磷肥。全生育期及时防虫防病。

434. 定丰 12

品种来源：定西市农业科学研究院以携带 Tal 雄性核不育基因（73-3/墨它）为基础亲本，用定丰 1 号作为转育对象，连续 3 年将定丰 1 号转育成 Tal 雄性核不育材料，组建轮选群体选育而成。原系号核 1。审定编号：甘审麦 2005003。

特征特性：春性，生育期 104~116 d。幼苗半匍匐，芽鞘绿色，叶片绿色，株型紧凑，株高 80~105 cm。穗纺锤形，长芒，护颖白色，籽粒红色，角质。穗粒数 27.6~45.0 粒，千粒重 32.4~45.0 g。容重 811 g/L，含粗蛋白 13.78%，湿面筋 30.8%，沉降值 36.6 mL，降落值 177 s，吸水率 60.1%，面团形成时间 3.2 min，面团稳定时间 3.2 min，软化度 14.2 F.U.，评价值 42。成熟落黄好。抗旱、抗青秕。抗条锈性接种鉴定，成株期对条中 31 号、条中 32 号及致病类型水 4 和水 14 小种表现免疫，对混合菌也表现免疫。

产量及适宜种植区域：2003 年参加甘肃省东片水地区域试验，平均亩产 349.7 kg，较对照减产 4.5%；2004 年区域试验平均亩产量 380.0 kg，较对照增产 2.1%。适宜于定西、临夏、甘南、兰州等地区种植。

栽培技术要点：播种量中低水肥及不保灌区亩播 35 万粒为宜，中高水肥区及肥力较高的阴湿区亩播 40 万粒为宜，二阴旱地亩播 30 万粒为宜。水肥较高地区要注意氮、磷肥合理配比，追肥最好在第 1 水（苗期）时一次追施。及时防治病虫害。

435. 定丰 10 号

品种来源：定西市农业科学研究院 1988 年以渭春 1 号作母本，定西 24 作父本杂交选育而成。原系号 889-1。审定编号：甘审麦 2005004。

特征特性：春性，生育期在定西 98~111 d。幼苗半匍匐，叶片深绿色，株高 80~120 cm。穗长方形，长芒，护颖白色，籽粒白色，角质。穗长 9~11 cm，小穗数 17~19 个，穗粒数 38~46.5 粒，千粒重 42~45 g。容重 777~824 g/L，含粗蛋白 17.84%，湿面筋 38.4%，沉降值 28.2 mL，降落值 344 s，吸水率 60.7%，面团形成时间 3.3 min，面团稳定时间 2.2 min，软化度 135 F.U.，评价值 44.5。中感叶锈病和白粉病，高抗我国黄矮病毒优势株系 GAV。抗青秕能力强，抗旱性较强，有散黑穗病。抗条锈性接种鉴定，成株期对条中 28 号、条中 31 号、条中 32 号，Su4 和 Hy8 等混合优势小种表现近免疫。

产量及适宜种植区域：2002—2003 年参加定西地区区域试验，平均亩产 154.8 kg，较对照定西 35 增产 1.8%。适宜于定西市二阴旱地及生态条件相似的地区种植。

栽培技术要点：旱地以亩播种 25 万粒为宜，二阴旱地和阴湿区亩播种 30 万粒为宜。在适宜播种密度的基础上，必须施足底肥适当施用种肥。及时防治散黑穗病。

436. 银春 8 号

品种来源：白银市农业科学研究所 1991 年以（高原 602/德国麦）F$_1$ 作母本，87Q26 作父本杂交选育而成。原系号 91043。审定编号：甘审麦 2005005。

特征特性：春性，生育期 92~98 d。幼苗直立，芽鞘白色，叶片绿色，株型中等，株高 66~87 cm。穗长方形或纺锤形，长芒，护颖白色，籽粒红色、卵圆到长圆形，角质。穗长 8.2~11.2 cm，小穗数 14~17 个，穗粒数 39~52 粒，千粒重 39.0~45.6 g。含粗蛋白 15.75%，湿面筋 34.9%，沉降值 45.5 mL，降落值 177 s，吸水率 60.0%，面团形成时间 8.0 min，面团稳定时间 10.4 min。成熟落黄好。抗倒伏。抗条锈性接种鉴定，苗期对混合菌表现轻感，成株期对条中 29 号、条中 31 号、洛 13-Ⅲ 及水 14 小种表现中抗到轻感。

产量及适宜种植区域：2004 年参加甘肃省西片水地区域试验，平均亩产量 554.0 kg，较对照高原 602 增产 2.8%；2005 年区域试验平均亩产量 525.7 kg，较对照增产 15.5%。适宜于白银市引黄灌区及甘肃生态条件相近的同类灌区种植，尤其适宜于中高水肥条件地区进行套种或单种。

栽培技术要点：沿黄灌区播期 3 月中旬为宜，亩播种量单种田 18~20 kg，套种田 18~20 kg。沿黄灌区生育期灌水 3~4 次，其原则是："头水浅，二水漫，三水、四水洗个脸"。注意防治病虫害。

437. 武春 5 号

品种来源：武威市农业科学研究院 1993 年以（中 7906/ROBLIN）F$_1$ 作母本，21-27 为父本杂交选育而成。原系号 XC-6。审定编号：甘审麦 2005006。

特征特性：春性，生育期 119 d。幼苗直立，芽鞘银灰色，叶片绿色，株型中等，株高 85.1 cm。穗纺锤形，长芒，护颖白色，籽粒红色、椭圆形，角质。穗长 8.5 cm，小穗数 14.5 个，穗粒数 44.6 粒，千粒重 49.4 g。容重 787 g/L，含粗蛋白 14.32%，赖氨酸 0.46%。成熟落黄好。抗叶枯病，中抗条锈病和白粉病。

产量及适宜种植区域：2003 年参加甘肃省西片水地区域试验，平均亩产量 533.8 kg，较对照高原 602 增产 9.8%；2004 年省区域试验平均亩产量 583.4 kg，较对照增产 8.2%。适宜于河西走廊区酒泉、张掖、武威、民勤、白银等地区的大田和带田种植。

栽培技术要点：河西走廊及同类区约在 3 月中上旬至 4 月初条播、机播最好。冷凉山水区（海拔大于 1 600 m）亩播种量 50 万粒，保苗 34.5 万株；平川井泉区（海拔小于 1 600 m）亩播种量 45 万粒，保苗 33.75 万株。

438. 甘垦 4 号

品种来源：甘肃省农业工程技术研究院以哈 1024 作母本，中心 9111 作父本杂交选育而成。原系号 NK-1。审定编号：甘审麦 2005007。

特征特性：春性，生育期 99~122 d。幼苗直立，芽鞘白色，叶片深绿色，株型紧凑，株高 78~100 cm。穗纺锤形，长芒，护颖白色，籽粒白色、长椭圆形，角质。穗长 8 cm，小穗数 16 个，穗粒数 37.5~41.0 粒，千粒重 48.4~64.8 g。容重 834 g/L，含粗蛋白 13.19%，赖氨酸 0.36%，湿面筋 26.9%，沉降值 40.3 mL，吸水率 60.3%，面团形成时间 6.0 min，面团稳定时间 23.7 min，软化度 17 F.U.，评价值 70。抗条锈病、黑穗病、白粉病。抗倒伏、抗青干能力强。

产量及适宜种植区域：2003—2004 年参加甘肃省西片水地区域试验，平均亩产量 565.6 kg，较对照高原 602 增产 8.4%。适宜于酒泉、张掖、武威、民勤、民乐、白银等类似气候条件的地区及灌区、套种区推广种植。

栽培技术要点：亩播种量 45 万粒为宜。播前进行防治黑穗病、锈病及地下害虫的种子处理或进行种子包衣。及时防治吸浆虫。适当早灌头水，全生育期灌水 3~5 次。

439. 西旱 2 号

品种来源：甘肃农业大学农学院、西北农林科技大学国家小麦改良中心杨凌分中心协作，以 8917C 作母本，8259（秦麦 3 号/72114）作父本杂交选育而成。原系号 AD-4。审定编号：国审麦 2006032。

特征特性：春性，生育期 105~111 d。幼苗半匍匐，叶片淡绿色，株型紧凑，株高 82 cm。穗纺锤形，长芒，护颖白色，籽粒白色、椭圆形，角质。穗粒数 31.0 粒，千粒重 44.3 g。2004、2005 年分别测定混合样：容重 769、784 g/L，含粗蛋白 13.7%、15.1%，湿面筋 29.0%、33.0%，沉降值 17.0、25.5 mL，吸水率 55.0%、58.2%，面团稳定时间 0.8、0.7 min，最大抗延阻力 75、60 EU，拉伸面积 12、12 cm²。抗倒伏、抗寒、抗青干能力较强。灌浆速度快，成熟落黄好。抗旱性中等。高抗条锈病，中感至高感叶锈病，高感白粉病、黄矮病。

产量及适宜种植区域：2004 年参加西北春麦旱地组品种区域试验，平均亩产量 193.5 kg，较对照定西 35 增产 8.6%；2005 年续试平均亩产量 177.8 kg，较对照定西 35 增产 6.1%。2005 年生产试验平均亩产量 183.0 kg，较对照定西 35 增产 8.9%。适宜于甘肃省中部、宁夏西海固、陕西榆林、西藏日喀则和山南、新疆奇台、河北坝上、内蒙古武川海拔在 1 000~3 837 m、年降水量在 250~500 mm 的旱地作春麦种植。

栽培技术要点：春季土壤 5 cm 深处地温稳定通过 5~8℃ 时即可播种，底墒差的年份采用抗旱播种法。降水量 250~500 mm 左右旱地种植时，每亩适宜基本苗 25 万株左右，旱薄地每亩适宜基本苗 20 万~25 万株，寒旱地每亩适宜基本苗 25 万~30 万株。注意防治白粉病和黄矮病。

440. 临麦 33

品种来源：临夏州农业科学院所 1994 年以自配的杂种后代 F_2（92 元－11）作母本，抗锈材料贵农 20 作父本杂交选育而成。原系号 9414－9。审定编号：甘审麦 2007001。

特征特性：春性，生育期 94~115 d。幼苗直立，芽鞘绿色，叶片深绿色，株型紧凑，株高 80~106 cm。穗纺锤形，长芒，护颖白色+紫色，籽粒红色、卵圆形，半角质。穗长 9~11 cm，穗粒数 39~50 个，千粒重 38~46 g。容重 754~790 g/L，含粗蛋白 11.13%，湿面筋 24.90%，沉降值 19.3 mL，面团形成时间 1.7 min，面团稳定时间 0.9 min，属优质弱筋专用小麦品种，适宜于制做饼干、糕点等食品。中抗白粉病，兼抗赤霉病，抗叶枯病。抗条锈性接种鉴定，苗期对混合菌表现抗病，成株期对条中 32 号小种表现轻度感病，对条中 29 号、条中 31 号、水 4、水 7、水 14 小种及混合菌均表现免疫，总体表现免疫到中抗水平。

产量及适宜种植区域：2003—2004 年参加甘肃省东片水地区域试验，平均亩产量 373.8 kg。2004 年全省多点生产试验示范平均亩产量 329.7 kg，较对照增产 5.4%。适宜于临夏、临洮、渭源及省内同类地区种植。

栽培技术要点：一般 3 月上旬播种为宜，当土壤解冻 10 cm 左右时进行播种，亩播种量以 18~20 kg 为宜。施足有机肥的基础上，增施磷肥，少施氮肥。生育期间根据土壤墒情调整灌水次数，并中耕除草，抽穗前视蚜虫为害情况喷施药剂防治。

441. 武春 4 号

品种来源：古浪县良种繁殖场 1985 年用六亲本复合杂交的组合中经系统选育而成，其组合为 [（80-62-3/7586）F_1//小黑麦] F_1/// [（印度矮生/辽春10）F_1/波兰小麦] F_1。原系号 858-40。审定编号：甘审麦 2007002。

特征特性：春性，生育期 98 d。幼苗直立，叶片深绿色，株型紧凑，株高 73~80 cm。穗纺锤形，长芒，护颖白色，籽粒浅红色、卵圆形，角质。穗长 8.5~11.8 cm，小穗数 16.8 个，穗粒数 45~58 个，千粒重 50~56 g。容重 781~896 g/L，含粗蛋白 18.62%，湿面筋 35.2%，沉降值 56.7 mL，赖氨酸 0.55%。抗倒伏。抗条锈性接种鉴定，苗期对混合菌感病，成株期对条中 32 号小种和混合菌表现感病，对洛 13-Ⅲ、条中 31 号小种表现抗病。

产量及适宜种植区域：2001—2002 年参加甘肃省西片水地区域试验，平均亩产量 469.6 kg，较对照高原 602 增产 0.01%。2002—2006 年生产试验平均亩产量 498.7 kg，较当地对照增产 11.4%。适宜于张掖、民乐、武威、白银等地区种植。

栽培技术要点：精量播种，合理密植，亩基本苗 36 万~40 万株为宜。

442. 定丰 11

品种来源：定西市农业科学研究院 1982 年以携带 Tal 雄性不育基因的 73-3/墨它为基础材料，用自育品种定丰 1 号转育轮回选育而成。原系号 87（15）。审定编号：甘审麦 2006003。

特征特性：春性，生育期 101~116 d。幼苗半匍匐，叶片绿色，株型紧凑，株高 115 cm。穗纺缍形，长芒，护颖红色，籽粒红色，角质。穗长 7.8~9.8 cm，小穗数 13.8~15.6 个，穗粒数 36~43 粒，千粒重 38.1~41.0 g。容重 779~806 g/L，含粗蛋白 12.56%，湿面筋 27.1%，沉降值 25.2 mL，面团形成时间 2.7 min，面团稳定时间 3.6 min。抗倒伏。抗条锈性接种鉴定，成株期对条中 32 号、水 4 和水 14 小种和混合菌均表现免役。

产量及适宜种植区域：2001—2003 年参加定西地区区域试验，平均亩产量 249.1 kg，较对照渭春 1 号增产 12.9%。2004—2005 年参加生产试验平均亩产量 320.5 kg，较当地主栽品种增产 12.5%。适宜于定西市二阴旱地及生态条件相似的地区种植

栽培技术要点：旱地亩播种 22 万~25 万粒为宜，二阴旱地亩播种 25 万~28 万粒为宜。氮、磷肥配比，加大磷肥投入，适当施用种肥。及时防止病虫害。

443. 甘春 22

品种来源：甘肃省作物改良与种质创新重点实验室、甘肃农业大学农学院、甘肃富农高科技种业有限公司协作选育而成。组合为 M34IBWSN-262/M34IBWSN-252//张春 11/永良 4 号。原系号甘春 8107。审定编号：甘审麦 2008001。

特征特性：春性，生育期 95~123 d。幼苗直立，叶片绿色，株型紧凑，株高 79~92 cm。穗长方形，长芒，护颖红色，籽粒白色，角质。穗长 7.5~8.1 cm，小穗数 17~19 个，穗粒数 29.3~54.0 粒，千粒重 32.5~44.6 g。容重 823.3 g/L，含粗蛋白 14.3%，湿面筋 22.28%，赖氨酸 0.46%。抗条锈性接种鉴定，苗期对混合菌表现感病，成株期对水 4 小种表现轻度感病，对水 7、水 14 小种及混合菌均表现免疫，对 HY8 及条中 32 号小种表现抗病，总体表现抗病。

产量及适宜种植区域：2005—2006 年参加甘肃省东片区域试验，平均亩产量 353.9 kg，较对照陇春 23 增产 4.3%。2006 年生产试验平均亩产量 359.6 kg，较对照减产 0.01%。适宜于甘肃省中部地区水地种植。

栽培技术要点：前茬宜豆科作物或中耕作物。播种深度 3~5 cm，墒情不好可适当深播，但不得超过 6 cm，播后耕耱保墒。土壤表层连续 3~5 d 解冻 5~10 cm 即可播种。大田单种一般亩播种 16~20 kg。

444. 甘春23

品种来源：甘肃省作物改良与种质创新重点实验室、甘肃农业大学农学院、甘肃富农高科技种业有限公司协作选育而成。组合为M34IBWSN-262/M34IBWSN-252//甘春20/甘春18。原系号甘春8106。审定编号：甘审麦2008002。

特征特性：春性，生育期89~108 d。幼苗直立，株型紧凑，株高74.5~86 cm。穗纺锤形，长芒，护颖白色，籽粒白色，角质。穗长8.6~9.8 cm，小穗数17~19个，穗粒数44~56粒，千粒重30.7~47.6 g。容重824.8 g/L，含粗蛋白19.9%，赖氨酸0.46%，湿面筋24.3%。轻感条锈病。

产量及适宜种植区域：2005—2006年参加甘肃省西片水地区域试验，平均亩产量507.4 kg，较对照高原602增产4.2%。2007年生产试验平均亩产量533.9 kg，较对照增产3.7%。适宜于河西地区推广种植。

栽培技术要点：大田单种一般亩播种量16~20 kg，播期为土壤表层连续3~5 d解冻5~10 cm即可播种。播深3~5 cm，墒情不好可适当深播，但不得超过6 cm。秋施农家肥，播种前施足氮肥，集中深施磷肥，将氮肥的80%作基肥。

445. 定西38

品种来源：定西市农业科学研究院以外引材料RFMⅢ-101-A作母本，定西32作父本杂交选育而成。原系号DC-2。审定编号：甘审麦2008003。

特征特性：春性，生育期90~110 d。幼苗直立，叶片浅绿色，株型紧凑，株高90 cm。穗纺锤形，无芒，护颖白色，籽粒红色、椭圆形，角质。穗长7~11 cm，小穗数16个，穗粒数29.0~48.8粒，千粒重27.0~56.1 g。含粗蛋白14.3%，湿面筋29.7%，沉降值20.3 mL，面团形成时间2.0 mim，面团稳定时间1.4 mim。成熟落黄好。抗倒伏。抗旱、耐瘠薄。后期抗青干性强，灌浆快。口松易落粒。抗条锈性接种鉴定，苗期对混合菌表现感病，成株期对水4、水7小种免疫，对HY8、水14、条中32号小种表现中抗。

产量及适宜种植区域：1999—2002年参加甘肃省旱地区域试验，平均亩产量159.9 kg，较对照定西35增产14.1%。2002—2006年多点生产试验平均亩产量237.1 kg，较当地主栽品种增产16.5%。适宜于干旱半干旱区的定西、会宁、榆中、永靖、兰州以及甘南州、临夏州等地的二阴旱地以及生态类似地区年降水量350~600 mm、海拔1 600~2 800 m的类似区域种植。

栽培技术要点：播期以3月下旬为宜，亩播种量在干旱半干旱地以25万粒为宜，二阴旱地30万粒为宜。播前药剂拌种防黑穗病，播后遇雨及时耙糖破板结保全苗，分蘖前锄草松土增地温，抽穗后加强田间管理和防治蚜虫和白粉病。

446. 定西 39

品种来源：定西市农业科学研究院、甘肃省农业科学院生物技术研究所协作，以外引材料（南 27/临 3）F₁ 作母本，自育"8152"作父本杂交选育而成。原系号 9256-10。审定编号：甘审麦 2008004。

特征特性：春性，生育期 110 d。幼苗匍匐，叶片深绿色，株型紧凑，株高 87.2 cm。穗纺缍形，长芒，护颖白色，籽粒白色、椭圆形，角质。穗长 8.0 cm，小穗数 15 个，穗粒数 33 粒，千粒重 45.2 g。容重 691~820 g/L，含粗蛋白 16.98%，湿面筋 35.6%，沉降值 25.2 mL，面团形成时间 2.7 mim，面团稳定时间 1.4 min。成熟落黄好。田间轻度萎蔫恢复快，后期抗青干性强，灌浆快。口紧不落粒。对条锈病免疫，中感黄矮病，高感白粉病。

产量及适宜种植区域：2006—2007 年参加国家西北春小麦旱地组区域试验，平均亩产量 155.9 kg，较对照定西 35 增产 2.8%。2007 年多点生产试验平均亩产量 175.7 kg，较统一对照定西 35 增产 12.6%。适宜于甘肃中部干旱半干旱区的定西、会宁、榆中、永靖、兰州以及生态类似地区旱地川台地、山坡地种植。

栽培技术要点：播期以 3 月下旬为宜，亩播种量在干旱半干旱地区以 26 万粒为宜。播前药剂拌种防黑穗病，播后遇雨及时耙耱破板结保全苗，分蘖前锄草松土增地温，抽穗后加强田间管理，注意防治蚜虫和白粉病。

447. 甘育 1 号

品种来源：甘肃农业职业技术学院以宁夏引进的 504 作母本，意大利品种 LAMPO 作父本杂交选育而成。原系号 96-587-3。审定编号：甘审麦 2008005。

特征特性：春性，生育期 90~119 d。幼苗直立，芽鞘绿色，叶片绿色，株型紧凑，株高 78.2 cm。穗长方形，长芒，护颖白色，籽粒白色、椭圆形，粉质。穗长 10.8 cm，小穗数 16.3 个，穗粒数 50.9 粒，千粒重 41.9 g。容重 788 g/L，含粗蛋白 9.52%，湿面筋 17.5%，沉降值 14.5 mL，吸水率 53.1%，面团形成时间 1.0 mim，面团稳定时间 0.9 mim，软化度 188 F.U.，评价值 26，最大抗延阻力 122 EU，延伸性 13.2 cm，拉伸面积 22.4 cm²，蛋糕试验总评分 84 分，各项指标达到专用弱筋小麦品种品质标准，适宜制作糕点、饼干等食品。成熟落黄好。抗倒伏。抗叶枯病、根腐病。中抗条锈病。轻感白粉病。

产量及适宜种植区域：2004—2005 年参加甘肃省西片水地区域试验，平均亩产量 526.6 kg，较对照增产 5.9%。2007 年生产试验平均亩产量 455.4 kg，较对照减产 4.5%。适宜于张掖的甘州、民乐、山丹和武威的民勤、永昌、凉州等地区种植，特别适合在河西海拔较高的沿山冷凉灌区种植。

栽培技术要点：种植时宜施足基肥，要重视磷钾追肥，以增强籽粒灌浆速度。亩播种量一般 22.5~25.0 kg，保证基本苗 35 万~45 万株。蜡熟后及时收获，以防止穗发芽。

448. 陇春 25

品种来源：甘肃省农业科学院作物研究所以永 1265 作母本，CORYDON 作父本杂交选育而成。原系号 7095。审定编号：甘审麦 2009001。

特征特性：春性，生育期 102 d。幼苗直立，叶片绿色，株高 85 cm。穗纺锤形，长芒，护颖白色，籽粒白色、椭圆形，角质。穗长 9.8 cm，穗粒数 40 粒，千粒重 50 g。含粗蛋白 15.37%，湿面筋 33.8%，沉降值 33.5 mL，吸水率 64.4%，面团形成时间 4.2 min，面团稳定时间 3.4 min，弱化度 113 F.U.，评价值 51。抗条锈性接种鉴定，苗期对混合菌表现感病，成株期对供试小种表现感病。抗倒伏、抗干热风。

产量及适宜种植区域：2007—2008 年参加甘肃省河西片区域试验，平均亩产量 549.6 kg，较对照宁春 4 号增产 4.4%。2008 年生产试验平均亩产量 536.6 kg，较对照宁春 4 号增产 8.4%。适宜于河西及沿黄灌区种植。

栽培技术要点：一般 3 月上中旬播种，播种量以亩保苗 45 万株左右为宜，亩播种量控制在 25 kg 左右。生育期防治病虫害，及时喷药防治蚜虫的危害。成熟期及时收获，以免降雨危害。

449. 陇春 27

品种来源：甘肃省农业科学院小麦研究所以 8858-2 作母本，陇春 8 号作父本杂交选育而成。原系号陇春 27-4。2009 年分别通过国家和甘肃省审定。审定编号：甘审麦 2009002、国审麦 2009030。

特征特性：春性，生育期 105 d。幼苗直立，叶片绿色，株型中等，株高 75 cm。穗纺锤形，长芒，护颖白色，籽粒红色、椭圆形，半角质。穗长 7.8 cm，小穗数 13.0 个，穗粒数 27.6 粒，千粒重 39.0 g。容重 778 g/L，含粗蛋白 17.07%，湿面筋 33.5%，沉降值 38.0 mL，面团形成时间 3.0 min，面团稳定时间 1.9min，最大抗延阻力 120 EU，拉伸面积 28.8 cm²。耐瘠薄。口紧不易落粒。中抗至中感条锈病，慢叶锈病。

产量及适宜种植区域：2006—2007 年参加国家旱地春小麦西北组区域试验，平均亩产量 191.4 kg，较对照定西 35 增产 14.1%。2008 年参加生产试验平均亩产 227.7 kg，较对照定西 35 增产 12.7%。适宜于甘肃省的定西、榆中、临夏、会宁，青海的互助、大通和宁夏的固原、西吉及河北的坝上等生态条件类似的区域种植。

栽培技术要点：一般 3 月中旬播种，当气温稳定通过 0℃，表土日消夜冻时抢墒播种。川旱地和梯田地亩保苗 20 万~30 万株，山坡地亩保苗 15 万~20 万株。为防止后期脱肥，同时改善籽粒品质可进行叶面喷肥。生育期要注意防治蚜虫和白粉病。蜡熟末期及时收获，以防后期雨水多出现穗发芽。

450. 甘春 24

品种来源：甘肃省作物遗传改良与种质创新重点实验室、甘肃富农高科技种业有限公司、甘肃农业大学农学院协作，以张春 11/93-7-31//23416-8-1 作母本，以矮败小麦/高加索作父本杂交选育而成。原系号甘春 357786。审定编号：甘审麦 2009003。

特征特性：春性，生育期 103 d。幼苗直立，株型紧凑，株高 78~89 cm。穗纺锤形，长芒，护颖白色，籽粒白色、圆形，角质。穗长 8.4~9.9 cm，小穗数 17~19 个，穗粒数 33.0~54.2 粒，千粒重 40.5~52.5 g。容重 805 g/L，含粗蛋白 15.43%，湿面筋 31.2%，沉降值 40.5 mL，吸水率 65.6%，面团稳定时间 4.7 min。抗倒性好。抗旱性中等。抗条锈性接种鉴定，苗期对混合菌表现中抗，成株期对条中 32 号、水 7、水 4、水 14 和 HY8 小种及混合菌均表现中抗-中感，总体表现中抗。

产量及适宜种植区域：2006—2007 年参加甘肃省西片水地区域试验，平均亩产量 531.8 kg，较对照宁春 4 号减产 3.4%。2008 年生产试验平均亩产量 555.3 kg，较对照增产 12.2%。适宜于河西走廊、沿黄灌区及条锈病偶发区种植。

栽培技术要点：一般 3 月中下旬播种，亩播种量以 40 万~45 万粒为宜，亩播种量控制在 22 kg 左右。生育期应及时喷药防条锈病的发生。成熟期及时收获，以免降雨危害。

451. 西旱 3 号

品种来源：甘肃农业大学农学院以 DW803 作母本，7992 作父本杂交选育而成。原系号 AD-2。审定编号：甘审麦 2009004。

特征特性：春性，生育期 112 d。幼苗半匍匐，叶片深绿色，株型紧凑，株高 90 cm。穗纺锤形，顶芒，护颖白色，籽粒白色、卵圆形，半角质，颖壳白色。穗长 9.5 cm，穗粒数 30 粒，千粒重 42.4 g。2003、2004 年分别测定品质混合样：容重为 770 g/L、780 g/L，含粗蛋白 16.65%、14.66%，湿面筋 40.3%、32.7%，沉降值 35.2、26.0 mL，吸水率 58.5%、54.9%，面团稳定时间 2.8、1.7 min，最大抗延阻力 182 EU、135 EU，拉伸面积 49 cm²、34 cm²。抗寒、抗旱、抗倒伏。高抗条锈病或免疫，慢叶锈病，中感白粉病，中感至高感黄矮病。

产量及适宜种植区域：2003—2004 年参加国家西北春小麦旱地组区域试验，平均亩产量 176.6 kg，较对照定西 35 增产 5.2%。2004 年生产试验平均亩产量 179.9 kg，较对照定西 35 增产 7.3%。适宜于甘肃省旱地春小麦种植区及生态条件类似的宁夏西海固、陕西榆林、西藏日喀则等旱地种植，尤其适宜于水肥条件较差、对饲用秸秆产量要求较高的高原旱地种植。

栽培技术要点：亩播种量旱薄地 20 万~25 万粒，寒旱地 25 万~30 万粒。

452. 定西 40

品种来源：定西市农业科学研究院以自育品系 8152-8 作母本，外引材料永 257 作父本杂交选育而成。原系号 93101-1。审定编号：国审麦 2009032。

特征特性：春性，生育期 108 d。幼苗半匍匐，叶片深绿色，株型紧凑，株高 88 cm。穗纺锤形，长芒，护颖白色，籽粒白色、椭圆形，角质。穗长 10.0 cm，小穗数 15 个，穗粒数 32 粒，千粒重 45.2 g。容重 776 g/L，含粗蛋白 16.8%，湿面筋 34.15%，沉降值 26.7 ml，面团形成时间 2.2 min，面团稳定时间 2.1 min。成熟落黄好。中感白粉病，中感黄矮病。抗条锈性接种鉴定，对条中 32 号、条中 31 号、条中 30 号、水 14 等混合优势小种表现免疫。

产量及适宜种植区域：2006—2007 年参加国家西北春小麦旱地组区域试验，平均亩产量 187.04 kg，较对照定西 35 增产 11.5%。2008 年生产试验平均亩产量 206.2 kg，较对照定西 35 增产 5.8%。适宜于甘肃省中部干旱半干旱区的定西、会宁、榆中、永靖、兰州，宁夏回族自治区（全书简称宁夏）海原、西吉，河北坝上，山西大同，青海大通，西藏自治区（全书简称西藏）日喀则等省（区）年降水量 350~550 mm，海拔 1 600~300 m 地区以及生态类似地区旱地川台地、山坡地旱地、川台地、山坡地种植。

栽培技术要点：年降水量 250~500 mm 地区，土壤表面解冻易耕时即可播种，一般以 3 月中旬左右为宜。亩播种量 20 万~35 万粒，适期早播。

453. 张春 21

品种来源：张掖市农业科学研究院 1997 年以高原 602 作母本，I97-2 作父本杂交，再以高原 602 回交选育而成。原系号 9075-2。审定编号：甘审麦 2010001。

特征特性：春性，生育期 105 d。幼苗直立，芽鞘绿色，株高 75.3 cm。穗纺锤形，长芒，护颖白色，籽粒白色、椭圆形，角质。千粒重 51.3 g。容重 811 g/L，含粗蛋白 14.15%，赖氨酸 0.45%，湿面筋 27.6%，沉降值 28.5 mL。抗倒伏。抗条锈性接种鉴定，苗期对混合菌表现轻度感病，成株期对条中 32 号、条中 33 号、水 7 小种及混合菌表现轻度感病，对 Hy8、水 4 小种表现免疫，总体表现中感。

产量及适宜种植区域：2007—2008 年参加甘肃省西片水地区域试验，2 年 14 点次平均亩产量 552.2 kg，较对照宁春 4 号增产 4.8%。2008 年生产试验平均亩产量 547.8 kg，较对照增产 10.7%。适宜于河西走廊及沿黄灌区推广种植。

栽培技术要点：亩播种量 30~35 kg，亩保苗 60 万株左右。

454. 临麦 34

品种来源：临夏州农业科学院以抗锈中间材料 94 云 05（94 选 4149/贵农 20）作母本，丰产矮秆材料 92 元-1（82316-1/临麦 26）作父本杂交，经南北培育多代选育而成。原系号 97096。审定编号：甘审麦 2010002。

特征特性：春性，生育期 98~110 d。幼苗直立，芽鞘绿色，叶片深绿色，株型紧凑，株高 95~105 cm。穗长方形，顶芒，护颖白色，籽粒红色、卵圆形，角质。穗长 8~10 cm，穗粒数 37~48 粒，千粒重 37~43 g。容重 781~800 g/L，含粗蛋白 13.45%，湿面筋 29.7%，沉降值 32.0 mL，面团形成时间 2.5 min，面团稳定时间 1.7 min，软化度 169 F. U.，评价值 37。抗条锈性接种鉴定，苗期和成株期对 HY8、水 4、水 7、条中 32 号、条中 33 号小种及混合菌表现免疫。

产量及适宜种植区域：2006—2007 年参加甘肃省东片水地区域试验，平均亩产量 335.1 kg，较对照陇春 23 减产 5.5%。2007 年参加临夏州生产试验平均亩产 383.9 kg，较当地品种增产 11.4%。适宜于临夏种植。

栽培技术要点：适宜播种期一般在 3 月上旬，适当浅播 4 cm 为宜。亩播种量 17~20 kg。生育期间根据土壤墒情调整灌水次数，并及时中耕除草，防治病虫害。

455. 武春 6 号

品种来源：古浪县良种繁殖场以 80-62-3/宁春 4 号//小黑麦作母本，以印度矮生/辽春 10 号//波兰小麦作父本杂交选育而成。原系号 8972-14。审定编号：甘审麦 2010003。

特征特性：春性，生育期 103 d。幼苗直立，叶片深绿色，株型紧凑，株高 75 cm。穗纺缍形，长芒，护颖白色，籽粒红色、卵圆形，角质。穗长 10 cm，穗粒数 45.8 个，千粒重 50 g。含粗蛋白 15.24%，粗淀粉 68.16%，赖氨酸 0.51%，湿面筋 28.26%，沉降值 56.4 mL。抗条锈性接种鉴定，苗期对混合菌感病，成株期对 YH8、水 4 及水 7 小种表现免疫至高抗，对条中 32 号、水 14、条中 33 号小种及混合菌表现轻度感病。

产量及适宜种植区域：2007—2008 年参加甘肃省西片水地区域试验，平均亩产量 549.9 kg，较对照宁春 4 号增产 3.6%。2008 年参加生产试验平均亩产量 532.8 kg，较对照宁春 4 号增产 7.7%。适宜于武威市的凉州区、古浪县、民勤县及张掖、酒泉、白银等同类地区单种或套种。

栽培技术要点：亩播种量以 22~25 kg 为宜，亩保苗 32 万~40 万株。头水要早浇，以 2 叶 1 心时为宜。蜡熟期及时收获、脱粒贮藏。

456. 定西 41

品种来源：定西市农业科学研究院、甘肃省作物遗传改良与种质创新重点实验室协作，以自育品种 8124-10 作母本，外引材料东乡 77-011 作父本杂交选育而成。原系号 8878-8-2。审定编号：甘审麦 2010004。

特征特性：春性，生育期 114 d。幼苗匍匐，叶片浅绿色，株型紧凑，株高 90 cm。穗纺缍形，长芒，护颖白色，籽粒白色、椭圆形，角质。穗长 8.0 cm，小穗数 16 个，穗粒数 36 粒，千粒重 48 g。容重 770 g/L，含粗蛋白 16.51%，湿面筋 36.5%，沉降值

39.8 mL，面团形成时间 2.9 min，面团稳定时间 2.3 min。抗倒伏。耐瘠薄、抗旱。后期抗青干性强，灌浆快，落黄好。抗条锈性接种鉴定，对条中 32 号、条中 31 号、水14、水 7 等混合优势小种表现免疫。

产量及适宜种植区域：2008—2009 年参加甘肃省旱地春小麦区域试验，平均亩产量 211.3 kg，较对照定西 35 增产 17.9%。2009 年生产试验（整个生育期无有效降水极不正常的气候条件下）平均亩产量 136.3 kg，较统一对照定西 35 增产 11.2%。适宜于定西、临夏、兰州、白银等干旱半干旱地区及旱塬地种植。

栽培技术要点：一般 3 月中下旬播种，亩播种量控制在 12.5 kg 左右，亩保苗 25 万株左右为宜。播前药剂拌种防黑穗病，播后遇雨及时耙耱破板结保全苗，分蘖前锄草松土增地温，抽穗后加强田间管理，应注意防治蚜虫和白粉病。

457. 武春 7 号

品种来源：武威市农业科学研究院以宁夏永宁县品种资源永 434 作母本，以甘肃省农业科学院小麦品系鉴 94-114 作父本杂交选育而成。原系号 E32-1。审定编号：甘审麦 2010005。

特征特性：春性，生育期 99~101 d。幼苗直立，叶片深绿色，株高 82 cm。穗纺锤形，长芒，护颖白色，籽粒白色、椭圆形，角质。穗粒数 41 粒，千粒重 52.0 g。容重779~815 g/L，含粗蛋白 14.1%，湿面筋 31.3%，面团稳定时间 3.3 min，吸水率61.5%，沉降值 34.0 mL。对条锈病免疫，中感白粉病，感黄矮病。

产量及适宜种植区域：2007—2008 年参加甘肃省西片水地区域试验，平均亩产量552.2 kg，较对照宁春 4 号增产 4.8%。2009 年生产试验平均亩产量 533.6 kg，较对照宁春 4 号增产 11.1%。适宜于酒泉、张掖、武威、民乐、白银等地种植。

栽培技术要点：以日平均气温稳定在 0~2℃时或 3 月上中旬顶凌播种。亩播 55 万粒为最适宜密度。施肥时 30% 的氮肥和全部钾肥作头水追肥，其余均作基肥。

458. 陇春 26

品种来源：甘肃省农业科学院小麦研究所 1999 年夏以矮秆、高产、广适春小麦新品系永 3263 作母本，以高秆、高抗条锈病新品种高原 448 作父本进行杂交，1999 年冬在云南元谋用高原 448 进行回交，2000—2004 年进行了连续 5 年北育（武威黄羊镇）南繁（云南元谋）选育而成。原系号 9913-17。审定编号：甘审麦 2010006。

特征特性：春性，生育期 92~99 d。幼苗直立，株型紧凑，株高 66~90 cm。穗纺锤形，长芒，护颖白色，籽粒白色、椭圆形，角质。穗长 9.6 cm，穗粒数 35~51 粒，千粒重 41.7~54.0 g。容重 771~836 g/L，含粗蛋白 13.1%，湿面筋 26.4%，沉降值35.0 mL，面团吸水量 63.5%，面团形成时间 4.7 min，面团稳定时间 7.9 min，软化度73 F.U.。抗倒伏能力强。高抗叶枯病、黑穗病、根腐病、全蚀病、黄矮病和丛矮病，轻感白粉病。抗条锈性接种鉴定，成株期对条中 29 号、条中 32 号、条中 33（F-H）

小种表现免疫至中抗，对条中 33 号小种及混合菌表现感病。

产量及适宜种植区域：2008—2009 年参加甘肃省西片水地区域试验，平均亩产量 550.4 kg，较对照增产 4.1%。2009 年生产试验亩产量 547.9 kg，较对照宁春 4 号平均增产 14.1%。适宜于河西灌区的酒泉、张掖、民乐、武威和沿黄灌区的白银等地推广种植。

栽培技术要点：沿黄灌区 3 月上旬播种，河西灌区 3 月中旬播种。亩播种量 30 kg。生育期间及时灌水，适时防治蚜虫和吸浆虫。

459. 陇春 28

品种来源：甘肃省农业科学院作物科学研究所以 （9807-2-14/CM7033） F$_1$ 作母本，CM7015 作父本杂交选育而成。原系号 3001。审定编号：甘审麦 2011001。

特征特性：春性，生育期 92~105 d。幼苗半匍匐，芽鞘绿色，叶片绿色，株型紧凑，株高 75~80 cm。穗纺锤形，长芒，护颖白色，籽粒白色、椭圆形，角质。穗长 8.5~9.2 cm，穗粒数 32~44 粒，千粒重 42.8~46.6 g。容重 754~795.2 g/L，含粗蛋白 13.06%，湿面筋 29.0%，沉降值 38.2 mL，面团形成时间 3.3 min，面团稳定时间 3.6 min。抗条锈性接种鉴定，苗期对混合菌表现感病，成株期对水 4、水 7、HY8 小种表现抗病，对条中 32 号、条中 33 号小种及混合菌表现中抗。

产量及适宜种植区域：2009—2010 年参加甘肃省东片水地区域试验，平均亩产量 347.0 kg，较陇春 23 增产 6.5%。2010 年生产试验平均亩产量 326.6 kg，较对照陇春 23 号增产 1.1%。适宜于甘肃省中部沿黄灌区、高寒阴湿区和二阴地区种植。

栽培技术要点：亩播种量，一般沿黄灌区以 38 万~42 万粒为宜，高寒阴湿和二阴区应控制在 35 万~38 万粒。有灌溉条件的地区灌 3 次水即可。

460. 定丰 16

品种来源：定西市农业科学研究院以自育品系 8447 作母本，引进材料 CMS420 作父本杂交选育而成。原系号 9745。审定编号：甘审麦 2011002。

特征特性：春性，生育期 102~110 d。幼苗半匍匐，株高 81~96 cm。长芒，护颖红白色，籽粒白色、卵圆形，角质。穗长 9.4~10.0 cm，穗粒数 37.0~42.0 粒，千粒重 42.4~48.0 g。容重 765~810 g/L，含粗蛋白 16.60%，湿面筋 33.6%，沉降值 48.5 mL，面团形成时间 4.7 min，面团稳定时间 3.2 min。高抗白粉病，抗赤霉病和叶枯病。抗青秕能力强，抗叶干尖。该品种成株期对条中 29 号、条中 30 号、条中 31 号、Hy-Ⅲ 小种及混合菌均表现免疫，对条锈病表现中抗。

产量及适宜种植区域：2007—2008 年参加甘肃省东片水地区域试验，平均亩产量 361.8 kg，较对照减产 1.5%。2009 年生产试验平均亩产量 488.6 kg，较对照增产 11.2%。适宜于甘肃省海拔 1 700~2 200 m、年降水量 450 mm 以上的定西、临夏、甘南、白银、兰州等地种植。

栽培技术要点：中低水肥和不保灌区以亩播种 35 万粒为宜，中高水肥区及肥力较高的阴湿区以亩播种 40 万粒为宜，二阴旱地以亩播种 30 万粒为宜。

461. 陇春 29

品种来源：甘肃省农业科学院小麦研究所以永 1265 作母本，CORYDON 作父本杂交选育而成。原系号 6396。审定编号：甘审麦 2012001。

特征特性：春性，生育期 105 d。幼苗半匍匐，叶片绿色，株高 78~88 cm。穗纺锤形，长芒，护颖白色，籽粒白色、椭圆形，角质。小穗数 17.6 个，穗粒数 37.5~43.8 粒，千粒重 41.6~49.8 g。容重 786.3 g/L，含粗蛋白 14.15%，湿面筋 30.2%，沉降值 31.4 mL，吸水率 61.7%，面团形成时间 5.2 min，面团稳定时间 4.3 min。口紧不易落粒。中抗至中感条锈病，慢叶锈病。

产量及适宜种植区域：2009—2010 年参加甘肃省西片水地区域试验，平均亩产量 523.3 kg，较对照宁春 4 号增产 6.2%。2011 年生产试验平均亩产量 528.7 kg，较对照增产 7.8%。适宜于河西沿山冷凉灌区、平川灌区和白银引黄灌区种植。

栽培技术要点：亩播种量 22.5~27.5 kg，全生育期灌溉 3~4 次，一般 3 次灌水时期为 3~4 叶期、拔节后和灌浆期。头水过后，可视出现土壤板结的情况适当进行耙锄。及时防除田间杂草和蚜虫危害。

462. 绵杂麦 168

品种来源：绵阳市农业科学研究院、四川国豪种业有限责任公司协作，以 MTS-1 作母本，MR168 作父本组配的杂交种。审定编号：甘审麦 2012002。

特征特性：春性，生育期 94 d。幼苗半匍匐，株型中等，株高 73 cm。穗纺锤形，长芒，护颖白色，籽粒红色，半角质。穗长 10 cm，穗粒数 40~50 粒，千粒重 45~50 g。容重 784 g/L，含粗蛋白 14.39%，湿面筋 30.5%，沉降值 39.9 mL，面团稳定时间 3.6 min。抗条锈病和白粉病。

产量及适宜种植区域：2010—2011 参加甘肃省西片水地区域试验，平均亩产量 484.8 kg，较对照宁春 4 号增产 3.6%。2011 年生产试验平均亩产量 496.7 kg，较对照宁春 4 号增产 1.3%。适宜于河西春麦区种植。

栽培技术要点：3 月下旬至 4 月上旬播种，亩播种量 12.5~15.0 kg，保证亩基本苗 25 万~30 万株，可较常规品种减少 1/3 的用种量，亩施纯氮 15~20 kg，配合施磷、钾肥，除一般管理外，加强对蚜虫和白粉病、赤霉病的防治。

463. 武春 8 号

品种来源：武威市农业科学研究院、武威市武科种业协作，以石 1269 作母本，2014 作父本杂交选育而成。原系号 D68-20。甘审麦 2012003。

特征特性：春性，生育期 99 d。幼苗直立，叶片绿色，株型紧凑，株高 85 cm。穗长方形，长芒，护颖白色，籽粒白色、长圆形，角质。穗粒数 40 粒，千粒重 48 g。容重 793 g/L，含粗蛋白 13.56%，湿面筋 28.9%，吸水率 63.65%，面团稳定时间 3.9 min，最大抗延阻力 339 EU，拉伸面积 88.7 cm²。中抗至高抗条锈病，中感白粉病，高感叶锈病和黄矮病。

产量及适宜种植区域：2009—2010 年参加甘肃省西片水地区域试验，平均亩产量 513.2 kg，较对照宁春 4 号增产 3.7%。2011 年生产试验平均增产 528.0kg，较对照增产 7.7%。适宜于河西走廊及同类地区种植。

栽培技术要点：以日平均气温稳定在 0~2℃时播种，河西走廊在 3 月上中旬顶凌播种。适宜亩播种量 50 万~60 万粒。施肥时 30% 的氮肥和全部钾肥用作头水追肥，其余肥料全部做底肥施入。

464. 甘春 25

品种来源：甘肃农业大学农学院以会宁 15 作母本，农家品种五月黄作父本杂交选育而成。原系号 A005-1。审定编号：甘审麦 2012004。

特征特性：春性，生育期 88~129 d。幼苗直立，叶片灰绿色，株高 60~127 cm。穗长方形，长芒，护颖白色，籽粒红色、长卵圆形，角质。穗粒数 18~50 粒，千粒重 37.3~60.6 g。容重 744~764 g/L，含粗蛋白 15.55%~16.90%，湿面筋 31.6%~36.0%，沉降值 26.5~35.5 mL，吸水率 63.7%~64.4%，面团形成时间 2.3~2.5 min，面团稳定时间 0.9~1.7 min，最大抗延阻力 65~100 EU，延伸性 158~180 mm，拉伸面积 15.5~23.2 cm²。成熟落黄好。抗倒伏。抗干旱、高温和干热风。耐瘠薄。对条锈病免疫，中感白粉病，高感黄矮病。

产量及适宜种植区域：2009—2010 年参加国家西北旱地春小麦区域试验，平均亩产量 212.4 kg，较对照定西 35 平均增产 9.1%。2011 年生产试验平均亩产量 129.1 kg，较对照定西 35 增产 18.0%。适宜于甘肃省中部会宁、定西、临夏州海拔 1 600~3 000 m 的干旱、半干旱地区种植。

栽培技术要点：3 月中下旬播种，亩播种量 25 万~35 万粒。

465. 银春 9 号

品种来源：白银市农业科学研究所以（定西 35/西旱 1 号）F_1 作母本，（定西 37/9208）F_1 作父本杂交选育而成。原系号 0417-4。审定编号：甘审麦 2013001。

特征特性：春性，生育期 92~100 d。幼苗直立，叶片深绿色，株高 80~90 cm。穗纺锤形，长芒，护颖白色，籽粒红色、长圆形，角质。穗粒数 23~40 粒，千粒重 35~50 g。容重 740~770 g/L，含粗蛋白 16.44%，湿面筋 34.6%，沉降值 21.5 mL，面团形成时间 1.7 min，面团稳定时间 1.0 min。成熟落黄好。抗条锈性接种鉴定，苗期感混合菌，成株期对水 5 小种表现免疫，对其余菌系及混合菌表现感病。

产量及适宜种植区域：2010—2011 年参加甘肃省旱地春小麦区域试验，平均亩产量 157.4 kg，较对照西旱 2 号减产 0.8%。2012 年生产试验平均亩产量 317.7 kg，较对照西旱 2 号增产 5.7%。适宜于白银市、定西市、兰州市和临夏州种植。

栽培技术要点：甘肃中部适宜播期为 3 月中旬至下旬，亩播种量 25 万～35 万粒，保苗 20 万～35 万株。注意抽穗后防治蚜虫。

466. 酒春 6 号

品种来源：酒泉市农业科学研究院以酒 96159 作母本，酒 9061 作父本杂交选育而成。原系号酒 296。审定编号：甘审麦 2013002。

特征特性：春性，生育期 100 d。幼苗直立，叶片深绿色，株型紧凑，株高 90 cm。穗圆锥形，长芒，护颖白色，籽粒白色、椭圆形，角质。穗长 11.0 cm，小穗数 17 个，穗粒数 36 粒，千粒重 48 g。容重 802 g/L，含粗蛋白 12.63%，湿面筋 25.0%，沉降值 30.5 mL，面团形成时间 2.5 min，面团稳定时间 3.8 min。抗条锈性接种鉴定，苗期感混合菌，成株期对条中 33 号小种表现免疫，对其余菌系及混合菌表现感病。

产量及适宜种植区域：2010—2011 年参加甘肃省西片水地区域试验，平均亩产量 471.6 kg，较对照宁春 4 号减产 0.4%。2012 年生产试验平均亩产量 517.3 kg，较对照宁春 4 号增产 6.9%。适宜于酒泉、张掖、民乐、武威等地种植。

栽培技术要点：适时早播，亩播种量 30 kg。

467. 临麦 35

品种来源：临夏州农业科学院以优质、早熟、顶芒中间材料永 2H15 作母本，抗锈丰产材料 9130-8（贵 86101/79531-1）作父本杂交选育而成。原系号 98248。审定编号：甘审麦 2013003。

特征特性：春性，生育期 99 d。幼苗直立，芽鞘绿色，叶片深绿色，株型紧凑，株高 96～105 cm。穗长方形，顶芒，护颖白色，籽粒红色、卵圆形，角质。穗长 9～11 cm，穗粒数 37～50 粒，千粒重 37.2～46.5 g。容重 747～800 g/L，含粗蛋白 9.95%，湿面筋 18.60%，沉降值 13.5 mL，吸水率 69.7%，面团形成时间 1.7 min，面团稳定时间 1.4 min，软化度 158 F.U.，评价值 33，属优质弱筋专用小麦品种，适宜制做饼干、糕点等面制食品。抗条锈性接种鉴定，苗期对混合菌表现轻感，成株期对条中 32 号、条中 33 号、水 4 小种表现免疫，对水 5、贵 22-9 小种和混合菌表现中抗。

产量及适宜种植区域：2008—2009 年参加甘肃省东片水地区域试验，平均亩产量 372.7 kg，较对照陇春 23 增产 0.9%。2010 年生产试验平均亩产量 310.9 kg，较对照陇春 23 减产 3.8%。适宜于临夏、定西、渭源等地种植。

栽培技术要点：3 月上旬播种，亩播种量 17～20 kg。

468. 陇春 30

品种来源：甘肃省农业科学院小麦研究所 2002 年以矮败小麦轮选群体为技术平台，聚合永 1265、4035、墨引 504、3002、陇春 23、L418-2、m210、CORYDO 等国内外优异种质资源的高产、优质和抗病基因，2003 年选择优异可育株，再经连续 5 年南繁（云南元谋）北育（武威黄羊镇）穿梭选育而成。原系号陇春 3031。审定编号：甘审麦 2013004。

特征特性：春性，生育期 98 d。幼苗直立，叶片深绿色，株型紧凑，株高 85 cm。穗长方形，长芒，护颖白色，籽粒白色、长圆形，角质。穗粒数 31~48 粒，千粒重 43.2~56.3 g。容重 792~833 g/L，含粗蛋白 13.38%，湿面筋 28.3%，沉降值 34.5 mL，面团形成时间 4.0 min，面团稳定时间 5.2 min。成熟落黄好。抗条锈性接种鉴定，苗期感混合菌，成株期对条中 33 号小种表现免疫，对条中 32 号、水 4、水 5、贵 22-9 小种及混合菌表现中抗。

产量及适宜种植区域：2010—2011 年参加甘肃省西片水地区域试验，平均亩产量 520.3 kg，较对照宁春 4 号增产 9.8%。2012 年生产试验平均亩产量 535.9 kg，较对照宁春 4 号增产 10.8%。适宜于河西走廊及沿黄灌区种植。

栽培技术要点：3 月中下旬播种，亩播种量 27.5~32.5 kg。

469. 陇春 31

品种来源：甘肃省农业科学院生物技术研究所利用太谷核不育小麦杂种材料经花药培养选育而成。原系号 0219-4。审定编号：甘审麦 2013005。

特征特性：春性，生育期 102~110 d。幼苗半匍匐，芽鞘绿色，叶片深绿色，株型紧凑，株高 88~107 cm。穗长方形，长芒，护颖白色，籽粒红色、椭圆形，角质。穗长 8.5~9.5 cm，穗粒数 35~42 粒，千粒重 31.2~51.0 g。容重 762.9~797.4 g/L，含粗蛋白 14.8%，湿面筋 27.65%，赖氨酸 0.449%，沉降值 56.8 mL。抗条锈性接种鉴定，苗期对混合菌表现轻度感病；成株期对条中 32 号、条中 33 号小种表现高抗，对 Hy8、水 4、水 7 小种及混合菌表现免疫。

产量及适宜种植区域：2009—2010 年参加甘肃省东片水地区域试验，平均亩产量 319.5 kg，较对照陇春 23 减产 0.6%。2011 年生产试验平均亩产量 370.3 kg，较对照陇春 23 增产 8.1%。适宜于定西、临夏、渭源及永登种植。

栽培技术要点：沿黄灌区以 3 月上中旬播种为宜，适宜亩播种量 17.6~19.3 kg；高寒阴湿区及二阴地区应在 3 月下旬播完，适宜亩播种量 16.5~17.6 kg。

470. 定丰 17

品种来源：定西市农业科学研究院以核 1 作母本，CMS858 作父本杂交选育而成。

原系号 200311-9。审定编号：甘审麦 2014001。

特征特性：春性，生育期 98~105 d。幼苗直立，叶片深绿色，株型紧凑，株高 90~96 cm。穗纺锤形，长芒，护颖白色，籽粒白色，角质。穗长 9.4~10.0 cm，穗粒数 37.0~42.0 粒，千粒重 41.6~44.6 g。容重 758~811 g/L，含粗蛋白 16.41%，湿面筋 34.8%，沉降值 37.5 mL，降落值 160 s，吸水率 62.9%，面团形成时间 3.2 min，面团稳定时间 2.1 min，软化度 159 F.U.，评价值 42。抗倒伏性强。抗条锈性接种鉴定，苗期对混合菌表现中抗，成株期对条中 32 号、水 4、水 5 小种表现免疫，对条中 33 号、贵 22-9、贵 22-14 小种及混合菌表现中抗，总体表现中抗。

产量及适宜种植区域：2011—2012 年参加甘肃省东片水地区域试验，平均亩产量 364.4 kg，较对照陇春 23 增产 5.0%。2013 年生产试验平均亩产量 345.1 kg，较对照增产 7.5%。适宜于定西、临夏、兰州海拔 1 700~2 200 m、年降水量 400 mm 以上地区种植。

栽培技术要点：3 月中下旬播种。中低水肥和不保灌区以亩播种 35 万粒为宜，中高水肥区及肥力较高的阴湿区以亩播种 40 万粒为宜，二阴旱地以亩播种 30 万粒为宜。

471. 陇春 32

品种来源：甘肃省农业科学院生物技术研究所以 89122-16 作受体，导入米高粱外源 DNA 选育而成。原系号 2001502-23-26。审定编号：甘审麦 2014002。

特征特性：春性，生育期 103~107 d。幼苗直立，芽鞘绿色，叶片绿色，株型紧凑，株高 80~85 cm。穗纺锤形，长芒，护颖白色，籽粒红色、椭圆形，角质。穗长 8.6~9.6 cm，小穗数 15.0~20.0 个，穗粒数 35~39 粒，千粒重 41.0~43.2 g。容重 791.0 g/L，含粗蛋白 15.30%，湿面筋 30.30%，沉降值 29.0 mL，降落值 207 s，面团形成时间 3.3 min，面团稳定时间 2.0 min，弱化度 182 F.U.，评价值 39。抗条锈性接种鉴定，苗期对混合菌表现免疫，成株期对水 4、条中 32 号、条中 33 号小种及混合菌均表现免疫，对 HY8 小种表现中抗，总体表现中抗条锈病。

产量及适宜种植区域：2011—2012 年参加甘肃省东片水地区域试验，平均亩产量 379.3 kg，较对照陇春 23 增产 7.4%。2013 年生产试验平均亩产量 338.5 kg，较陇春 23 增产 3.1%。适宜于定西、临夏、兰州等地种植。

栽培技术要点：亩播种量川水地 35 万粒，不保灌地 30 万粒，高寒二阴区 25 万~35 万粒，沿黄灌区 38 万~42 万粒。

472. 临麦 36

品种来源：临夏州农业科学院以 2-0292 作母本，00J26 作父本杂交选育而成。原系号 04-18-47。审定编号：甘审麦 2014003。

特征特性：春性，生育期 110 d。幼苗直立，芽鞘绿色，叶片深绿色，株型紧凑，株高 92 cm。穗长方形，顶芒，护颖白色，籽粒红色、卵圆形，角质。穗长 9.1 cm，穗粒数 40 粒，千粒重 41.7 g。容重 753.2 g/L，含粗蛋白 13.91%，湿面筋 29.2%，沉降值 42.5 mL，吸水率 62.8%，面团形成时间 4.8 min，面团稳定时间 4.6 min，软化度 155 F. U.，评价值 51。抗条锈性接种鉴定，苗期对混合菌表现中抗，成株期对条中 32 号、条中 33 号、水 4、水 5 小种表现免疫，对贵 22-9、贵 22-14 小种及混合菌表现中抗，总体表现中抗条锈病。

产量及适宜种植区域：2010—2011 年参加甘肃省东片水地区域试验，平均亩产量 350.1 kg，较对照陇春 23 增产 6.8%。2012 年生产试验平均亩产量 379.9 kg，较对照增产 7.8%。适宜于临夏、定西、兰州种植。

栽培技术要点：3 月上旬播种，亩播种量 17~22 kg。

473. 定西 42

品种来源：定西市农业科学研究院、甘肃省干旱生境作物学重点实验室协作，以 ROBUIN 作母本，8821-3 作父本杂交选育而成。原系号定西 42-1。审定编号：甘审麦 2014004。

特征特性：春性，生育期 105 d。幼苗半匍匐，叶片深绿色，株型紧凑，株高 90~105 cm。穗纺锤形，长芒，护颖白色，籽粒白色、椭圆形，角质。穗长 7~10 cm，小穗数 14~16 个，穗粒数 31~36 粒，千粒重 36.5~46.8 g。容重 752 g/L，含粗蛋白 15.44%，湿面筋 33.4%，赖氨酸 0.47%，沉降值 44.0 mL。抗旱性强。抗条锈性接种鉴定，苗期对混合菌表现感病，成株期对条中 32 号、水 4、HY8 小种表现免疫，对条中 33 号、水 5、CH42 小种及混合菌表现感病。

产量及适宜种植区域：2011—2012 年参加甘肃省旱地春小麦区域试验，平均亩产量 186.3 kg，较对照西旱 2 号增产 1.3%。2013 年生产试验平均亩产量 221.8 kg，较西旱 2 号增产 14.7%。适宜于定西、会宁、古浪年降水量 350~550 mm，海拔 1 600~2 300 m 的干旱半干旱区种植。

栽培技术要点：3 月中下旬播种。干旱半干旱区旱地亩播种量以 25 万粒为宜，二阴地区旱地亩播种量 30 万粒。

474. 甘育 2 号

品种来源：甘肃农业职业技术学院、武威市农作物良种繁育场协作，以 C8145 作母本，21351 作父本杂交选育而成。原系号 99W169-10。审定编号：甘审麦 2014005。

特征特性：春性，生育期 98 d。幼苗直立，叶片深绿色，株型紧凑，株高 84.5~88.0 cm。穗长方形，长芒，护颖白色，籽粒白色、卵圆形，角质。穗粒数 34 粒，千粒重 42.0 g。容重 778 g/L，含粗蛋白 12.76%，湿面筋 26.4%，沉降值 33.0 mL，吸水量 65.70%，面团形成时间 3.9 min，面团稳定时间 3.5 min，弱化度 168 F. U.，粉质质量指数 58 mm，评价值 46。抗倒伏。抗叶枯病和干热风。抗条锈性接种鉴定，苗期对混合菌表现感病，成株期对贵 22-9 小种表现免疫，对贵 22-14、条中 32 号、条中 33 号、水 4 小种及混合菌均表现中抗到中感，总体表现中度感病。

产量及适宜种植区域：2011—2012 年参加甘肃省西片水地区域试验，平均亩产量 505.1 kg，较对照宁春 4 号增产 4.4%。2013 年生产试验平均亩产量 517.8 kg，较对照宁春 4 号增产 5.9%。适宜于武威、张掖、酒泉及白银等地种植。

栽培技术要点：3 月中下旬播种，亩播种量 25~30 kg。播前药剂拌种，以防治条锈病、白粉病等病害。开花后酌情进行 1~2 次"一喷三防"，以保证高产。

475. 西旱 4 号

品种来源：甘肃农业大学农学院以（744/秦麦 3 号）F_2 作母本，DC1946 作父本杂交选育而成。原系号 X54-94-2。审定编号：甘审麦 2014006。

特征特性：春性，生育期 95~100 d。幼苗直立，叶色浅绿色，株型紧凑，株高 80~95 cm。穗纺锤形，长芒，护颖白色，籽粒白色、长圆形，角质。穗粒数 29~32 粒，千粒重 41~45 g。容重 736~762 g/L，含粗蛋白 16.98%，湿面筋 35.1%。中抗白粉病。抗条锈性接种鉴定，苗期对混合菌感病，成株期对条中 33 号小种免疫，对条中 32 号、水 4、水 5、贵 22-9、贵 22-14 小种及混合菌表现感病，总体表现感病。

产量及适宜种植区域：2010—2011 年参加甘肃省旱地春小麦区域试验，平均亩产量 144.0 kg，较对照西旱 2 号增产 5.0%。2012 年生产试验平均亩产量 306.2 kg，较西旱 2 号增产 1.6%。适宜于定西、白银、临夏旱地种植。

栽培技术要点：播种量，一般按亩保苗 25 万株下种。

476. 甘春 26

品种来源：甘肃农业大学农学院、甘肃省干旱生境作物学重点实验室协作，以（4637-8-38/γ79157-1-2）F_1 作母本，TVN-66-33 作父本杂交选育而成。原系号甘春 9826。审定编号：甘审麦 2014007。

特征特性：春性，生育期 96 d。幼苗直立，叶片深绿色，株高 82.1 cm。穗长方形，长芒，护颖白色，籽粒白色、长圆形，角质。穗粒数 43.1 粒，千粒重 31.1~49.8 g。容重 781 g/L，含粗蛋白 16.69%，湿面筋 25.13%，赖氨酸 0.49%，沉降值 64.4 mL，降落数值 340 s，吸水率为 62.5%，面团稳定时间 2.9 min。抗旱性中等。抗倒性好。抗条锈性接种鉴定，苗期对混合菌表现中抗-中感，成株期对条中 32 号、水 4、贵 22-9 小种表现免疫，对贵 22-14 小种及混合菌表现中抗，总体表现抗条锈病。

产量及适宜种植区域：2009—2010 年参加甘肃省西片水地区域试验，平均亩产量 523.3 kg，较对照宁春 4 号增产 5.9%。2011 年生产试验平均亩产量 497.2 kg，较对照增产 1.4%。适宜于甘肃沿黄灌区、河西地区及类似的春麦区种植。

栽培技术要点：3 月中下旬播种，亩播种量 22~25 kg。

477. 陇春 33

品种来源：甘肃省农业科学院小麦研究所以陇春 19 作母本，陇春 23 作父本杂交选育而成。原系号陇春 9687-2。审定编号：甘审麦 2015001。

特征特性：春性，生育期 102 d。幼苗直立，叶片深绿色，株型紧凑，株高 82~83 cm。穗长方形，长芒，护颖白色，籽粒红色、卵圆形，角质。穗长 7.8~9.4 cm，小穗数 15~21 个，穗粒数 34 粒，千粒重 48.5 g。容重 719.0 g/L，含粗蛋白 13.76%，湿面筋 34.3%，沉降值 35.0 mL，面团形成时间 5.0 min，面团稳定时间 5.3 min。成熟落黄好。抗条锈性接种鉴定，苗期对混合菌表现感病，成株期对条中 33 号、条中 32 号、水 4 小种表现中抗，对贵 22-14 小种表现高抗。

产量及适宜种植区域：2012—2013 年参加甘肃省西片水地区域试验，平均亩产量 518.4 kg，较对照宁春 4 号增产 10.3%。2014 年生产试验平均亩产量 552.5 kg，较对照宁春 4 号增产 8.9%。适宜于酒泉、张掖、武威和白银沿黄灌区等地种植。

栽培技术要点：3 月上中旬播种，亩播种量 27.5~32.5 kg。

478. 陇春 34

品种来源：甘肃省农业科学院小麦研究所以 CORYDON（墨引 78）作母本，永 1023 作父本杂交选育而成。原系号节水 9809。审定编号：甘审麦 2015002。

特征特性：春性，生育期 115 d。幼苗半匍匐，叶片深绿色，株型中等，株高 78~98 cm。穗纺锤形，长芒，护颖白色，籽粒红色、椭圆形，角质。穗长 9.6 cm，小穗数 16.1 个，穗粒数 35.9 粒，千粒重 48.5 g。容重 819.6 g/L，含粗蛋白 10.69%，湿面筋 22.6%，沉降值 25.0 mL，面团形成时间 1.5 min，面团稳定时间 4.0 min。成熟落黄好。抗倒性一般，抗旱、耐旱性强，耐高温干热风。中抗条锈病。

产量及适宜种植区域：2012—2013 年参加甘肃省西片水地区域试验，平均亩产量 500.9 kg，较对照宁春 4 号增产 7.0%。2014 年生产试验平均亩产量 533.8 kg，较对照宁春 4 号增产 5.8%。适宜于酒泉、张掖、武威和白银沿黄灌区种植。

栽培技术要点：亩播种量 22.5~25.0 kg。全生育期灌水 1~3 次。结合灌头水，亩追施尿素 6~10 kg。

479. 张春 22

品种来源：张掖市农业科学研究院以陇辐 2 号作母本，张春 14 号作父本杂交选育而成。原系号张 182。审定编号：甘审麦 2015003。

特征特性：春性，生育期 99 d。幼苗直立，芽鞘绿色，叶片深绿色，株型紧凑，株高 80 cm。穗长方形，顶芒，护颖白色，籽粒白色、长方形，角质。穗长 7.5~10.2 cm，穗粒数 38 粒，千粒重 45.0 g。容重 790.0 g/L，含粗蛋白 14.77%，湿面筋 30.9%，沉降值 33.0 mL，吸水量 63.10%，面团形成时间 4.5 min，面团稳定时间 3.6 min，软化度 157 F.U.，面条总评分 85.0。抗倒伏。抗条锈性接种鉴定，苗期和成株期对供试菌系均表现感病，但病情相对较低。

产量及适宜种植区域：2012—2013 年参加甘肃省西片水地区域试验，平均亩产量 495.2 kg，较对照宁春 4 号增产 5.5%。2014 年生产试验平均亩产量 525.9 kg，较对照宁春 4 号增产 4.1%。适宜于张掖、酒泉、武威、白银等地种植。

栽培技术要点：3 月下旬播种，亩播种量 25~30 kg。

480. 甘育 3 号

品种来源：甘肃农业职业技术学院以（咸阳 84 加 79/宁农 2 号）F$_1$ 作母本，武春 2 号作父本杂交选育而育成。原系号 00WT19-4。审定编号：甘审麦 2015004。

特征特性：春性，生育期 102~113 d。幼苗直立，叶片深绿色，株型紧凑，株高 83~88 cm。穗长方形，长芒，护颖白色，籽粒白色、卵圆形，角质。穗粒数 33.0~34.7 粒，千粒重 45.6~48.6 g。容重 811 g/L，含粗蛋白 11.54%，湿面筋 24.3%，沉降值 41.2 mL，面团形成时间 3.3 min，面团稳定时间 3.4 min。抗倒伏。抗干热风，口紧不易落粒。抗条锈性接种鉴定，苗期对混合菌表现高感，成株期对水 4 小种表现免疫，对其余菌系及混合菌表现中感。

产量及适宜种植区域：2012—2013 年参加甘肃省西片水地区域试验，平均亩产量 511.9 kg，较对照宁春 4 号增产 9.1%。2014 年生产试验平均亩产量 540.6 kg，较对照宁春 4 号增产 6.9%。适宜于张掖、武威及白银沿黄灌区种植。

栽培技术要点：采取顶凌播种，一般当白天冻土层消至 8~10 cm 就可播种。沿黄灌区播期在 3 月上旬，河西平川灌区在 3 月上中旬播种，祁连山沿山冷凉灌区在 3 月下旬至 4 月上旬播种。适期早播，亩播种量 25~30 kg。

481. 酒春 7 号

品种来源：酒泉市农业科学研究院以 0325 作母本，冀 89-6091 作父本杂交选育而成。原系号酒 0423。审定编号：甘审麦 2015005、国审麦 20180077。

特征特性：春性，生育期 130 d。幼苗直立，叶片深绿色，株型紧凑，株高 90 cm。穗圆锥形，长芒，护颖白色，籽粒白色，半角质。穗粒数 31 粒，千粒重 51 g。容重 732.5 g/L，含粗蛋白 12.49%，湿面筋 27.1%，沉降值 28.2 mL，面团形成时间 2.0 min，面团稳定时间 2.2 min。抗条锈性接种鉴定，苗期和成株期对供试菌系均表现感病，但病情相对较低。

产量及适宜种植区域：2012—2013 年参加甘肃省西片水地区域试验，平均亩产量 514.8 kg，较对照宁春 4 号增产 9.9%。2014 年生产试验平均亩产量 539.4 kg，较对照宁春 4 号增产 6.8%。适宜于张掖、酒泉、武威、白银等地种植。

栽培技术要点：适时早播，黏质土、墒情好的地块播种深度一般控制在 3~5 cm，砂壤土、墒情差的地块播种深度控制在 4~6 cm。亩播种量 30 kg。

482. 甘春 32

品种来源：甘肃省干旱生境作物学重点实验室、定西市农业科学研究院协作，以固 87-67 作母本，9236 作父本杂交选育而成。原系号定西 45-6。审定编号：甘审麦 2016001。

特征特性：春性，生育期 105 d。幼苗半匍匐，叶片深绿色，株高 90 cm。穗纺锤形，长芒，护颖白色，籽粒白色、椭圆形，角质。小穗数 15 个，穗粒数 34 粒，千粒重 40.6 g。容重 786 g/L，含粗蛋白 16.0%，湿面筋 26.8%，赖氨酸 0.36%，沉降值 24 mL。成熟落黄好。抗旱、抗青干性强。抗条锈性接种鉴定，对条锈菌主要小种条中 33 号、条中 32 号和水 4 表现抗病，对条锈菌新致病类型贵 22-9、贵 22-14 及混合菌表现感病。

产量及适宜种植区域：2013—2014 年参加甘肃省旱地春小麦区域试验，平均亩产量 231.1 kg，较对照西旱 2 号增产 12.8%。2015 年生产试验平均亩产量 279.6 kg，较对照西旱 2 号增产 6.5%。适宜于古浪、白银、临夏、定西等半干旱、二阴区种植。

栽培技术要点：3 月中下旬播种，亩播种量 25 万~35 万粒。

483. 武春 9 号

品种来源：武威市农业科学研究院以永 2638 作母本，I8 为父本杂交选育而成。原系号 J90-9。永 2638 引自宁夏永宁县繁种育种所，I8 组合为永 434/石 1269///中 7906/ROBLIN//21-27。审定编号：甘审麦 2016002

特征特性：春性，生育期 98 d。幼苗直立，叶片深绿色，株型紧凑，株高 76~79 cm。穗纺锤形，长芒，护颖白色，籽粒红色、椭圆形，角质。穗长 7.2~8.6 cm，穗粒数 40 粒，千粒重 41 g。容重 790 g/L，含粗蛋白 15.45%，湿面筋 31.7%，沉降值 34.8 mL。抗条锈性接种鉴定，苗期对混合菌表现免疫，成株期对供试菌系均表现感病，但对优势小种条中 32 号、条中 33 号的严重度在 20% 以下。

产量及适宜种植区域：2011—2012 年参加甘肃省西片水地区域试验，平均亩产量 520.7 kg，较对照宁春 4 号增产 6.7%。2013 年生产试验平均亩产量 506.4 kg，较对照宁春 4 号增产 3.7%。适宜于酒泉、张掖、武威、白银等同类生态区种植。

栽培技术要点：河西走廊在 3 月上中旬播种，播种深度 3~5cm，亩播种量 25~30 kg。

484. 张春 23

品种来源：张掖市农业科学研究院、甘肃农业大学农学院、张掖市种子管理局协作，以（矮败小麦/原农 74//矮败小麦/张春 11）F₁ 作母本，（矮败小麦/奥里森科 14//

矮败小麦/武春 1 号）F$_1$作父本杂交选育而成。原系号 F2-2008-12。审定编号：甘审麦 2016003。

特征特性：春性，生育期 98~102 d。幼苗直立，叶片深绿色，株型紧凑，株高 78~87 cm。穗纺锤形，长芒，护颖白色，籽粒白色、椭圆形，角质。穗长 8.5~9.6 cm，穗粒数 35~44 粒，千粒重 46.0~47.3 g。容重 832 g/L，含粗蛋白 13.22%，湿面筋 27.2%，赖氨酸 0.48%，沉降值 31.0 mL。抗条锈性接种鉴定，苗期对混合菌表现感病，成株期对供试菌系均表现感病，但对优势小种条中 32 号、条中 33 号的严重度在 20%以下。

产量及适宜种植区域：2013—2014 年参加甘肃省西片水地区域试验，平均亩产量 515.6 kg，较对照宁春 4 号增产 10.2%。2015 年生产试验平均亩产量 537.5 kg，较对照宁春 4 号增产 8.2%。适宜于酒泉、张掖、武威、白银等同类生态区种植。

栽培技术要点：河西走廊在 3 月上中旬播种，亩播种量 25~30 kg。

485. 甘春 27

品种来源：甘肃农业大学、会宁县农业技术推广中心协作，以定西 35 作母本，会宁 8750 作父本杂交选育而成。原系号 05052-2。审定编号：甘审麦 2016004。

特征特性：春性，生育期 105 d。幼苗直立，叶片浅绿色，株型紧凑，株高 94.8 cm。穗长方形，长芒，护颖白色，籽粒白色、长卵圆形，角质。穗长 7.6 cm，小穗数 18 个，穗粒数 33 粒，千粒重 43.7 g。容重 784 g/L，含粗蛋白 16.63%，湿面筋 36.6%，赖氨酸 0.43%，沉降值 23.0 mL，吸水量 57.70%，面团形成时间 2.2 min，面团稳定时间 1.7 min，最大抗延阻力 140 EU.，拉伸面积 37.0 cm^2。抗条锈性接种鉴定，苗期对混合菌表现感病，成株期对供试菌系除贵 22-9 外均表现感病，但对优势小种条中 32 号、条中 33 号的严重度在 20%以下。

产量及适宜种植区域：2013—2014 年参加甘肃省旱地春小麦区域试验，平均亩产量 246.9 kg，较对照西旱 2 号增产 6.7%。2015 年生产试验平均亩产量 278.2 kg，较对照西旱 2 号增产 5.9%。适宜于定西、临夏、白银、古浪、榆中等年降水量 200~600 mm，海拔 1 600~3 000 m 的干旱、半干旱春麦区及相近类似地区种植。

栽培技术要点：3 月中下旬播种，亩播种量 20 万~30 万粒为宜。施肥，以农家肥为主，重施磷肥，增施氮肥。

486. 酒春 8 号

品种来源：酒泉市农业科学研究院以酒 0403F$_2$作母本，宁春 4 号作父本杂交选育而成。原系号酒 0621。审定编号：甘审麦 20170001。

特征特性：春性，生育期 102 d。幼苗直立，叶片深绿色，株型紧凑，株高 91 cm。穗长方形，长芒，护颖白色，籽粒白色、椭圆形，角质。穗长 11 cm，穗粒数 41.3 粒，千粒重 51.8 g。容重 785.4 g/L，含粗蛋白 15.26%，湿面筋 33.1%，沉降值 24.0 mL，吸水量 62.80%，面团形成时间 3.0 min，面团稳定时间 1.7 min，弱化度 180 F. U.，粉质量指数 38 mm，评价值 38。抗叶枯病，叶功能期长，抗大气干旱。抗条锈性接种鉴定，苗期对混合菌表现感病，成株期对条中 32 号、条中 33 号、条中 34 号、贵 22-14 及贵农其他小种表现感病，但相应病害平均严重度在 20% 以下。

产量及适宜种植区域：2014—2015 年参加甘肃省西片水地区域试验，平均亩产量 523.1 kg，较对照宁春 4 号增产 6.8%。2016 年生产试验平均亩产量 520.3 kg，较对照宁春 4 号增产 7.8%。适宜于河西水地品种类型区种植。

栽培技术要点：适时早播，浅播，早浇头水，亩播种量 30 kg。

487. 定丰 18

品种来源：定西市农业科学研究院以自育品系核 1 作母本，国际玉米小麦改良中心引进 CMS579-1 作父本杂交选育而成。原系号 SW-14。审定编号：甘审麦 20170002。

特征特性：春性，生育期 110~120 d。幼苗直立，叶片深绿色，株型紧凑，株高 90 cm。穗纺锤形，长芒，护颖白色，籽粒白色、椭圆形，角质。穗长 9.4~10.0 cm，穗粒数 37.7~54.0 粒，千粒重 40.4~48.5 g。容重 835 g/L，含粗蛋白 14.83%，湿面筋 30.4%，沉降值 32.5 mL，降落数值 288 s，吸水量 51.9%，面团形成时间 2.2 min，面团稳定时间 3.4 min。抗条锈性接种鉴定，苗期及成株期对混合菌表现感病，成株期对条中 32 号、水 4、条中 33 号、贵 22-9、贵 22-14 等生理小种均表现免疫。

产量及适宜种植区域：2014—2015 年参加甘肃省东片水地区域试验，平均亩产量 382.9 kg，较对照陇春 23 增产 10.7%。2016 年生产试验平均亩产量 377.5 kg，较对照陇春 23 增产 4.8%。适宜于甘肃省中部春麦水地品种类型区种植。

栽培技术要点：3 月中下旬播种，亩播种量 30 万~35 万粒。

488. 掖丰 315

品种来源：张掖市福地种业有限责任公司、张掖市农业科学研究院协作，以 7095 作母本，宁春 39 作父本杂交选育而成。原系号福地 315。审定编号：甘审麦 20170003。

特征特性：春性，生育期 104 d。幼苗直立，叶片深绿色，株高 87.2 cm。穗长方形，长芒，护颖白色，籽粒白色、椭圆形，角质。穗粒数 36.9 粒，千粒重 50.0 g。容重 807 g/L，含粗蛋白 14.39%，湿面筋 28.6%，沉降值 34.0 mL。抗条锈性接种鉴定，总体抗病性表现感病，但对主要小种条中 32 号、条中 33 号、条中 34 号及贵 22-14 严重度均在 20% 以下。

产量及适宜种植区域：2014—2015 年参加甘肃省西片水地区域试验，平均亩产量 530.9 kg，较对照宁春 4 号增产 8.3%。2016 年生产试验平均亩产量 511.3 kg，较对照宁春 4 号增产 5.8%。适宜于河西水地品种类型区种植。

栽培技术要点：3 月上旬播种。亩施农家肥 3 000~5 000 kg，纯氮 12~15 kg、五氧化二磷 8~10 kg。

489. 银春 10 号

品种来源：白银市农业科学研究所以春小麦银春 8 号搭载我国首颗航天育种卫星"实践八号"，经太空诱变，多年选育而成。原系号 SPYC8‑1。审定编号：甘审麦 20170004。

特征特性：春性，生育期 94~103 d。幼苗直立，叶片深绿色，株型紧凑，株高 85~96 cm。穗长方形，长芒，护颖白色、籽粒白色、椭圆形，角质。穗长 8.5~9.6 cm，穗粒数 35~42 粒，千粒重 42.6~55.3 g。容重 830 g/L，含粗蛋白 14.51%，湿面筋 29.3%，沉降值 31.5 mL，吸水量 61.9%，面团形成时间 7.9 min，面团稳定时间 7.0 min，软化度 121 F. U.，粉质质量指数 118 mm，评价值 66。抗条锈性接种鉴定，苗期对混合菌表现感病，成株期除对贵 22‑14 小种表现免疫外，总体表现感病，但严重度均在 20% 以下。

产量及适宜种植区域：2014—2015 年参加甘肃省西片水地区域试验，平均亩产量 550.9 kg，较对照宁春 4 号增产 8.6%。2016 年生产试验平均亩产量 513.4 kg，较对照宁春 4 号增产 6.7%。适宜于甘肃沿黄灌区、河西灌区及生态条件相似的春麦区种植。

栽培技术要点：沿黄灌区 3 月上中旬播种，河西灌区 3 月中下旬播种，播后及时镇压保墒。亩播种量 20~25 kg。

490. 陇春 35

品种来源：甘肃省农业科学院小麦研究所以 9064 作母本，陇春 8139 作父本杂交选育而成。原系号陇春 13J103。审定编号：甘审麦 20170005。

特征特性：春性，生育期 110 d。幼苗直立，叶片浅绿色，株型紧凑，株高 98 cm。穗长方形，长芒，护颖白色，籽粒红色、长方形，角质。穗长 9 cm，小穗数 16 个，穗粒数 31.4 粒，千粒重 47.9 g。容重 742 g/L，含粗蛋白 15.6%，湿面筋 34.0%，沉降值 29.8 mL，吸水率 58.50%，面团形成时间 2.7 min，面团稳定时间 1.9 min。抗条锈性接种鉴定，苗期对混合菌表现感病，成株期对条中 32 号及贵 22‑14 小种表现免疫，对条中 34 号及中 4‑1 小种表现抗病，对条中 33 号小种表现感病，但严重度在 20% 以下。

产量及适宜种植区域：2014—2015 年参加甘肃省旱地春小麦区域试验，平均亩产量 228.2kg，较对照西旱 2 号增产 12.1%。2016 年生产试验平均亩产量 264.3 kg，较对照西旱 2 号增产 8.9%。适宜于甘肃省中部春麦旱地品种类型区种植。

栽培技术要点：3 月中下旬播种，亩播种量 12.5~15.0 kg。

491. 陇春 36

品种来源：甘肃省农业科学院小麦研究所从陇春 23 顶芒变异株中系选而成。原系号陇春 13J6。审定编号：甘审麦 20170006。

特征特性：春性，生育期 110 d。幼苗直立，芽鞘绿色，叶片深绿色，株型紧凑，株高 94 cm。穗长方形，顶芒，护颖白色，籽粒红色、长圆形，角质。穗粒数 31.4 粒，千粒重 46.1 g。容重 731 g/L，含粗蛋白 16.32%，湿面筋 35.5%，沉降值 35 mL，吸水率 64.1%，面团形成时间 3.70 min，面团稳定时间 2.3 min。抗条锈性接种鉴定，苗期对混合菌表现免疫，成株期对条中 32 号、条中 34 号及中 4-1 小种表现免疫，对贵 22-14 小种表现感病，但严重度在 20% 以下。

产量及适宜种植区域：2014—2015 年参加甘肃省东片水地区域试验，平均亩产量 376.1 kg，较对照陇春 23 增产 8.7%。2016 年生产试验平均亩产量 381.6 kg，较对照陇春 23 增产 4.8%。适宜于甘肃省中部春麦水地品种类型区种植。

栽培技术要点：3 月上中旬播种。一般亩播种量以 35 万粒为宜，在高寒阴湿区旱地以 32 万粒为宜。在水肥较高的地区种植时要注意氮、磷肥合理配比，防止倒伏。

492. 酒春 9 号

品种来源：酒泉市农业科学研究院以巴丰 5 号作母本，E46-222 作父本杂交选育而成。原系号酒 0725。审定编号：甘审麦 20180001。

特征特性：春性，生育期 125 d。幼苗直立，叶片深绿色，株型紧凑，株高 90 cm。穗长方形，长芒，护颖白色，籽粒白色，角质。穗长 11.0 cm，穗粒数 40.8 粒，千粒重 49 g。容重 791.4 g/L，含粗蛋白 14.26%，湿面筋 30.4%，沉降值 24.0 mL，吸水量 63.4%，面团形成时间 3.7 min，面团稳定时间 2.3 min。抗条锈性接种鉴定，苗期对混合菌表现感病，成株期对供试菌系条中 32、条中 33 号和贵 22-14 小种表现抗病。

产量及适宜种植区域：2014—2015 年参加甘肃省西片水地区域试验，平均亩产量 521.2 kg，较对照宁春 4 号增产 6.4%。2016 年生产试验平均亩产量 518.2 kg，较对照宁春 4 号增产 7.7%。适宜于河西水地品种类型区种植。

栽培技术要点：3 月上中旬地表解冻达到播种深度后应尽早抢墒早播，亩播种量 30 kg。

493. 陇春 39

品种来源：甘肃省农业科学院小麦研究所以永 765 作母本，蒙优 1 号作父本杂交选育而成。原系号 2614-9。审定编号：甘审麦 20180002。

特征特性：春性，生育期 100 d。幼苗直立，叶片绿色，株高 87 cm。穗长方形，长芒，护颖白色，籽粒白色、卵圆形，角质。穗粒数 38 粒，千粒重 47.1 g。容重 842 g/L，含粗蛋白 14.27%，湿面筋 32.0%。抗条锈性接种鉴定，苗期对混合菌表现中抗，成株期对贵农其他菌系表现免疫，对条中 32 号、条中 33 号、条中 34 号、中水 4-1 小种及混合菌表现中抗。

产量及适宜种植区域：2015—2016 年参加甘肃省西片水地区域试验，平均亩产量 514.9 kg，较对照宁春 4 号增产 5.8%。2017 年生产试验平均亩产量 534.1 kg，较对照宁春 4 号增产 6.1%。适宜于河西水地品种类型区种植。

栽培技术要点：3 月中下旬播种，亩播种量 27.5～32.5 kg。

494. 甘育 4 号

品种来源：甘肃农业职业技术学院、甘肃省农民教育培训监督管理中心协作，以陇春 19 号作母本，Pan555 作父本杂交选育而成。原系号 03W65-4。审定编号：甘审麦 20180003。

特征特性：春性，生育期 99 d。幼苗直立，叶片深绿色，株型紧凑，株高 86 cm。穗纺锤形，长芒，护颖，籽粒白色、椭圆形，角质。穗粒数 41.7 粒，千粒重 46.1 g。容重 829 g/L，含粗蛋白 13.54%，湿面筋 31.6%。抗条锈性接种鉴定，成株期对条中 34 号和贵 22-14 小种表现高感，苗期和成株期对混合菌及其余生理小种均表现中感。

产量及适宜种植区域：2015—2016 年参加甘肃省西片水地区域试验，平均亩产量 511.4 kg，较对照宁春 4 号增产 7.9%。2017 年生产试验平均亩产量 536.8 kg，较对照宁春 4 号增产 6.7%。适宜于河西水地品种类型区种植。

栽培技术要点：适期早播，亩播种量 25～30 kg。生育期灌水 3～4 次，早灌头水，适控麦黄水，根据苗情结合灌水适时追施氮、磷肥。播种时进行药剂拌种。

495. 定西 48

品种来源：定西市农业科学研究院、甘肃省干旱生境作物学重点实验室协作，以 7021 作母本，临 8 作父本杂交选育而成。审定编号：甘审麦 20190001。

特征特性：春性，生育期 101 d。幼苗直立，叶片深绿色，株型紧凑，株高 96.2 cm。穗纺锤形，长芒，护颖白色，籽粒红色、椭圆形，角质。穗长 9.0 cm，小穗数 16 个，穗粒数 35 粒，千粒重 42 g。容重 715.1 g/L，含粗蛋白 14.7%，湿面筋 30.9%，赖氨酸 0.40%，沉降值 33.0 mL。成熟落黄好。抗条锈性接种鉴定，成株期对主要流行条锈菌条中 32 号、条中 33 号、条中 34 号小种表现免疫。

产量及适宜种植区域：2016—2017 年参加甘肃省旱地春小麦区域试验，平均亩产量 180.7 kg，较对照西旱 2 号增产 14.0%。2018 年生产试验平均亩产量 146.6 kg，较对照西旱 2 号增产 14.9%。适宜于甘肃省春小麦旱地品种类型区种植。

栽培技术要点：3 月中旬播种，亩播种量 10～15 kg。

496. 酒春 10 号

品种来源：酒泉市农业科学研究院，甘肃金浪种业有限公司协作，以 0777F₁ 作母本，巴丰 5 号作父本杂交选育而成。审定编号：甘审麦 20190002。

特征特性：春性，生育期 125 d。幼苗直立，叶片深绿色，株型紧凑，株高 90 cm。穗长方形，长芒，护颖白色，籽粒白色，角质。穗粒数 41.9 粒，千粒重 44.3 g。容重

803.8 g/L，含粗蛋白 14.69%，湿面筋 30.5%，沉降值 33.0 mL，面团形成时间 7.3 min，面团稳定时间 6.3 min。抗条锈性接种鉴定，苗期对混合菌表现中感，成株期对条中 32 号、条中 33 号、条中 34 号、中 4-1、贵 22-14、贵农其他小种和混合菌表现中感，总体表现慢条锈特性。

产量及适宜种植区域：2016—2017 年参加甘肃省西片水地区域试验，平均亩产量 526.6 kg，较对照宁春 4 号增产 6.6%。2018 年生产试验平均亩产量 545.8 kg，较对照宁春 4 号增产 4.3%。适宜于河西水地品种类型区种植。

栽培技术要点：适时早播，浅播，早浇头水，亩播种量 30 kg。

497. 临麦 37

品种来源：临夏州农业科学院以辽春 6 号作母本，临麦 32 作父本杂交选育而成。原系号 06-066-12。审定编号：甘审麦 20190003。

特征特性：春性，生育期 103 d。株高 106 cm。穗长方形，顶芒，护颖白色，籽粒红色、卵圆形，角质。穗粒数 40.2 粒，千粒重 38.8 g。容重 750.8 g/L，含粗蛋白 15.53%，湿面筋 32.9%，赖氨酸 0.42%，沉降值 35.0 mL，吸水量 55.2%。抗条锈性接种鉴定，苗期对混合菌表现中感，成株期对供试小种及混合菌表现免疫。

产量及适宜种植区域：2014—2015 年参加甘肃省东片水地区域试验，平均亩产量 371.9 kg，较对照陇春 23 增产 7.5%。2016 年生产试验平均亩产量 376.4 kg，较对照陇春 23 增产 4.2%。适宜于甘肃省中部春麦水地品种类型区种植。

栽培技术要点：3 月上旬播种，亩播种量 20~25 kg。

498. 武春 10 号

品种来源：武威市农业科学研究院以兰杂 7086 作母本，E64-242 作父本杂交选育而成。原系号 M142-3。审定编号：甘审麦 20190004。

特征特性：春性，生育期 100 d。幼苗直立，叶片深绿色，株高 84 cm。穗长方形，长芒，护颖白色，籽粒白色、长圆形，角质。穗粒数 41 粒，千粒重 48.1 g。容重 800 g/L。含粗蛋白 12.23%，湿面筋 24.8%，吸水量 63.4%。抗条锈性接种鉴定，苗期对混合菌表现中感，成株期对条中 32 号、条中 33 号、条中 34 号、中 4-1、贵 22-14、贵农其他小种和混合菌表现中感，慢条锈特性。

产量及适宜种植区域：2016—2017 年参加甘肃省西片水地区域试验，平均亩产量 534.6 kg，较对照宁春 4 号增产 8.1%。2018 年生产试验平均亩产量 545.0 kg，较对照宁春 4 号增产 4.2%。适宜于河西走廊水地品种类型区种植。

栽培技术要点：3 月中下旬顶凌播种，亩播种量 24~29 kg。施肥是 30% 的氮肥和全部钾肥用作头水追肥，其余肥料全部做底肥施入。

499. 会宁 19

品种来源：会宁县农业技术推广中心、甘肃农业大学农学院协作，以 94-671 作母本，（会宁 15/7859）F₁ 作父本杂交选育而成。原系号 06081-15-1。审定编号：甘审麦 20190005。

品种特性：春性，生育期 111 d。幼苗直立，叶片深绿色，株高 107.2 cm。穗长方形，长芒，护颖白色，籽粒角质。穗长 8.4 cm，小穗数 18 个，穗粒数 27 粒，千粒重45.3 g。容重 737 g/L，含粗蛋白 18.61%，湿面筋 39.7%，沉降值 37.5 mL，吸水量65.6%，赖氨酸 0.42%。抗条锈性接种鉴定，苗期对混合菌表现中感，成株期对条中32 号、条中 33 号、条中 34 号、中 4-1、贵 22-14、贵农其他小种和混合菌表现中感，慢条锈特性。

产量及适宜种植区域：2015—2016 年参加甘肃省旱地春小麦区域试验，平均亩产量 193.7 kg，较对照西旱 2 号增产 5.5%。2017 年生产试验平均亩产量 178.2 kg，较对照西旱 2 号增产 6.8%。适宜于甘肃省中部春麦旱地品种类型区种植。

栽培技术要点：3 月中下旬播种，亩播种量 9~11 kg。

500. 陇春 40

品种来源：甘肃省农业科学院小麦研究所、武威丰田种业有限责任公司协作，以陇春 8139/陇春 8 号作母本，68-73-20 作父本杂交选育而成。原系号 05 选 992-3-1。审定编号：甘审麦 20190006。

特征特性：春性，生育期 100 d。幼苗直立，叶片深绿色，株型紧凑，株高 87 cm。穗长方形，长芒，护颖白色，籽粒红色、长方形，角质。穗长 8.2 cm，小穗数 16 个，穗粒数 24.5 粒，千粒重 47.9 g。容重 780 g/L，含粗蛋白 15.64%，湿面筋 35.2%，吸水量 61.3%。抗条锈性接种鉴定，苗期对混合菌表现感病，成株期对条中 34 号、条中33 号小种及混合菌表现中抗，对其他供试菌系表现免疫。

产量及适宜种植区域：2016—2017 年参加甘肃省旱地春小麦区域试验，平均亩产量 175.0 kg，较对照西旱 2 号增产 10.4%。2018 年生产试验平均亩产量 147.1 kg，较对照西旱 2 号增产 15.2%。适宜于甘肃省中部春麦旱地品种类型区种植。

栽培技术要点：3 月中下旬播种，亩播种量 13~15 kg，亩施尿素 10 kg。

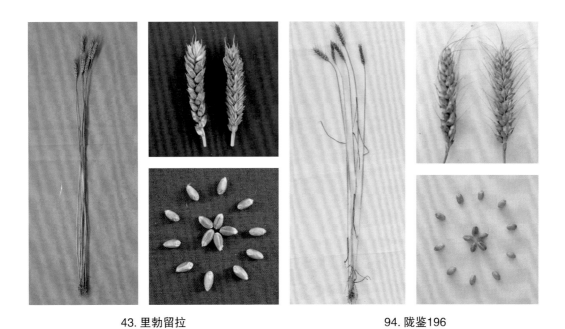

43. 里勃留拉　　　　　　　　　　94. 陇鉴196

97. 兰天4号　　　　　　　　　　113. 陇鉴127

118. 兰天10号　　　　　　　　125. 平凉40号

126. 中梁22　　　　　　　　　143. 平凉42号

144. 兰天15号　　　　　　　　　　145. 中梁24

146. 静宁10号　　　　　　　　　　151. 临农7230

153. 灵台2号 160. 中梁25

162. 平凉43号 163. 平凉44号

166. 兰天19号　　　　　175. 天选43　　　　　177. 中梁27

178. 陇鉴301　　　　　192. 兰天26号　　　　　197. 宁麦9号

200. 天选47   206. 陇鉴101

208. 陇中2号   209. 中梁31

214. 天选50　　　　　　　　　　　　　217. 中麦175

226. 天选52　　　　　　　　　　　　　228. 陇紫麦1号

230. 兰天32号　　　　　　　　　　231. 西平1号

233. 兰天34号　　　　　　　　　　234. 陇鉴108

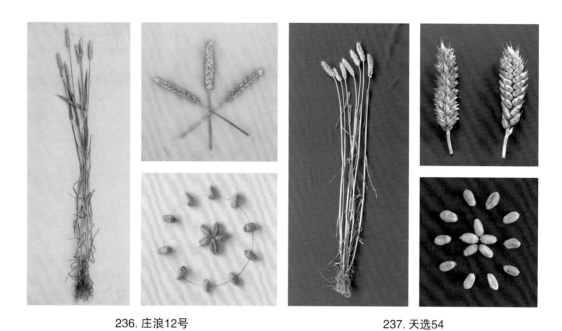

236. 庄浪12号　　　　　　　　237. 天选54

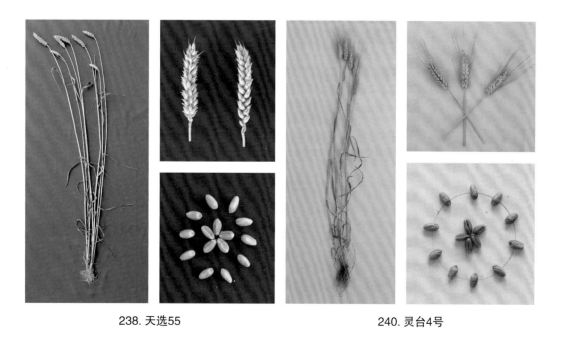

238. 天选55　　　　　　　　240. 灵台4号

243. 陇麦079　　　　　　　　　244. 普冰151

253. 中梁32　　　　　　　　　254. 天选57

257. 陇鉴111　　　258. 兰航选122　　　259. 兰天131

267. 天选63　　　268. 陇鉴110

270. 兰天134　　　　　　　　271. 陇紫麦2号

273. 兰天36号　　　　　　　　274. 长7080

280. 中梁34　　　　　　　　　　281. 中梁35

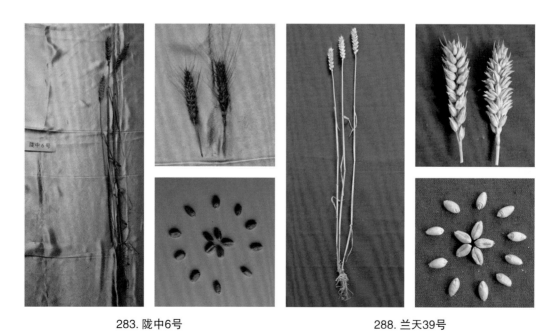

283. 陇中6号　　　　　　　　　　288. 兰天39号

404. 临麦30号　　　　　　408. 甘春20号

419. 陇春21　　　　　　422. 武春3号

429. 临麦32号　　　　　　　　431. 陇春23号

436. 银春8号　　　　　　　　437. 武春5号

440. 临麦33号   441. 武春4号

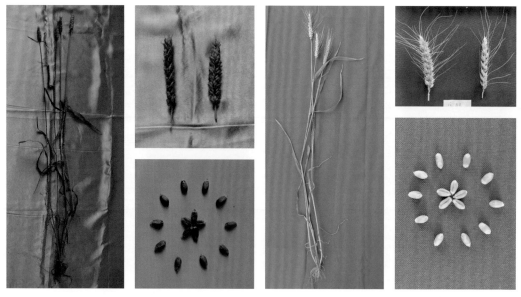

445. 定西38   449. 陇春27号

450. 甘春24号　　　　　　　　　　　452. 定西40

457. 武春7号　　　　　　　　　　　458. 陇春26号

460. 定丰16号　　　　　　461. 陇春29号

463. 武春8号　　　　　　464. 甘春25号

465. 银春9号　　　　　　　　　　467. 临麦35号

468. 陇春30号　　　　　　　　　　469. 陇春31

471. 陇春32　　　　　　　　　　　472. 临麦36号

473. 定西42　　　　476. 甘春26号　　　　477. 陇春33号

478. 陇春34号　　　　　　　　　480. 甘育3号

481. 酒春7号　　　　　　　　　482. 甘春32号

483. 武春9号   486. 酒春8号

487. 定丰18号   489. 银春10号

492. 酒春9号 　　　　　　　　　　　　 493. 陇春39号

494. 甘育4号 　　　　　　　　　　　　 495. 定西48

496. 酒春10号　　　　　　　　497. 临麦37号

498. 武春10号　　　　　　　　499. 会宁19号